生态环境产教融合系列教材

有机食品检测技术

主　编：苗利军　张鹏娟　陈　雷

副主编：王　静　邹　磊　张　颖　马立杰

唐新玥　刘晓光　杨赵伟　魏　罡

中国环境出版集团・北京

图书在版编目（CIP）数据

有机食品检测技术 / 苗利军，张鹏娟，陈雷主编. 北京 ： 中国环境出版集团，2024. 10. --（生态环境产教融合系列教材）. -- ISBN 978-7-5111-5907-6

Ⅰ. TS207

中国国家版本馆CIP数据核字第2024RV9536号

责任编辑 宾银平
封面设计 宋　瑞

出版发行 中国环境出版集团
（100062　北京市东城区广渠门内大街 16 号）
网　　址：http://www.cesp.com.cn
电子邮箱：bjgl@cesp.com.cn
联系电话：010-67112765（编辑管理部）
010-67113412（第二分社）
发行热线：010-67125803，010-67113405（传真）
印　　刷 北京中献拓方科技发展有限公司
经　　销 各地新华书店
版　　次 2024 年 10 月第 1 版
印　　次 2024 年 10 月第 1 次印刷
开　　本 787×1092　1/16
印　　张 18.25
字　　数 500 千字
定　　价 68.00 元

生态环境产教融合系列教材编委会

（按拼音排序）

生态环境产教融合系列教材

总　序

引导部分地方本科高校向应用型转变是党中央、国务院的重大决策部署，其内涵是推动高校把办学思路真正转到服务地方经济社会发展上来，把办学模式转到产教融合、校企合作上来，把人才培养重心转到应用型技术技能型人才、增强学生就业创业能力上来，全面提高学校服务区域经济社会发展和创新驱动发展的能力。为推动我校转型发展，顺利完成河北省转型发展试点高校的各项任务，根据教育部、国家发展改革委、财政部《关于引导部分地方普通本科高校向应用型转变的指导意见》（教发〔2015〕7号），《河北省本科高校转型发展试点工作实施方案》等文件精神，特组织编写生态环境产教融合系列教材。

我校自被确立为河北省转型发展试点高校以来，以习近平新时代中国特色社会主义思想为指导，坚持立德树人根本任务，坚定不移培养德、智、体、美、劳全面发展的高素质应用型人才；以绿色低碳高质量发展需求为导向，优化学科专业结构，建设与行业产业需求有机链接的专业集群；以产教融合为人才培养主要路径，建立产教融合协同育人的有效机制；以培养高素质应用型人才为根本目标，探索“五育并举”的实现形式，创新产教融合人才培养模式，改革课程体系和教育教学方法，打造高水平“双师双能型”教师队伍，把学校建设成为教育教学理念先进、跨学科专业交叉融合、多元主体协同育人充满活力、服务地方经济社会能力突出、生态环保特色彰显的应用型大学。为深入推进转型发展，切实落实各项任务，确保实现“12333”转型发展目标，学校实行转型发展项目负责制，共包含产业学院建设项目、专业产教融合建设项目和公共课程平台建设项目3类。根据OBE教育理念，构建“跨学科交叉、校政企共育共管、多元协同促教”的产教融合人才培养模式，着眼于建设特色鲜明高水平应用型大学的办学目标，通过实施项目负责制精准推进产教融合。25个本科专业实现了校企合作办学全覆盖，7个产业学院、10个专业和5个课程平台投入建设，通过多层次、多渠道与相关行业企业开展实质性合作办学，不断深化产教融合、校企合作，校企协同育人机制初步形成。

编写产教融合教材是转型发展工作中的重要环节，是学校与企业之间沟通交流的重要载体。教材建设团队坚持正确的政治方向和价值导向，将先进企业的生产技术、管理理念和课程思政教育元素融入教材。教材的编写推进了启发式、探究式等教学方法改革和项目式、案例式、任务式企业实操教学等培养模式综合改革；有利于促进人才培养与技术发展衔接、与生产过程对接、与产业需求融合；有利于促进学生自主学习和深度学习。产教融合教材和对应课程依据合作企业先进的、典型的任务而开发，满足学生顶岗实习需求、项目教学需求、企业人员承担教学任务需求。课程开发和教材编写人员组成包含共建实习实训基地项目和创新创业项目人员及顶岗挂职人员，确保教材能够将人才链、创新链、产业链有机融合，为应用型人才培养贡献力量。

前　言

有机食品也叫生态食品，是国际上对无污染天然食品比较统一的提法。有机食品通常来自有机农业生产体系，是根据国际有机农业生产要求和相应的标准生产加工的。我国有机食品发展历程分为三个阶段，第一个阶段为探索阶段，20 世纪 90 年代初，国外的认证机构进入我国，国内有机食品产业处于萌芽状态。第二个阶段为起步阶段，20 世纪 90 年代末，我国建立起自己的有机食品认证机构；制定行业标准，开始有机食品认证。第三个阶段为快速发展阶段，21 世纪至今，随着科技与经济的飞速发展，有机食品市场规模不断扩大，行业发展前景广阔。

有机食品与非有机方式生产的食品之间存在质量差异，这些差异主要通过农药用量（及残留量）、肥料种类、食品添加剂范围、遗传操作情况及所选择的技术等进行鉴定。有机食品质量检测需要使用多维度评估工具，在分析时间及有机食品相关参数测定方面，液相色谱-质谱法、气相色谱-质谱法等均可能成为有效方法。随着有机食品市场规模的扩大以及有机产业链上下游的延伸，社会对有机食品检测相关技术支撑与培训需求也不断增加。

在我国还没有专门的适用于高等教育的有机食品检测类教材，2021 年国家认证认可监督管理委员会发布了新的五类产品的《有机产品检测抽样指南》，2022 年河北环境工程学院启动了有机产品系列教材编写工作，本书就是在这一背景下产生的。

本书除绪论外，共分八个模块，按有机产品的不同类型进行编写。绪论介绍了有机农业与有机产品的概念、有机食品检测的意义、有机食品认证、有机食品检测项目、有机食品检测技术方法；模块一介绍了样品的采集、制备与预处理，以及分析方法与数据处理；模块二介绍了有机食品检测仪器分析技术，包括原子吸收光谱分析技术、高效液相色谱分析技术、气相色谱分析技术、质谱分析技术、色谱-

质谱联用技术；模块三介绍了肥料投入品、饲料投入品、转基因投入品的分析与检测；模块四主要介绍了有机大米、有机小麦粉、有机食用油、有机杂粮、有机粮油制品的检验；模块五介绍了有机果蔬及其制品的抽样与感官检验、行业检测项目，以及有机产品认证果蔬及其制品农药残留必测项目、污染物必测项目；模块六介绍了有机乳及乳制品行业检测项目、有机产品认证乳及乳制品必测项目、有机乳及乳制品微生物的测定；模块七介绍了有机畜禽类产品取样方法及感官评定、行业检测项目，以及有机产品认证畜禽类检测必测项目；模块八介绍了茶叶抽样技术规范及有机茶生产加工技术要求、茶叶行业检测项目、有机产品认证茶叶类农药残留必测项目。

教材的写作大纲由苗利军、陈雷（盛世海认证有限公司）设计，全书由张鹏娟、苗利军、陈雷统稿。

本书各章的作者如下：

绪论　苗利军（河北环境工程学院）

模块一　采样与数据处理　张颖（河北环境工程学院）

模块二　有机食品检测仪器分析技术　苗利军（河北环境工程学院）

模块三　有机农业投入品的检测　苗利军（河北环境工程学院）、刘晓光（河北民族师范学院）

模块四　有机粮油及其制品的检验　邹磊（河北环境工程学院）、王静（河北环境工程学院）

模块五　有机果蔬及其制品的检测　张鹏娟（河北环境工程学院）、王静（河北环境工程学院）、魏罡（广东医科大学）

模块六　有机乳及乳制品的检验　王静（河北环境工程学院）、魏罡（广东医科大学）

模块七　有机畜禽类产品的检测　马立杰（河北环境工程学院）、杨赵伟（秦皇岛市农产品质量安全检验监测中心）

模块八　有机茶的检测　唐新玥（河北环境工程学院）、苗利军（河北环境工程学院）

此外，南京农业大学何文龙教授对大纲的编制和整体的编排工作进行了指导，秦皇岛市食品药品检验中心的赵广西高级工程师参与了模块四、模块六的部分编写工作，企美实业集团有限公司的冯阳参与了部分大纲编写制定和审稿工作，在此表示诚挚的感谢！

有机食品检测技术是一门新兴学科，可供借鉴的资料和可利用的资源比较有限，限于编写时间与水平，书中不妥之处在所难免，敬请读者提出批评和修改建议。

苗利军

2024 年 5 月于秦皇岛

目　录

绪　论 1

模块一　采样与数据处理

任务 1　样品的采集 7
任务 2　样品的制备与预处理 10
任务 3　分析方法与数据处理 14

模块二　有机食品检测仪器分析技术

任务 1　原子吸收光谱分析技术 23
任务 2　高效液相色谱分析技术 28
任务 3　气相色谱分析技术 36
任务 4　质谱分析技术 43
任务 5　色谱-质谱联用技术 50

模块三　有机农业投入品的检测

项目一　肥料投入品分析与检测 57
任务 1　有机肥采样及试样制备 59
任务 2　蛔虫卵死亡率测定 60
任务 3　有机质的质量分数测定 62

项目二　饲料投入品分析与检测 65

项目三　转基因投入品分析与检测 68

模块四　有机粮油及其制品的检验

项目一　有机大米检验 83
任务 1　有机大米加工精度的测定 83
任务 2　有机大米杂质及不完善粒的检验 86

项目二 有机小麦粉检验 88
任务 1 有机小麦粉加工精度的测定 88
任务 2 有机小麦粉湿面筋的测定 90
任务 3 有机小麦粉脂肪酸值的测定 92

项目三 有机食用油检验 95
任务 1 有机食用油酸价的测定 95
任务 2 有机食用油过氧化值的测定 99
任务 3 有机食用油溶剂残留量的测定 102
任务 4 有机食用油中苯并[*a*]芘的测定 104

项目四 有机杂粮检验 108
任务 1 有机小米质量检验 108
任务 2 有机玉米质量检验 109
任务 3 有机豆类质量检验 111

项目五 有机粮油制品检验 113
任务 1 有机挂面质量检验 113
任务 2 有机面包质量检验 115
任务 3 有机饼干质量检验 116
任务 4 有机粮油制品中丙酸钠、丙酸钙的测定 117
任务 5 有机粮油制品中 BHA、BHT、TBHQ 的测定 120

模块五 有机果蔬及其制品的检测

项目一 有机果蔬及其制品抽样与感官检验 125
任务 1 有机果蔬及其制品抽样规则 125
任务 2 有机果蔬及其制品感官检验 128

项目二 有机果蔬及其制品行业检测项目 131
任务 1 有机果蔬硬度的测定 132
任务 2 有机果蔬及其制品中可溶性固形物的测定 133
任务 3 有机果蔬及其制品中总酸度的测定 135
任务 4 维生素 C 的测定 138

项目三 有机产品认证果蔬及其制品农药残留必测项目 142
任务 1 利用气相色谱-质谱法测定水果和蔬菜中农药及相关化学品残留量 143
任务 2 利用液相色谱-串联质谱法测定水果和蔬菜中农药及相关化学品残留量 146

项目四 有机产品认证果蔬及其制品污染物必测项目 151
任务 1 有机果蔬及其制品中铅的测定 151
任务 2 有机果蔬及其制品中镉的测定 154

模块六 有机乳及乳制品的检测

项目一 有机乳及乳制品行业检测项目 161
任务 1 乳品采样及保存 161
任务 2 有机乳及乳制品中杂质度的测定 165
任务 3 有机乳及乳制品中非脂乳固体的测定 168
任务 4 有机乳粉溶解性的测定 170

项目二 有机产品认证乳及乳制品类必测项目 174
任务 1 有机乳及乳制品中抗生素的测定 174
任务 2 有机乳及乳制品中硝酸盐和亚硝酸盐的测定 184
任务 3 有机乳及乳制品中总砷的测定 187
任务 4 有机乳及乳制品中汞的测定 190

项目三 有机乳及乳制品微生物的测定 193
任务 1 商业无菌的检测 193
任务 2 克罗诺杆菌的测定 195

模块七 有机畜禽类产品的检测

项目一 有机畜禽类产品取样方法及感官评定 201
任务 1 有机畜禽类产品取样方法 201
任务 2 有机畜禽产品的感官评定 202

项目二 有机畜禽类产品行业检测项目 205
任务 1 水分的测定 205
任务 2 脂肪的测定 208
任务 3 挥发性盐基氮的测定 211
任务 4 瘦肉精的快速检测 216

项目三 有机产品认证畜禽类检测必测项目 220
任务 1 瘦肉精的检测（液相色谱-串联质谱法） 220
任务 2 喹诺酮类药物的检测 225
任务 3 四环素类药物的检测 230
任务 4 磺胺类药物的检测 236

模块八 有机茶的检测

项目一 茶叶抽样技术规范及有机茶生产加工技术要求 243
任务 1 茶叶抽样技术规范 243
任务 2 有机茶生产加工技术要求 245

项目二 茶叶行业检测项目 247
任务 1 茶叶中碎茶的检测 248
任务 2 茶叶中浸出物的检测 250
任务 3 茶叶中氟含量的测定 251
任务 4 茶叶中茶多酚含量的测定 257
任务 5 茶叶中咖啡碱的测定 259

项目三 有机产品认证茶叶类农药残留必测项目 261
任务 1 杀虫剂的测定 261
任务 2 杀菌剂的测定 265
任务 3 杀螨剂的测定 268

参考文献 273

绪　论

1　有机农业与有机产品

现代集约化农业在造成一系列环境问题的同时，也使得农产品质量严重下降，食品安全受到威胁。在环境保护与食品安全这两大主题的双重驱动下，有机农业正在成为一个明智的选择。

有机农业自提出至今已有近百年历史。我国对有机农业的研究始于20世纪80年代；1990年开始进行有机食品的生产和开发；2003年以后，有机农业进入规范化发展阶段。随着国内外有机产品市场规模的不断扩大，社会对有机农业相关的技术支撑与职业培训需求也不断增加。

有机农业可以概括为：按照有机农业生产标准，选择优良生态环境的基地，在生产过程中不使用化学合成的肥料、农药、生长调节剂、畜禽饲料添加剂等物质，不采用基因工程的方法获得生物及其产物，实施一系列可持续发展技术的农业生产体系。在这个体系中，作物秸秆、畜禽粪便、绿肥和其他有机废弃物是土壤肥力的主要来源；作物轮作等各种农业、物理、生物和生态措施是控制病虫草害的主要手段；充分利用系统内的微生物、植物和动物的作用促进系统内物质循环与能量流动，保持和提高土壤的长效肥力；充分满足畜禽本能生活中所需要的自然环境条件，协调种植业和养殖业的平衡发展；采用合理的耕作措施，保护生态环境，防止水土流失，保持生产体系和周围环境的生物多样化，最大限度地实现人与自然的和谐发展。

有机产品是指生产、加工、销售过程符合有机产品标准，获得有机产品认证证书，并加施有机产品认证标志的供人类消费、动物食用的产品。有机产品包括食品及棉、麻、竹、服装、化妆品、饲料等“非食品”。

有机产品必须同时具备以下四个条件：第一，原料必须来自已经建立或正在建立的有机农业生产体系，或采用有机方式采集的野生天然产品；第二，产品在整个生产过程中必须严格遵循有机产品的加工、包装、贮藏、运输等要求；第三，生产者在有机产品的生产和流通过程中，有完善的跟踪审查体系和完整的生产、销售档案记录；第四，必须通过独立的有机产品认证机构认证审查。

其中，有机食品是指在生产过程中不使用化学合成的农药、化肥和转基因技术，且遵循有机农业生产标准的食品。

有机食品行业的上游、中游、下游。上游：主要包括有机农业生产者，即农民和农场主。他们通过遵循有机农业标准和采用有机农业技术，种植和养殖有机农产品。中游：包括有机食品加工商和生产商。他们从上游农民和农场主那里采购有机农产品，并进行加工、包装和生产有机食品。下游：包括有机食品零售商和分销商，即超市、专卖店、线上平台等。他们负责销售和分销有机食品，将有机食品推向消费者。此外，还有一些相关的支持和服务机构，如有机食品认证机构、有机食品市场研究机构、有机食品协会等，他们在有机食品行业中扮演着重要的角色，为行业的发展提供支持和指导。

2 有机食品检测的意义

有机食品的生产和销售要通过第三方检测机构的检测来验证其是否符合有机食品非转基因、无农药残留、无兽药残留等众多检测项目的检验标准。有机食品检测的意义在于保护消费者的权益，确保有机食品的质量和安全。

随着人们对食品安全和健康的关注度不断提高，有机食品越来越受到人们的青睐。然而，市场上有机食品的质量良莠不齐，为了保障消费者的权益，有机食品检测成了一个重要的项目。有机食品检测是指对有机农产品或有机食品进行检验、检测，以验证其是否符合有机食品的标准和认证要求。通过对有机食品中农药残留、重金属含量、转基因成分和添加剂等方面进行检测，可以确保有机食品的质量和安全。检测人员需要具备较高的专业素养和技术能力，能够准确地进行样品采集、样品制备以及检测分析等工作。同时，仪器设备的先进性和准确性也对检测结果的准确性和可靠性有着重要的影响。常用的检测方法包括高效液相色谱法、气相色谱法、质谱法等。这些方法可以对有机食品中的农药残留、重金属含量、转基因成分等进行精确的定量和定性分析，为有机食品的真实性和质量提供科学依据。只有通过科学严谨的检测工作，才能保证有机食品的质量和消费者的健康。

有机食品检测项目的实施不仅有助于保障消费者的健康权益，也有助于推动有机农业的发展。通过对有机食品的严格检测，可以建立起一个可靠的有机食品市场，增强消费者对有机食品的信心，促进有机农业的可持续发展。

3 有机产品认证

有机产品认证依据国家认证认可监督管理委员会公布的《有机产品认证实施规则》，且只认定国家认证认可监督管理委员会制定的《有机产品认证目录》范围内的产品。《有机产品认证目录》是动态的，需要随时到国家认证认可监督管理委员会官网上查询最新信息。

（1）申请有机产品认证的条件

有机产品生产经营企业生产资质要求如下：①认证委托人及其相关方应取得相关法律法规规定的行政许可（适用时），其生产、加工或经营的产品应符合相关法律法规、标准及规范的要求，并应拥有产品的所有权。②认证委托人建立并实施了有机产品生产、加工和经营管理体系，并有效运行 3 个月以上。③申请认证的产品应在国家认证认可监督管理委员会公布的《有机产品认证目录》内。④认证委托人及其相关方在 5 年内未因以下情形被撤销有机产品认证证书：提供虚假信息；使用禁用物质；超产品范围、场所范围和过程（生产、加工、经营）范围使用有机认证标志；出现产品质量安全重大事故。⑤认证委托人及其相关方一年内未因除因④所列之外的其他情况被认证机构撤销有机产品认证证书。⑥认证委托人未列入国家信用信息严重失信主体相关名录。

有机产品生产经营企业申请有机产品认证需提供以下材料：

1）认证委托人的合法经营资质文件的复印件。

2）认证委托人及其有机生产、加工、经营的基本情况：①认证委托人名称、地址、联系方式；不是直接从事有机产品生产、加工的认证委托人，应同时提交与直接从事有机产品的生产、加工者签订的书面合同的复印件及具体从事有机产品生产、加工者的名称、地址、联系方式。②生产单元/加工/经营场所概况。③申请认证的产品名称、品种、生产规模包括面积、产量、数量、加工量等；同一生产单元内非申请认证产品和非有机方式生产的产品的基本信息。④过去3年间的生产历史情况说明材料，如植物生产的病虫草害防治、投入品使用及收获等农事活动描述；野生采集情况的描述；畜禽养殖、水产养殖的饲养方法、疾病防治、投入品使用、动物运输和屠宰等情况的描述。⑤申请和获得其他认证的情况。

3）产地（基地）区域范围描述，包括地理位置坐标、地块分布、缓冲带及产地周围邻近地块的使用情况；加工场所周边环境描述、厂区平面图、工艺流程图等。

4）管理手册和操作规程。

5）本年度有机产品生产、加工、经营计划，上一年度有机产品销售量与销售额（适用时）等。

6）承诺守法诚信，接受认证机构、认证监管等行政执法部门的监督和检查，保证提供的材料真实的声明，以及执行有机产品标准和有机产品认证实施规则相关要求的声明。

7）有机转换计划（适用时）。

8）其他材料。

（2）我国有机产品认证体系

我国有机产品认证体系主要由《有机产品认证管理办法》、《有机产品认证实施规则》和《有机产品　生产、加工、标识与管理体系要求》（GB/T 19630—2019）组成。该体系规定了有机产品认证的基本要求，涉及生产、加工、经营管理、产地环境、产品检测和评价、现场检查等方面。其中，生产、加工和经营管理方面，包括质量管理体系要求、有机产品管理手册、操作规程、记录、资源管理、内部检查、可追溯体系与产品召回、投诉、持续改进等；产地环境方面，包括土壤质量、水源质量、空气质量等；产品检测和评价方面，则规定了有机产品的检测项目、方法、判定依据等；现场检查方面，对检查人员的资质、检查程序等进行了规定。这些要求既是对有机产品生产者的约束，也是对消费者的保障，使得有机产品的生产、加工、销售等环节更加规范，提高了有机产品的可信度。

（3）认证流程

认证流程是有机产品认证过程中必须经历的步骤，一般包括以下环节：认证申请、合同签订、现场审核/检查、检查报告及不符合整改、认证决定、证书签发、申诉、认证后管理、再认证、认证证书的变更、注销、暂停和撤销、证书与标志使用以及销售证的发放。

4　有机食品检测项目

有机食品检测项目是为了保障消费者的权益和推动有机农业发展而设立的。该项目通过对农作物、养殖产品和加工食品进行检测，确保有机食品符合相应的标准。检测项目的实施需要借助先进的仪器设备和科学的方法，以确保检测结果的准确性和可靠性。

1）农作物检测：有机食品的主要来源是农作物，因此对农作物的检测是有机食品检测项目的核心内容之一。这些检测项目包括对农作物中农药残留、重金属含量、转基因成分等进行检测。通过检测，可以确保农作物在生长过程中没有使用禁用的农药，并且符合有机食品的标准。

2）养殖产品检测：除了农作物外，有机食品还包括养殖产品，如有机肉类、有机蛋类等。有机食品检测项目需要对这些养殖产品的饲料成分、添加剂、药物残留等进行检测，以确保其符合有机食品的标准。特别是对于禽畜类产品，还需要对其饲养环境进行检测，以避免养殖过程中使用抗生素等禁用物质。

3）加工食品检测：有机食品市场上还有许多加工食品，如有机果酱、有机饼干等。有机食品检测项目需要对这些加工食品的原材料和加工过程进行检测，以确保其不含有禁用的添加剂和转基因成分。

主要检测内容包括：

1）有机食品的一般成分分析，包括比重、水分、灰分、蛋白质、脂肪、还原糖、蔗糖、淀粉、粗纤维等。

2）有机食品中有害元素的测定，包括汞、砷、铅、镉、锡、氟等。

3）有机食品农药残留量的测定，包括有机磷农药、六六六、滴滴涕等。

4）有机食品中添加剂的测定，包括亚硝酸盐与硝酸盐、亚硫酸盐、糖精、山梨酸、苯甲酸、禁用防腐剂、食用人工合成色素等。

5）食品中细菌的测定，包括细菌总数、大肠菌群数、沙门菌、肠病原性大肠埃希杆菌、副溶血性弧菌、葡萄球菌等。

6）根据食品行业（粮油、肉与肉制品、蛋与蛋制品、水产品等）的不同特点，按照食品安全有关规范的要求以及行业检测标准和有机食品加工的规定，拟定各自的检测项目。

7）有机食品卫生指标执行国家食品卫生各相关标准。

5 有机食品检测技术方法

农药残留检测是有机食品检测项目中的重要内容之一。有机食品通常要求在生产过程中不使用化学合成农药，因此农药残留的检测可以验证有机食品是否符合标准。农药残留的检测方法主要包括色谱法、质谱法和光谱法等。这些方法能够准确地检测出食品中残留的农药成分，并根据国家标准判定其是否符合有机食品的标准。

重金属含量检测也是有机食品检测项目中的重要环节。有机食品的生产过程中不使用化学合成的肥料和农药，因此其重金属含量相对较低。重金属对人体健康有一定的危害，因此对有机食品中重金属含量进行检测具有重要意义。重金属含量的检测方法主要包括原子吸收光谱法、电感耦合等离子体质谱法和电感耦合等离子体发射光谱法等。这些方法能够准确地检测出食品中重金属元素的含量，并根据国家标准判定其是否符合有机食品的要求。

转基因成分的检测是有机食品检测项目中的另一个重要内容。有机食品要求不使用转基因技术进行生产，因此转基因成分的检测能够验证有机食品是否符合标准。转基因成分的检测方法主要包括 PCR[①]法、电泳法和荧光定量 PCR 法等。这些方法能够准确地检测出食品中是否存在转基因成分，并根据国家标准判定其是否符合有机食品的要求。

---

① PCR 是 polymerase chain reaction 的缩写，意思是聚合酶链式反应。

模块一

采样与数据处理

本模块由样品的采集、样品的制备与预处理、分析方法与数据处理3个任务组成。本模块具体介绍了采样有关基本概念，采样方法，样品的制备方法和保存方法，样品预处理的方法及应用，介绍了分析方法的评价指标，测定结果的检验方法，测定结果的数字处理等内容。通过学习，重点掌握样品的采样方法、制备方法、预处理方法的原理及应用，测定结果的数字处理方法；掌握分析方法的评价方法、测定结果的检验方法；了解样品的保存方法。

模块一

采样与数据处理

[illegible]

任务 1 样品的采集

任务介绍

样品的采集是指从待检测的样品中抽取一部分来代表被检测样品整体的方法。采样包括田间采样和包装样品采样，样品有液体样品、固体样品。依据相关标准抽取一定比例的样品，使用专门工具或方法采集，经过样品制备后，作为待测样品供检测分析用。

任务解析

选取采样点→检样采集→原始样混合→平均样品→分成三份（检验样品+复检样品+保留样品）

知识储备

待检测样品的全体或待检测样品的某个数量指标所有可能取值的集合称为总体（或母体），总体通常是一批原料或一批食品，也可能是某个采样区域中的全部种植物，还可能是某批活动物。使用一定的方法从总体中随机抽取的一组有限个个体的集合或测定值称为样本（或子样），样本中所包括的测定值的数量或个数称为样本容量（或样本大小）。样本测定的平均值仅仅是对总体测定的平均值的评估，而总体测定的平均值也并非待测样品的真实值，不过，只要采样技术和方法恰当，样本测定的平均值可能是非常正确的结果，与待测样品的真实值并无显著性差异。

样品的采集一般包括三个内容，即抽样、采样和制备。抽样是根据样品的类型，采用不同标准进行样品抽取，如《食品抽样检验通用导则》（GB/T 30642—2014）、《蔬菜抽样技术规范》（NY/T 2103—2011）等标准。采集包装样品时必须注意样品的生产日期、批号、代表性和均匀性，对于掺伪食品和有毒食物的样品采集，要具有典型性，采集田间样品时避免有边际效应或其他原因的特殊个体作为样品，特大、特小、畸形及受病虫害或机械损伤等的个体不能作为样品采集。采样数量应能反映该产品的卫生质量和满足检验项目对试样量的需要，一般为一式 3 份，供检验、复检与备检或仲裁用，每一份不少于 0.5 kg，田间样品每份不少于 1 kg。采样容器根据检验项目，选用硬质玻璃瓶或聚乙烯制品。

采样一般步骤为：①检样的采集；②原始样的混合；③缩分原始样至适检量的平均样品。对于不同的样品应采用不同的方法进行样品的采集。

检样：先确定采样点数，由整批待检食品的各个部分分别采集的少量样品称为检样。

原始样品：把许多份检样混合在一起，构成能代表该批食品的原始样品。

平均样品：将原始样品经过处理，按一定的方法和程序抽取一部分作为最后的检测材料，称为平均样品。

检验样品：从平均样品中分出，用于全部项目检验用的样品。

复检样品：对检验结果有争议或分歧时，可根据具体情况进行复检，故必须有复检样品。

保留样品：也称备检样品，对某些样品，需封存保留一段时间，以备再次验证。必要的时候还需要采集对照样品（空白样品、对照样品）。

1．田间采样

有机产品中不经过加工制造的农产品在田间种植到采收前的时期内，进行采样的工作比较常见，田间采样具有不同于包装产品的环境状态、样品状态，是采样工作中比较有特点的一部分，主要涉及蔬菜、水果类等植物性产品。

（1）采样区及采样点的确定

当蔬菜种植面积小于 10 hm^2 时，每 1～3 hm^2 设为一个采样区；当种植面积大于 10 hm^2 时，每 3～5 hm^2 设为一个采样区，一般每个采样区最大面积不超过 5 hm^2 或 100 亩[①]。在蔬菜大棚中抽样时，每个大棚为一个抽样采样区。每个采样区内根据实际情况按对角线法、梅花点法、棋盘法、蛇形法（图 1-1）、等高线法等方法采集样品，采样点不应少于 3 个。

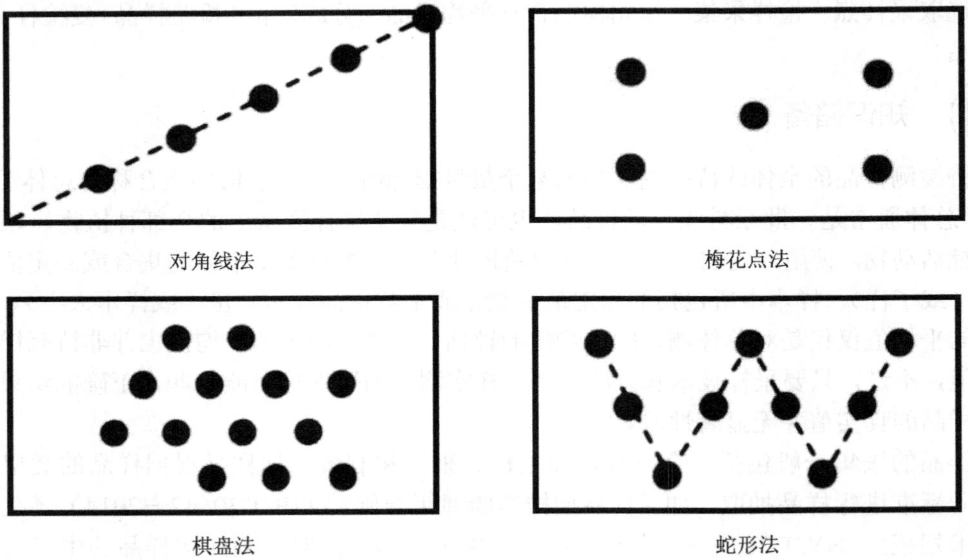

图 1-1　4 种采样方法示意

对角线法：适用于面积较小、地势平坦、均匀的地块（小于 10 亩），设采样点 3～5 个。梅花点法：适用于面积较小、地势平坦、均匀的地块，设采样点 5 个。棋盘法：适用于中等面积、地势平坦、不够均匀的地块（10～40 亩），设采样点 6～9 个。蛇形法：适用于面积较大（大于 40 亩）的地块，当地势平坦、均匀时，设采样点 10～12 个；当地势不平坦、不均匀时，设采样点 15 个以上。等高线法：适用于山地菜地，按等高线均匀布点，视菜地面积大小设置采样点 3～15 个。

（2）样品采集

采样点确定后，每个采样点内，根据不同的蔬菜种植模式确定对应的采样方式。茄果类、瓜类、豆类、薯芋类等蔬菜是双行或单行定植，采样点面积不小于 5 m^2，以对角线或间隔方式选取植株取样；小白菜、大蒜、空心菜等撒播蔬菜，采样点面积不小于 2 m^2，选

---

① 1 亩=1/15 hm^2。

取梅花点法、棋盘法取样。

取样产品应达到商品成熟度。相同蔬菜种类，选择成熟度一致的产品。一般安排在蔬菜成熟期或蔬菜即将上市前进行。在喷施农药安全间隔期内的样品不要抽取。抽样时间应选在 9：00—11：00 或者 15：00—17：00。下雨天不宜抽样，设施栽培的蔬菜可酌情处理。

个体较大的样品（如大白菜、结球甘蓝），每点采样量不应超过 2 个个体，个体较小的样品（如樱桃、番茄），每点采样量 0.5～0.7 kg。若采样总量达不到规定的要求，可适当增加采样点。

将每个采样点内的蔬菜样品混合在一起，用四分法进行缩分至实验室样品取样量。取样完成后，填写样品标签 2 份，分别粘贴在样品包装内外，其内容包括但不限于样品名称、品种名称、采样地点、经纬度、采样田块、采样时间、采样人及联系方式（表 1-1）。

表 1-1　样品标签

样品名称		品种名称	
采样地点		经纬度	
采样田块		采样时间	
采样人及联系方式			

2. 包装样品的采集

有机产品加工企业对购进的原辅材料进行检测时，样品多属于预包装的或有包装无定量的固态或液态的物料，采样时一般依据单独包装单元为采样个体，样品物态不同，检测目的不同，采样方式有一定区别。

（1）液体样品的采集

液体样品（包含半流体样品）采样时，一般利用虹吸法采集。对于大型桶装、罐装的样品（如大型发酵罐内的样品），分别吸取上、中、下 3 层样品各 0.5 L，混匀后留取 0.5～1 L。对于大池装样品可在池的四角、中心各上、中、下 3 层分别采样 0.5 L，混匀后留取 0.5～1 L，如用大桶或大罐盛装，应先行充分混匀后再采样。样品应分别盛放在 3 个干净的容器中，盛放样品的容器不得含有待测物质及干扰物质。

对于瓶装样品，应在每批样品的不同部位随机抽取 10 瓶，样品每瓶容量大于 250 g 的至少抽取 3 瓶，样品每瓶容量小于 250 g 的至少抽取 6 瓶。

（2）固体样品的采集

应充分均匀采集各部位样品的原始样，以使样品具有均匀性和代表性。对于大块的样品，应切割成小块或粉碎、过筛，粉碎、过筛时注意不能造成物料的损失和飞溅，并全部过筛，将原始样品充分混匀后，采用四分法进行缩分，直至检验需要的样品量，一般为 0.5～1 kg。

粮食及散粒状固体样品应自每批样品的上、中、下 3 层中的不同部位分别采集，用双套回转取样器等取样设备取部分样品，混合后按四分法对角取样，再进行几次混合，最后取有代表性的样品。肉类、水产等不均匀样品应按分析项目要求，可分别采取不同部位的样品代表该样品，或粉碎后混匀采样。

四分法的操作步骤为：先将样品充分混匀后堆积成圆锥形，然后从圆锥的顶部向下压，使样品被压成 3 cm 以内的厚度，然后从样品顶部中心按“十”字形均匀地划分成四部分，取对角的两部分样品混匀，如样品的量达到需要的量即可作为分析用样品，如样品的量仍大于需要量，则继续按上述方法进行缩分，一直缩分至样品需要量。

3. 样品的保存

样品所含营养丰富，在合适的温度、湿度条件下，微生物会迅速生长繁殖，导致样品的腐败变质；同时，样品中如果含有易挥发、易氧化及热敏性物质，容易在长时间的保存中损失变性。因此，样品采集后应尽快进行分析，否则应密封，妥善保存。

采样密封后贴上标签，并认真填写采样记录。采样记录须写明样品的名称、采样单位、地址、日期、样品批号或编号、采样条件、包装情况、采样数量、检验项目及采样人，同时还应注意现场卫生状况，样品的运输、保管条件、外观、包装容器等情况。无采样记录的样品，原则上不得接受检验。

一般样品在检验结束后，应保留一个月，以备需要时复检，易变质食品不保留。保存时应加封并尽量保持原状。为防止样品在保存中受潮、风干、变质，保证样品的外观和化学组成不发生变化，一般需冷藏、避光保存。

任务操作

有机番茄采样操作：

1）大棚种植的以每个大棚为一个抽样单元；露天种植的以每 10 亩为一个抽样单元，不足 10 亩的以每地块同一品种的蔬菜为一个抽样单元。

2）在一个抽样单元内按对角线法随机采样，随机选择 5 个抽样点，每个抽样点 1 m^2 左右范围内，随机抽取番茄 2 kg，5 份检样混合，用四分法缩分至取样量（不低于 2 kg），装入样品袋，写好样品标签，包括作物名称、品种名称、采样地点、经纬度、采样田块、采样时间、采样人及联系方式。

任务 2　样品的制备与预处理

任务介绍

按照有关标准和方法，多点采集得到的原始样品的量一般比较多，依据标准要求或检测方法的需求，均匀地分出检测样品的过程即样品的制备；样品在具体测定时，根据分析的目的，制成便于测定的均匀溶液或采取必要措施使待测组分与共存的干扰物质进行分离的过程就是样品的预处理。

任务解析

原始样→整理→搅拌或者粉碎→制备完成→混匀→浓缩或分离→消化→待测检样

知识储备

1. 样品的制备

样品的制备过程主要包括样本的整理、清洗、粉碎、混合及缩分等步骤，使采集的样品均匀后转变成适宜测定量的样品的过程，与样品的预处理没有明显的阶段区分。

对于浆体或悬浮液体，一般是将样品摇动和充分搅拌。常用的简便搅拌工具是玻璃棒，还有带变速器的电动搅拌器，可任意调节搅拌速度。

对于互不相溶的液体，如油与水的混合物，分离后分别采集。

固体样品应捣碎、反复研磨或用其他方法研细。常用工具有绞肉机、磨粉机、研磨钵等。

水果罐头在捣碎前须清除果核。肉禽罐头应预先清除骨头，鱼类罐头要将调味品（葱、辣椒等）分出后再捣碎。常用工具有高速组织捣碎机等。

在测定农药残留量时，各种样品制备方法如下：

粮食：充分混匀，用四分法取 200 g 粉碎，通过 40 目筛。

蔬菜和水果：先用水洗去泥沙，然后除去表面附着的水分。取可食部分沿纵轴剖开，各取 1/4 捣碎、混匀。

肉类：除去皮和骨，将肥、瘦肉混合取样。每份样品在检验农药残留量的同时，应进行粗脂肪含量的测定，以便必要时分别计算农药在脂肪或瘦肉中的残留量。

蛋类：去壳后全部混匀。

禽类：去毛，开膛去内脏，洗净，除去表面附着的水分。纵剖后将半只去骨的禽肉绞成肉泥状，充分混匀。检验农药残留量的同时，还应进行粗脂肪的测定。

鱼类：鱼样每份至少 3 条。去鳞、头、尾及内脏，洗净，除去表面附着的水分，纵剖，取每条的一半，去骨刺后全部绞成肉泥状，充分混匀。

2. 样品的预处理

样品中往往含有一定的杂质或其他干扰分析的成分，影响分析结果的正确性，所以在分析检测前，应根据样品的性质特点、分析方法的原理和特点，以及被测物和干扰物性质的差异，使用不同的方法，将被测物与干扰物分离，或使干扰物分解除去，从而使分析测定得到理想的结果，此过程即样品的预处理。样品的预处理包括在分析测定前对样品进行的消解、分离提取、净化、浓缩富集等步骤。

样品处理的常用方法有：

（1）有机质消解

样品中的被测物虽然有超标的可能性，但是相对于样品的量来说，被测物的量都是比例较小的部分，甚至属于痕量的部分，因此在检测前将样品中的有机质氧化消解，其中碳、氢、氧元素以二氧化碳和水逸出，被测物被释放出来，以利于进一步测定。常用方法有干法灰化、湿法消化、微波消解法和紫外线分解法 4 种，用于样品中金属离子的测定过程。

1）干法灰化。将试样放置在坩埚中，先在低温下小火炭化，除去水分、黑烟后，再在高温炉中以 500～600℃的高温炭化至无黑色炭粒。如果样品不易灰化完全，可先用少量硝酸润湿试样，蒸干后再进行灰化，必要时也可加硝酸镁、硝酸钠等助灰化剂一同灰化，以促进灰化完全，缩短灰化时间，减少易挥发性金属（如汞）的损失。灰化后的灰分应为白色或浅灰白色。这种方法可将有机质破坏彻底，操作简便，空白值小，常用于样品中灰分的测定，但操作的时间较长。

2）湿法消化。在强酸性溶液中，利用硫酸、硝酸、过氧化氢等氧化剂的氧化能力使有机质分解，被测的金属以离子状态最后留在溶液中，溶液经冷却定容后供测定用。这种方法整个过程在溶液中进行，加热的温度较干法灰化要低，反应较缓和，金属挥发损失较少，常用于样品中容易挥发散失的金属元素的测定。消化过程中会产生大量的有害气体，因此消化操作应在通风橱或通风条件较好的地方进行。由于操作过程中添加了大量试剂，容易引入较多的杂质，所以在消化的同时，应做空白试验，以消除试剂等引入的杂质的误差。

3）微波消解法。微波消解法是一种利用微波为能量对样品进行消解的技术，包括溶解干燥、灰化、浸取等。该方法同时联合压力密封消解，更加提高了消解效率，在 2 450 MHz 的频率下，加入少量消解试剂（1.0～2.0 mL 混合酸），密闭容器内微波处理少量样品（通常为 0.100 0～0.500 0 g），快速升温至 100℃以上，2～3 min 内即可完成消解，而且微波炉的转盘上一次可以放置约 20 个消解容器，工作效率可以提高 2～3 个数量级，适于处理大批量样品。现在该方法常用来消解并测定水中的 COD_{Mn} 和食品原料、产品及动植物组织中的铜、锌、钙、铅、镉、铁、锰等微量元素。微波消解法以其快速、试剂用量少、节省能源、易于实现自动化等优点而被广泛应用。美国国家环保局已将该法作为测定金属离子时消解植物样品的标准方法。

4）紫外线分解法。紫外线分解法是在利用紫外线光解的过程中，向样品中加入过氧化氢，以加速样品的分解。所用的紫外线光源由高压汞灯提供，温度控制在 80～90℃，对面粉和充分磨细、过筛、混匀的植物样品，通常称取试样量不超过 0.3 g，置于石英管中加入 1.0～2.0 mL 过氧化氢后，用紫外线光解 1～2 h 就能将样品中的有机物完全分解。这种分解法可以测定生物样品中的铜、锌、钴、镉、磷酸根、硫酸根等。

（2）溶剂萃取法

利用被测物与干扰物在互不相溶的两溶剂中溶解性的不同，将被测组分与干扰物相互分离，进而进行分析检测的过程称为溶剂萃取法。如脂肪的测定，常用有机溶剂抽提脂肪，然后再用质量法测定。此法操作简单、分离效果好，可以提高被测组分的浓度，使含量极少或浓度很低的被测组分通过萃取富集于一定体积的溶液中，方便测定。

传统的溶剂萃取法设备简单、操作方便，但所用萃取剂大多是易挥发、易燃、易爆且具有毒性的有机化合物，所以操作时应在通风橱中或通风环境中进行，注意防火。近年来，超声波技术或微波技术等联合萃取的新方法克服了传统萃取的不足，大大地提高了工作效率和灵敏度，适用于大批量样品的微量组分的处理，得到了广泛的应用。

超临界流体萃取是一种全新的萃取技术。它是用超临界二氧化碳流体作为萃取剂，从各组分共存的复杂样品中把待测组分提取出来的一种分离技术，已在食品功能性成分分析、食品添加剂分析和食品中农药残留检测等方面得到了广泛应用。

低温亚临界萃取技术的萃取温度介于所用溶剂的沸点及其临界温度之间，萃取条件较超临界相对温和，萃取压力通常为 0.3～1.0 MPa，在室温或低温下即可完成，热敏性成分不会产生热变性，保证了产品的质量。目前，该方法已经广泛用于植物油、植物蛋白、植物色素、植物天然香精香料、挥发性精油类、中草药功能成分的提取等领域，相对于超临界二氧化碳萃取，其具有投资小、溶剂消耗少、溶剂可循环利用、生产成本低、生产规模大等显著特点，常用的萃取溶剂有液化丙烷、丁烷、甲酰、四氟乙烷、液氨等，这 5 种亚临界溶剂的沸点均在 0℃以下。

（3）蒸馏法

蒸馏法是利用被测物质中各组分挥发性的差异来进行分离的方法。其既可以用于除去干扰组分，也可以用于被测组分蒸馏逸出，收集馏出液进行分析。如常量凯氏定氮法测蛋白质含量，就是将蛋白质经过消化处理后，转变为挥发性氮，再进行蒸馏，用硼酸溶液吸收馏出的氨，然后测定吸收液中氨的含量，再换算成蛋白质的含量。

蒸馏时加热的方法可根据被蒸馏物质的沸点和特性来确定。被蒸馏的物质性质稳定、不易爆炸或燃烧时，可用电炉直接加热。对沸点小于 90℃的被蒸馏物，可用水浴；沸点高于 90℃的液体，可用油浴、沙浴、盐浴法。对于一些被测成分，常压加热蒸馏容易分解的，可采用减压蒸馏，一般用真空泵或水力喷射泵进行减压。

对于某些具有一定蒸气压的有机成分，常用水蒸气蒸馏法进行分离。如白酒中挥发酸的测定，在水蒸气蒸馏时，挥发酸与水蒸气按分压成正比地从样品溶液中一起蒸馏出来，从而加速了挥发酸的蒸馏。

（4）盐析法

通过向溶液中加入某种无机盐，使溶质在原溶剂中的溶解度大大降低，而从溶液中沉淀析出，这种方法叫作盐析。如在蛋白质溶液中，加入大量的盐类，特别是加入重金属盐，使蛋白质从溶液中沉淀出来。在进行盐析操作时，应注意溶液中所要加入的物质的选择应是不会破坏溶液中所要析出的物质，否则达不到盐析提取的目的。盐析沉淀后，根据溶剂和析出物质的性质和实验要求，选择适当的分离方法，如过滤、离心分离或蒸发等。

（5）化学分离法

通过发生化学反应产生稳定产物，达到提取或去除作用的过程，被称为化学分离法，其主要有以下几种方法：

1）磺化法和皂化法：常用来处理油脂或含有脂肪的样品。例如，在残留农药分析和脂溶性维生素测定中，油脂被浓硫酸磺化或被碱皂化，由憎水性变成亲水性，使油脂中需检测的非极性物质能够较容易地被非极性或弱极性溶剂提取出来。

2）沉淀分离法：是利用沉淀反应进行分离的方法。在试样中加入适当的沉淀剂，使被测物质沉淀下来，或将干扰沉淀除去，从而达到分离的目的。

3）掩蔽法：利用掩蔽剂与样液中干扰成分作用，使干扰成分转变为不干扰成分，即被掩蔽起来。这种方法可以在不经过分离干扰成分的操作条件下消除其干扰作用，简化分析步骤，因而在检测分析中应用广泛，常用于金属元素的测定。

（6）澄清和脱色

澄清是用来分离样品中的混浊物质，以消除其对分析测定的影响。通常采用澄清剂，使混浊物质与其作用沉淀，从而将混浊物质除去。澄清剂应不和被测组分反应或不影响被测组分的分析。

脱色是使样品中易对测定结果产生干扰的有色物质进行去除，以消除干扰的方法，通常可采用脱色剂来进行。常用的脱色剂有活性炭、白陶土等。脱色操作时应防止被测物被脱色剂吸附造成结果较真实值偏低的情况。

（7）色层分离法

色层分离法即色谱分离法，是一种在载体上进行物质分离的方法的总称。根据分离的原理不同，色层分离法可分为吸附色层分离、分配色层分离和离子交换色层分离等；根据分离材料的形式不同，可分为柱层析和薄层层析等。这类方法分离效果好，而且分离过程往往也是鉴定的过程，在检测分析中的应用逐渐广泛。

（8）浓缩

样品经提取、净化后，有时净化后的溶液体积量较大，在测定前需进行浓缩，以提高被测成分的浓度。常用的浓缩方法有常压浓缩法和减压浓缩法两种，其主要原理是在特定条件下物质中水分的蒸气压大于空气的分压，使水分从样品中逸散，从而将样品浓缩。还有一种方法是采用吹干燥空气或氮气的方式，加速样品中水分的散失，常与前面两种方法联合使用，对于不易氧化、蒸气压低的待测物更适用。

任务操作

有机番茄中铅含量测定的样品预处理：

1）将采样获得的有机番茄样品用四分法缩分至样品量达到 1 kg，将 1 kg 样品经过清洗、打浆破碎、混合均匀后，平均分成 3 份，分别作为检验样品、复检样品、保留样品，标注样品标签，包括编号、作物名称、品种名称、采样地点、经纬度、采样田块、采样时间、采样人及联系方式。

2）从样品混匀后的匀浆的上、中、下 3 层分别吸取 10 mL，将抽样再次混合均匀后，准确移取液体试样 0.500～5.00 mL 于带刻度的消化管中，加入 10 mL 硝酸、0.5 mL 高氯酸，在可调式电热炉上消解［参考条件：120℃（0.5～1 h），升至 180℃（2～4 h），升至 200～220℃（时间根据消化液颜色判断）］。若消化液呈棕褐色，再加少量硝酸，消解至冒白烟，消化液呈无色透明或略带黄色，取出消化管，冷却后用水定容至 10 mL，混匀备用。同时做试剂空白试验。

任务 3　分析方法与数据处理

任务介绍

样品进行预处理后，必须选择适当的方法进行分析，对分析结果的数据进行处理，以评估同一个样品多次重复测定结果的准确度和精密度，从而获知准确的样品品质，正确地评估样品的质量。

任务解析

方法准确度分析（t 检验法）→方法精密度分析（F 检验法）→确定分析方法→测定结果的处理

知识储备

1．分析方法的评价指标

随着分析检验的不断发展，有机产品的分析方法不断更新，评价分析方法的标准也逐步建立和完善起来。评价指标主要是分析方法的准确度、精密度、灵敏度，根据样品特性、待测物质含量多少、分析方法原理适用性，选择准确度高、灵敏度高的方法进行实验。

1.1 准确度

准确度是指测定值与真实值的接近程度。测定值与真实值越接近，则准确度越高。准确度的高低，用误差来表示，它反映测定结果的可靠性。误差有绝对误差和相对误差两种表示方法，绝对误差为测量值与真实值之差，相对误差是绝对误差与真实值的比值，反映误差在测量结果中所占的比例。通常用相对误差来表示准确度的高低。

某一分析方法的准确度，可通过测定标准试样的回收率来判断。在回收试验中，加入已知量的标准物的样品称为加标样品，未加标准物质的样品称为未知样品。在相同条件下用同种方法对加标样品和未知样品进行预处理和测定，按式（1-1）计算出加入标准物质的回收率。

$$P=\frac{x_i-x_0}{m}\times 100\% \tag{1-1}$$

式中：P——加入标准物质的回收率，%；

m——加入标准物质的量；

x_i——加标样品的测定值；

x_0——未知样品的测定值。

1.2 精密度

精密度是指在相同条件下多次重复测定结果之间的接近程度。精密度的大小用偏差表示，偏差越小说明精密度越高。标准偏差是分析数据精密度时最好、最常用的统计学评价方法。标准偏差能衡量实验值的分散程度以及各个数值之间的接近程度。计算标准偏差时，可用所测数据的算术平均值作为真实值，测定的次数在 4～6 次为宜。

$$\mathrm{SD}=\sqrt{\frac{\sum\left(x_i-\bar{x}\right)^2}{n}} \tag{1-2}$$

式中：SD——标准偏差；

x_i——各个样品的测定值；

$\bar{x}$——测量数据的算术平均值；

n——测定次数。

为平衡测定中测定次数不足的影响，常将样本均值的标准偏差（$\mathrm{SD}/\sqrt{n}$）作为衡量精密度的指标，又称标准误差，也是抽样误差。标准误差反映的是样本均值与总体均值之间的差异。标准误差越小，表明样本均值与总体均值越接近，样本对总体越有代表性。标准误差是统计推断可靠性的指标。

分析过程中准确度和精密度是评价分析结果的不同方法，准确度说明测定结果准确与否，精密度说明测定结果稳定与否。精密度高不一定准确度高，而准确度高一定需要精密度高，精密度是保证准确度的先决条件。一般通过多次平行测定、空白试验、对照试验来提高精密度，每个样品可平行测定 2 次，若误差在规定范围内，取其平均值计算，若误差较大，则应增加 1 次或 2 次测定。

1.3 灵敏度

灵敏度是指分析方法所能检测到的最低限量。不同的分析方法有不同的灵敏度，一般仪器分析法具有较高的灵敏度，而化学分析法（如重量法和容量法）灵敏度相对较低。在选择分析方法时，要根据待测成分的含量范围选择适宜的方法。一般来说，待测成分含量低时，须选用灵敏度高的方法；含量高时宜选用灵敏度低的方法，以减少由于稀释倍数太大所引起的误差。由此可见，灵敏度的高低并不是评价分析方法好坏的绝对标准，一味追求选用高灵敏度的方法是不合理的。如重量法和容量法，灵敏度虽不高，但对于高含量组分（如产品的含糖量）的测定能获得满意的结果，相对误差一般为千分之几。相反，对于低含量组分（如黄曲霉毒素）的测定，重量法和容量法的灵敏度一般达不到要求，这时应采用灵敏度较高的仪器分析法。

2. 测定结果的检验

在有机产品分析中，常遇到两个平均值的比较问题，如测定平均值和已知值的比较，不同分析人员、不同实验室或用不同分析方法测定的平均值的比较，对比性试验研究等均属于此类问题。所以对这类问题常采用显著性检验法，即利用统计方法来检验被处理问题是否存在统计上的显著性差异，常用 F 检验法和 t 检验法。F 检验法检验的是偶然误差，即判断两组数据的精密度是否存在显著性差异，若存在显著性差异，也就失去了 t 检验的前提。t 检验法检验的是系统误差，它可以判断两组数据的平均值之间是否存在显著性差异。

2.1 t 检验法

t 检验法用来比较一个平均值与标准值之间或两个平均值之间是否存在显著性差异。

（1）平均值与标准值比较

为检查某一分析方法或操作过程是否存在系统误差，可用标准试样做多次平行测定，然后用 t 检验法检验测定结果的平均值 $\overline{x}$ 与标准试样的标准值（相对真值、约定真值等）μ 之间是否存在显著性差异。

$$t=\left|\overline{x}-\mu\right|\sqrt{n}/S \qquad (1\text{-}3)$$

式中，S 为标准偏差。

$$S=\sqrt{\frac{\sum\left(x_i-\overline{x}\right)^2}{n-1}}$$

按照式（1-3）计算出 t 值，若大于 t 值的临界值，说明 $\overline{x}$ 处于以 μ 为中心的95%概率之外（通常的置信度取95%），$\overline{x}$ 与 μ 有显著性差异，差异较大，存在系统误差。

（2）两组数据平均值 $\overline{x}$、$\overline{y}$ 之间的比较

如果用 t 检验法检验两组数据的平均值之间是否存在系统误差，则按式（1-4）计算 t 值：

设 $\overline{x}$、$\overline{y}$ 分别为两种测定方法各次测定值的算术平均值；n_1、n_2 分别为两种方法的测定次数，计算 t 值。计算公式为：

$$t=\frac{\overline{x}-\overline{y}}{S}\cdot\sqrt{\frac{n_1 n_2}{n_1+n_2}} \qquad (1\text{-}4)$$

其中：

$$S=\sqrt{\frac{\sum_{i=1}^{n_1}(x_i-\bar{x})^2+\sum_{i=1}^{n_2}(y_i-\bar{y})^2}{n_1+n_2-2}}$$

按自由度$=n_1+n_2-2$，由给定的信度α值，查t分布表，得出t_α值。然后比较t与t_α的大小，作出判断。

一般食品分析中采用：$t<t_{0.05}$，差异不显著；$t_{0.05}\leqslant t\leqslant t_{0.01}$，差异显著；$t>t_{0.01}$，差异极显著。

2.2　F检验法

F检验法是通过比较两组数据的方差S^2（标准偏差的平方），来判断两组数据的精密度是否存在显著性差异。

$$F=S_{大}^2/S_{小}^2 \tag{1-5}$$

计算时，规定大方差$S_{大}^2$为分子，小方差$S_{小}^2$为分母。如果两组数据的精密度存在显著性差异，其方差相差较大，F值也较大。把计算出的F值与F检验的临界值相比较，若大于F检验临界值，说明存在显著性差异；若小于F检验临界值，说明不存在显著性差异。

3．测定结果的处理

3.1　有效数字

我们把通过直读获得的准确数字叫作可靠数字；通过估读得到的那部分数字叫作存疑数字；把测量结果中带有一位存疑数字的全部数字叫作有效数字。有效数字这一术语描述了如何判断实验结果中应记录数字的位数。

π 等常数，具有无限位数的有效数字，在运算时可根据需要取适当的位数。在有效数字中，要特别注意 0 的情况：

1）在小数点后的 0 通常是有效数字。例如，44.720 和 44.700 都含有五位有效数字。

2）小数点前没有其他数字时，小数点前的 0 不是有效数字。如 0.647 2 只含有四位有效数字。

3）如果小数点前没有其他数字，那么小数点后的 0 也不是有效数字。如 0.005 2，该数值只含有两位有效数字。又如，1.005 2，小数点前有数字，因此小数点后的 0 属于有效数字，该数值共有五位有效数字。

4）整数属于准确数字，不存在存疑数字，因此除特别说明，一个整数末位的 0 不是有效数字。因此，整数 5 000 只有一位有效数字。但是如果加上小数点和 0，如 5 000.0，则表示此数值含有五位有效数字。

总之，应正确理解有效数字的有关规则和含义，仔细审查有效数字的确定过程。

3.2　数据的修约与计算

对分析数据进行处理时，必须根据各步的测量精度及有效数字的计算规则，合理修约并保留有效数字的位数，草率或错误地舍弃数字都会使最终结果产生严重偏差。当有效数字的位数确定后，其余数字（尾数）应一律弃去。“四舍六入五舍偶”的尾数修约法则是一种可取的方法，即当尾数≤4 时则舍；尾数≥6 时则入；尾数等于 5 而后面的数为 0 时，若 5 前面为偶数则舍，为奇数则入；5 后面还有不是 0 的任何数时，无论 5 前面是偶数还是奇数皆入。修约数字时，只允许对原测量值一次修约到所需要的位数，不能分次修约。例如，将下列数字修约为 4 位有效数字：

44.722→44.72　　44.727→44.73

44.705→44.70　　44.715→44.72

44.705 2→44.71

在分析结果的计算中，必须按照有效数字的运算规则，做到合理取舍。先按照下述规则将各个数据正确修约，然后再计算结果并正确保留结果的有效数字位数。

1）加减法。和或差的有效数字的保留，应以小数点后位数最少的数据为依据，对参加计算的所有数据进行一次性修约后，再计算并正确保留结果的有效数字。

2）乘除法。积或商的有效数字的保留，应以有效数字位数最少的那个数据为依据去修约其他数据，然后进行乘除。

3）在对数运算中，所取对数的小数点后位数应与真数有效数字的位数相等。

4）如果有效数字的第一位数等于或大于 8，计算时，其有效数字的位数可多算一位。例如，9.77 虽只有三位，但它很接近于 10.00，故可以认为它是四位有效数字。而最后计算结果的有效数字位数必须与所选定的基准数据一致。

5）安全数字。为使误差不迅速累积，在大量数据（4 个数据以上）的运算中，对参加运算的所有数据可以多保留一位有效数字进行计算。多保留的这一位数字称为“安全数字”，用小号字来表示。

完成所有运算之后，最后的结果一定要按“四舍六入五舍偶”的修约规则弃去多余的数字。

任务操作

1．加减法

0.012 1+25.64+1.057 82=？

应以小数点后位数最少的数据（25.64）为依据，先修约再计算：

0.012 1+25.64+1.057 82=0.01+25.64+1.06=26.71

2．乘除法

0.012 1×25.64×1.057 82=？

应以有效数字位数最少的数据（0.012 1）为依据，先修约再计算：

0.012 1×25.64×1.057 82=0.012 1×25.6×1.06=0.328

3．对数计算

lg765=2.883 7=？ lg3174=3.501 66=？

对数值的小数点后位数应与真数有效数字的位数相等：

lg765=2.883 7=2.884，lg3 174=3.501 66=3.501 7

4．安全数字

5.272 7 + 1.075 + 3.70 + 2.124 + 2.50 =？

4 个以上数据的运算中，对所有数据多保留一位有效数字进行计算：

5.272 7 + 1.075 + 3.70 + 2.124 + 2.50 = 5.273 + 1.075 + 3.70 + 2.124 + 2.50 = 14.672 = 14.67

知识考核

1．解释下列名词

总体；样本；检样；原始样品；平均样品；检验样品；复检样品；保留样品；准确度；精密度；灵敏度；*F* 检验法；*t* 检验法；有效数字。

2．有机农产品的田间采样如何进行？

3．有机加工产品出厂前的质量抽检如何采样？

4．样品保存时应记录哪些内容？为什么？

5．根据所学知识分析有机农场中某种蔬菜的微量指标检测如何采样。

6．有机质消解包含哪些方法？它们各有何特点？

7．简述缩分样品的操作过程。操作中应注意哪些问题？

8．经典的溶剂萃取法是用分液漏斗振荡的液-液法，该法有何优缺点，请简述之。

9．分析方法的选择主要取决于哪些因素？为什么要进行分析方法的评价？评价的主要参数主要有哪些？

10．将下列数据修约为 4 位有效数字：

3.142 4；3.215 6；10.235 0；250.650；16.085 2；18.065；2.015 454 6

11．计算结果，并确定结果的有效数字的位数：

①$1.20\times(112-1.240)\div 5.437\ 5=?$

②$1.50\times10^{-5}\times6.11\times10^{-8}\div3.3\times10^{-5}=?$

③$4.42+115.1+12.478\ 0-0.002\ 1=?$

模块二
有机食品检测仪器分析技术

有机食品检测主要从农药残留、兽药残留、微生物、食品添加剂、重金属、转基因成分等几个方面进行分析，传统的化学检测、物理检测已经无法满足上述痕量残留物质的检测需求，在新形势下，仪器分析检测技术得到广泛应用，有效提升了检测的准确性和可靠性。

本模块介绍了有机食品检测中主要应用的仪器分析技术，具体包括 5 个任务，分别是原子吸收光谱分析技术、高效液相色谱分析技术、气相色谱分析技术、质谱分析技术以及色谱-质谱联用技术。通过学习，主要掌握各种检测技术的原理以及仪器的结构与工作流程，掌握高效液相色谱的分离模式、气相色谱样品制备的方法，了解气质联用和液质联用技术的基本工作原理和仪器。

任务 1　原子吸收光谱分析技术

任务介绍

原子吸收能量后由基态跃迁到激发态，引起辐射光强度改变，而位于激发态的原子跃迁回到基态时，同样发射出该元素的特征光谱，吸收与发射是光与原子间相互作用的两个过程，测量辐射光中特定频率的光强度改变可建立起原子吸收光谱法（atomic absorption spectrometry，AAS）。原子吸收光谱法是一种气态自由原子吸收紫外或可见光的分析方法。这是一种相对简单的方法，是食品分析中应用很多年、很广泛的一种方法。本次任务主要是了解原子吸收光谱仪的原理、掌握原子吸收光谱仪的结构与流程，熟悉原子吸收光谱仪的上机操作步骤。

任务解析

原子吸收光谱仪的工作流程→原子吸收光谱仪的部件→原子吸收光谱仪的操作

知识储备

AAS 中两种常用的原子化方式是火焰原子化和电热（石墨炉）原子化。

1. 原子吸收光谱仪的结构与工作流程

原子吸收光谱仪又称原子吸收分光光度计。它由光源、原子化器、分光系统和检测系统组成，如图 2-1 所示。

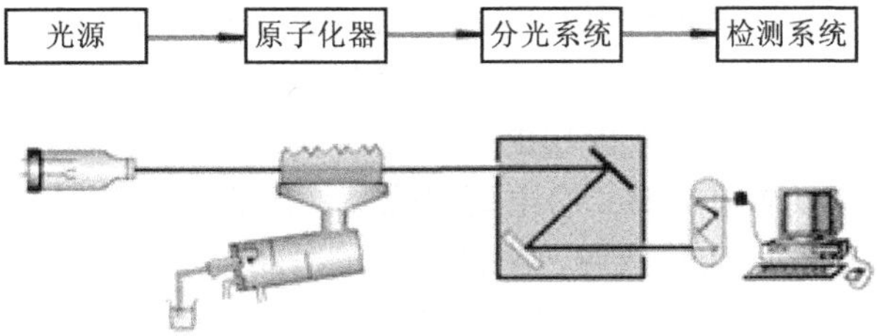

图 2-1　原子吸收光谱仪的基本结构

在火焰原子吸收光谱仪中，喷雾燃烧系统将样品溶液转化为原子蒸气。值得注意的是，样品在进入火焰原子吸收光谱仪之前必须是溶液状态（通常是水溶液）。样品溶液被雾化（分散成微小的液滴），与燃料和氧化剂混合，并在由燃料氧化产生的火焰中燃烧。当样品溶液经过溶剂化、汽化、雾化和电离处理后，在火焰温度最高处产生原子和离子。同一元素的原子和离子会吸收不同波长的辐射，产生不同的光谱。因此有必要选择一个能达到最大原子化和最小电离的火焰温度。因为原子吸收光谱仪测定的是原子吸收而不是离子吸收。

2．原子吸收光谱仪的部件

（1）光源

与一般光分析仪器所提供的连续光源不同，原子吸收分析用的光源必须具备发射的共振线宽度要明显小于吸收线的宽度的前提条件，即锐线光源；且发射光强度要足够大，没有或者有很小的连续背景；稳定性良好；操作方便；使用寿命长。原子吸收光谱仪中常用的光源是空心阴极灯。

空心阴极灯的结构如图 2-2 所示，灯是由被测元素材料制成的圆筒形空心阴极与一个阳极组成，并被密封在充有低压（合适的压力约为 400 Pa）Ne 或 Ar 惰性气体的玻璃管内。阴极做成圆筒形，内径约为 2 mm。阳极由在钨棒上环接的钛丝或钽片制成。灯的外壳为前端由石英窗组成的密封玻璃管。

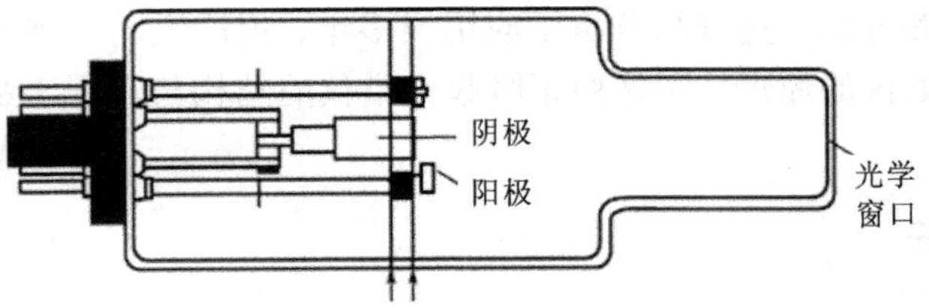

图 2-2 空心阴极灯的结构

空心阴极灯是一种特殊的辉光放电管。当灯与电源接通后，即在空心阴极灯内发生辉光放电，发射阴极元素的共振线。当在灯两极之间施加几百伏的高压，阴极发出的电子在电场作用下向阳极运动，在运动过程中，与充入的惰性气体碰撞而使之电离。电离产生的正离子在电场作用下高速撞击阴极腔内壁待测元素的原子，使其溅射出来，溅射出来的金属原子再与电子、惰性气体原子及离子发生碰撞而被激发，当它很快从激发态返回到基态时，便辐射出该金属元素的特征性共振线，这就是空心阴极灯产生锐线辐射的机理。

空心阴极灯放电的光谱特性主要取决于阴极材料的性质、载气的种类和压力、供电方式、灯电流等。阴极材料决定了发射出的共振线波长，载气的电离电位决定阴极材料发射共振线的效率与发射线的性质。He 的电离电位高，用它作载气时阴极材料发射的谱线主要是离子线，而用 Ne 或 Ar 作载气时，阴极材料发射的谱线才主要是原子线。脉冲供电方式不仅便于区分有用的信号和原子化火焰产生的直流发射信号，而且放电特性也得到改善。灯电流直接影响放电特性和灯寿命。灯电流大，辐射光强度大，但灯寿命短。如果灯电流控制在 5～20 mA，阴极表面温度较低，灯内惰性气体 Ne 或 Ar 的压力一般只有 133.3～266.6 Pa，这样的光源锐线性很强，接近自然宽度，是较理想的光源。

空心阴极灯分单元素和多元素两类。多元素空心阴极灯的阴极是由几种被分析元素组成的，一灯多用。

（2）原子化器

原子化器的作用是将试液中离子态的元素转变为气态原子的装置。常用的原子化方法有火焰原子化法和非火焰原子化法两种。

通常要求原子化器尽可能有高的原子化效率，并要求稳定性高，重现性好，干扰少，装置简单。

1）火焰原子化器。

火焰原子化器由两部分组成，一部分是雾化器，另一部分是燃烧器（图 2-3）。前者的作用是将溶液形成微细均匀的雾粒；后者的作用是将雾粒脱水，使雾粒中的金属离子在火焰中生成气态原子。

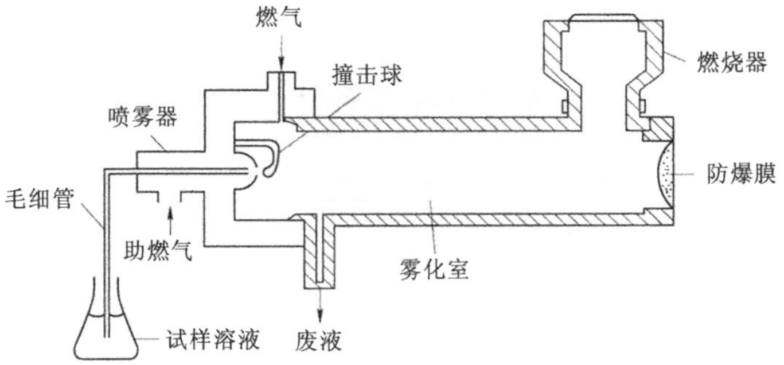

图 2-3　火焰原子化器示意图

火焰的性质十分重要，它直接影响试样的原子化程度。由表 2-1 可知，火焰的温度主要取决于火焰类型，并与燃气和助燃气的比例有关。

表 2-1　几种常用混合气的火焰特征

燃气	助燃气	着火温度/℃	火焰温度/℃	燃烧速度/（cm/s）
氢气（H_2）	空气	530	2 000～2 100	340～440
	氧气（O_2）	450	2 500～2 700	900～3 680
乙炔（C_2H_2）	空气	350	2 100～2 400	160～266
	氧化亚氮（N_2O）	400	2 600～2 800	160
	氧气（O_2）	335	3 000～3 100	800～2 480

火焰的类型关系到测定的灵敏度、稳定性和干扰等，因此，对不同的元素应选择不同的火焰才能收到良好的原子化效果。空气-乙炔火焰是应用最广的一种火焰，它的火焰温度较高，且燃烧稳定，可测定 30 多种元素。氧化亚氮-乙炔火焰是另外一种常用的火焰，它的燃烧温度比空气-乙炔火焰高，适用于难以原子化的元素测定，如 Al、B、Be、Ti、W、Si 等。

依燃气与助燃气的比例不同，可将火焰分为三类：中性火焰、富燃火焰和贫燃火焰。中性火焰又称化学计量火焰，即燃气与助燃气的比例与它们之间的化学计量关系接近的火焰。富燃火焰又称还原性火焰，即燃气和助燃气的比例大于化学计量值的火焰，因此，燃烧不完全，温度低。贫燃火焰又称氧化性火焰，即燃气与助燃气的比例小于化学计量值的火焰。这种火焰的氧化性强，温度较低。

2）无火焰原子化器。

无火焰原子化器应用最广的是石墨炉电热高温原子化器。

石墨炉电热高温原子化器的结构如图 2-4 所示。试样是在容积很小的石墨管内直接原子化，所以试样不像在预混合式火焰原子化器中那样受雾化效率的限制及被喷雾气体大量稀释，从而可大幅提高光路中待测元素的原子浓度。

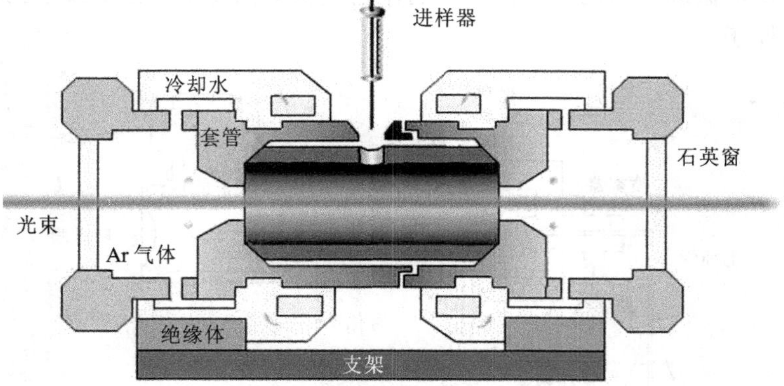

图 2-4 石墨炉电热高温原子化器

实验时将试样从石墨管的中央小孔注入，为了防止试样及石墨管氧化，加热需要在惰性气体中进行（不断通入氮气或氩气）。测定时分干燥、灰化、原子化和净化除残四个阶段。干燥的目的是蒸发去除试液的溶剂或水分，干燥的温度一般高于溶剂的沸点，干燥时间可根据样品体积而定，通常为 20～60 s；灰化的作用是在不损失待测元素的前提下进一步去除有机物或低沸点无机物，以减少基体组分对待测元素的干扰；原子化就是使待测元素成为基态原子，原子化温度由待测元素的性质而定，3～10 s 温度可达 2 500～3 000℃；净化是在样品测定完毕后，用比原子化阶段稍高的温度加热，去除石墨管中的样品残渣，净化石墨管。

石墨炉电热高温原子化器具有以下特点：试样用量少，液体试样为 1～100 mL，固体试样为 0.1～10 mg；灵敏度高，检测限多为 10^{-12}～10^{-10}，某些元素可达到 10^{-14}，是一种微痕量分析技术；试样利用率高，原子化的原子在石墨炉中可以停留较长的时间，且原子化过程是在还原性气氛中进行的，原子化效率可达 90%以上；可直接测定黏度较大的试样和固体样品；整个原子化过程是在一个密闭的配有冷却装置的系统中进行的，在操作时比火焰原子化器安全；但其测定的精密度、重现性不如火焰原子化器，装置和操作也较为复杂，需增加设备费用。

除上述两种原子化法外，还有其他原子化法，常用的如氢化物原子化法。

（3）分光系统

原子吸收光谱仪的分光系统在光源辐射被原子吸收之后，由于原子吸收光谱仪中采用的已经是锐线光源，分光系统的主要作用是将待测元素的共振线与其他谱线分开，以便进行测定。

单色器的分辨率和光强度取决于狭缝宽度。在原子吸收分析中，狭缝宽度由通带来表示。通带是指光线通过出射狭缝的谱带宽度。其表达式见式（2-1）。

$$W=D\cdot S \tag{2-1}$$

式中：W——谱带宽度，Å；

D——倒线色散率，Å/mm；

S——狭缝宽度，mm。

（4）检测系统

检测系统主要由检测器、信号放大器、指示显示仪表组成。在原子吸收仪器中常用光电倍增管作为检测器。放大器的作用是将光电倍增管输出的电压信号进行放大，电信号的变化与试样浓度呈线性关系，最终由指示仪表或数字显示器显示出来。

目前的仪器均配有计算机系统，能够对仪器进行自动控制和计算、打印分析结果。若配以自动进样器，分析工作将按设定的程序自动完成，大大地提高了工作效率。

任务操作

以原子吸收光谱仪（北京东西分析仪器有限公司）火焰法测试铜离子操作为例。

1. 安装元素灯

打开计算机，进入桌面后，打开光谱仪主机电源。等 10 s 后在电脑桌面上双击程序（EWAIAAS 原子图标），再单击对话框进入工作站，联机成功后点终止。

2. 点击分析设置——设置仪器参数

第一步：选择要分析的元素灯，并选择元素及方法。

第二步：设仪器参数

波长（nm）：324.75（以 Cu 为例）

狭缝：0.2 nm

负高压（V）：200～300

灯电流：2 mA

背景校正模式：无

燃气流量：1.5 mL（点击设置按钮）

第三步：点击下一步，点击扫描，等扫描完成后，点击调整灯位置，调整成功点关闭，点击能量平衡，指示成功后点确定，最后点击完成，再点击“是”。

3. 点击分析设置——设置测量参数

采样速度：50 ms

标尺扩展：1

平滑计数：10

积分时间：2

延迟时间：0

间隔时间：1

采样方式：自动

设完后点击保存，成功后点击确定，再点击退出。

4. 点击文件，点击新建项目，添加标样个数并输入所配标液浓度值（从低至高）

测量次数（每标样）：3 次

测量次数（每样品）：3 次

浓度单位：mg/L

点击完成。

5. 对光

将对光板放在燃烧头狭缝的中间（指长度）——将黑板放在外面，同步调工作台下方两边螺母，先将两个螺钉逆时针松开后用力将工作台推进将样品能量调到小于10%或者为0，然后再顺时针同步调螺钉，调至样品能量为50%，即40%～60%，然后把对光板放置在左右两边，看能量，用手转燃烧头使能量为40%～60%，调好后取下对光板。

6. 点火步骤

开空压机开关（输出压力0.2～0.3 MPa），再开乙炔钢瓶输出压力（0.06～0.08 MPa），查看水封是否有水，如果没有，加水至上出口。然后按光谱仪上的绿色按钮点火。

7. 进样分析

首先进行标准曲线制作，将原子吸收进样管插入制作好的标准曲线溶液内，点击软件操作面板上的采样按钮，开始标准曲线的测试，按照浓度从低到高的顺序依次测试，测试完毕仪器自动绘制标准曲线。将原子吸收进样管插入样品管，点击软件操作面板上的采样按钮开始样品的测试，测试结果自动显示。

8. 关机操作

首先关闭乙炔气钢瓶，等原子吸收火焰熄灭后，然后按主机上的关闭按钮，关闭空气压缩机，关闭操作软件，关闭电脑。

任务2 高效液相色谱分析技术

任务介绍

高效液相色谱法（HPLC）是一种高效、快速的分离分析技术。它是以经典的液相色谱为基础，以高压下的液体为流动相的色谱过程。通常所说的柱层析、薄层层析或纸层析就是经典的液相色谱法。在经典的液相色谱法基础上，HPLC在技术上采用了高压泵、高效固定相和高灵敏检测器，实现了分析速度快、分离效率高和操作自动化。HPLC可用来做液固吸附、液液分配、离子交换和空间排阻色谱（凝胶渗透色谱）分析，应用非常广泛。HPLC具有高压、高速、高效、高灵敏度的特点。

任何能溶于流动相溶液的化合物都可用HPLC来进行分离。当采用液相色谱时，可对待分析样品进行衍生化处理以提高对分析物质的检测能力。HPLC除可作为一门分析技术使用外，还可以制备从毫克级至克级规模的高纯度化合物。

HPLC用于食品原料分析开始于20世纪60年代，最早用于分离糖类化合物，但很快在其他食品领域也得到了广泛的应用，包括氨基酸、维生素、有机酸、脂类、果蔬中的杀虫剂残留和毒素的分析。现在HPLC则更广泛地应用于与食品相关的分析领域。

通过本任务的学习主要了解高效液相色谱的分析模式、掌握高效液相色谱的工作流程与结构、熟悉高效液相色谱仪的操作流程。

任务解析

高效液相色谱的分析模式→工作流程与结构→仪器操作

知识储备

1. 高效液相色谱的分析模式

液相色谱分离方法包括吸附色谱（正相色谱是其中一种）、分配色谱（反相色谱是其中一种）、离子交换色谱、排阻色谱和亲和色谱，以下根据分离模式对液相色谱进行分类介绍。

（1）正相色谱

在正相 HPLC 中，固定相是极性吸附剂。

正相 HPLC 的流动相由非极性溶剂组成，如正己烷，可通过加入一些极性更大的改性剂，如二氯甲烷，以增加溶剂洗脱强度和选择性。必须认识到特定溶剂的洗脱强度仅与色谱分离模式有关，例如，庚烷在正相色谱中是一个弱的溶剂，而在反相色谱中是一种非常强的溶剂。

（2）反相色谱

由于键合相在 HPLC 上的成功应用，目前，反相 HPLC 已成为现代柱色谱中应用最广泛的一种分离模式，超过 70%的 HPLC 分离是在反相色谱上进行的。反相色谱中最常用的固定相是化学键合相，通过烃基氯硅烷与硅胶表面的硅醇基团反应制得的十八烷基硅烷（ODS）键合相是最常用的反相填充材料。

许多以硅胶为基质的反相色谱柱都可直接购买，下列几种情况可导致其色谱行为的不同：

1）键合至硅胶基质上的有机基团的种类，如 C18 与苯基；

2）有机链的长度，如 C8 与 C18 以及单位体积填充料表面有机链的数目；

3）载体颗粒的大小与形状；

4）游离硅醇基团的比例。

高分子填充料大幅降低了由硅醇基团残留而引起的问题，提高了填充材料对 pH 的稳定性，并提供了更多的选择性参数。反相 HPLC 通常使用甲醇、乙腈或者四氢呋喃和水的混合液作为它的极性流动相。目前，反相 HPLC 已被广泛应用，在此，只讨论一些重要的与食品有关的应用。反相 HPLC 已经成为分析各种食物蛋白质最常用的 HPLC 模式，采用这种方法既可以对蛋白质进行分离，也可以对其进行定性分析。另外，反相 HPLC 还可以对水溶性和脂溶性维生素进行分析。离子对反相色谱可用于解决碳水化合物在键合相上的分离。配有包括 RI、UV、光散射和 LC-MS 等各种检测手段的反相 HPLC 已经应用于脂类的分析。抗氧化剂如二叔丁基对甲酚（BHT）、2,3-丁基-4-羟基茴香醚（BHA），经反相色谱分离后，可用 UV 和荧光同时进行检测分析。

（3）离子交换色谱

HPLC 常常采用功能性有机树脂作为填充材料，它们被称为磺酸类或胺类（苯乙烯-二乙烯苯）聚合体。与交联度小于 8%的微孔树脂相比，大孔树脂由于具有更大的刚性和永久性的多孔结构而更适用于 HPLC 柱。另外，也可采用薄壳型填料，但缺点是单位重量填料上的离子交换基团的数目有限。

以硅胶为基质的键合相离子交换剂，由于化学键合相提供的功能基团聚集在表面，因此离子交换速度快、分离效率高。然而，当使用其他形式以硅胶为基质的填料时，流动相的 pH 必须加以控制。

离子交换 HPLC 的流动相通常是水溶性缓冲液，通过调节流动相的离子强度或 pH，就可控制溶质的保留时间，离子强度增加使得流动相组分与溶质竞争固定相的结合位点的能力提高，使溶质的保留时间下降。

离子交换 HPLC 在简单无机离子的检测、碳水化合物和氨基酸的分析以及蛋白质的制备和纯化等方面，都得到了广泛的应用。另外，离子交换 HPLC 一直是蛋白质甚至多肽分离最有效的方法。

（4）排阻色谱

排阻色谱仅靠溶质分子的大小来分离，这种色谱模式实际有效的分离体积有限。因此，所谓“高性能”液相色谱通常只是指具有 2 000～20 000 理论塔板数而已，对排阻色谱没有太大的价值。而使用小颗粒填充材料的优势是速度快，若采用 5～13 μm 的颗粒，其分离时间≤60 min，与此相比，若采用 30～150 μm 颗粒的经典柱子，则分离时间可长达 24 h 之久。

排阻色谱流动相的选择主要取决于样品的溶解度、柱相容性和溶质-固定相之间相互作用等因素。水性缓冲液用于生物大分子，如蛋白质和核酸，这样既可保持生物活性，又可防止发生相互间的吸附作用。若在流动相中加入四氢呋喃或二甲基酰胺，则可在大分子样品的排阻色谱中起到确保样品溶解的作用。

（5）亲和色谱

亲和色谱根据待纯化分子能够与另一种分子形成可逆的特异性相互作用，而后者又可固定在色谱固定相表面的原理来进行分离。亲和色谱可用于纯化许多糖蛋白。金属螯合亲和色谱不涉及生物选择性，其配位体是由固定化的亚氨二乙酸组成，可与 Cu^{2+}或 Zn^{2+}等多种金属离子结合。一些蛋白质与这些金属离子间的配位作用是分离的基础。

2．高效液相色谱仪

（1）高效液相色谱仪的结构与工作流程

典型的高效液相色谱仪的工作流程如图 2-5 所示。溶剂贮器（1）中的流动相溶剂被泵（2）吸入，然后输出，经压力、流量测量计（4）后导入进样阀（器）（5）。被分析样品由进样阀（器）处注入，并随流动相一起依次通过保护柱（6）（非必需部件）、分离柱（7）后进入检测器（8）。检测信号用微处理机（10）采集和进行数据处理，或用积分仪（或记录仪）（11）记录色谱峰面积和色谱图。如果不是分析而是制备目的，可以使用馏分收集器（12）。遇到复杂样品可以采用梯度淋洗操作［借助于梯度控制器（3）］，使样品各组分均得到最佳分离，而又不致花费更多的时间。整个仪器也可使用一台微处理机操纵，包括数据处理和操作控制。

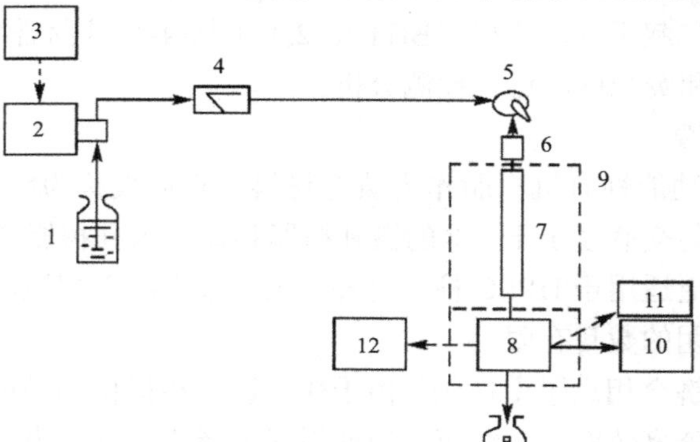

1—溶剂贮器；2—泵；3—梯度控制器；4—压力、流量测量计；5—进样阀（器）；6—保护柱；
7—分离柱；8—检测器；9—温控设备；10—微处理机；11—积分仪（或记录仪）；12—馏分收集器；13—废液瓶

图 2-5　高效液相色谱仪的工作流程

（2）高效液相色谱仪部件

1）输液泵。泵是高效液相色谱仪的动力装置，它可使流动相在准确而又精密的条件下通过系统，流速通常为 1 mL/min。目前使用的两种泵主要是恒压泵和恒流泵。高效液相色谱仪的梯度洗脱系统可以使流动相在进入高压泵前低压混合，或采用两个或更多的相互独立的可编程泵高压混合。无机酸和卤素离子可侵蚀不锈钢泵元件，因此，如果系统使用这些物质时，应该及时用水进行彻底冲洗。泵的运动部件如单向阀和活塞，对泵入的液体中的灰尘和颗粒物质都非常敏感，因此流动相在使用前先经 0.45 μm 或 0.22 μm 孔径的滤膜进行微滤。同时也可以采用真空/超声波或者氦气鼓泡对高效液相色谱仪洗脱液进行脱气，以防止因气泡混在泵或检测器中而引起有关问题。

2）进样器。进样装置的作用是把样品注入动态的流动相，从而引入柱子中。高效液相色谱仪的进样阀能使进样与洗脱系统的高压隔离开来，这样的进样装置一般不会发生故障，并提供了较好的精度，使测样更准确。一般 HPLC 分析常用六通进样阀。由于阀接头和连接管死体积的存在，柱效率低于隔膜进样（下降 5%～10%），但耐高压（35～40 MPa），进样量比较准确，重复性好（0.5%），操作方便。近年来，自动进样得到了越来越广泛的应用，其适用于大量样品的常规分析。

3）高效液相色谱柱组件。一根 HPLC 柱子可以认为是组分分离的最核心的部件。柱子的外部组件和内部填料都非常重要，因此，将这两个问题分别进行介绍。

柱组件：HPLC 柱通常由不锈钢制成，其两端可分别连接系统进样装置和检测器。色谱柱也有采用玻璃、熔融石英、钛和聚醚醚酮（PEEK）树脂制成。从内径×长度为 50 mm ×500 mm（或更大）的制备柱到壁涂毛细管柱，多种类型和尺寸的柱子都可直接购买。

预柱和保护柱：在 HPLC 分析柱前的辅助柱称为预柱，是对流动相及泵头产生的颗粒杂质进行过滤，成分主要是硅填料，作用是预饱和流动相，可减少酸碱性条件下分析柱的键合相流失。在酸性条件下，预柱一般用 C18 和 C8 填料，以此来保护同类型的分析柱键合相，减少其流失。而在碱性条件下，预柱用硅填料，预饱和流动相来保护分析柱上 Si—O—Si 键，减少其断裂。

用来保护分析柱的短柱（≤5 cm）称为保护柱，它可保护分析柱不受强吸附样品组分的污染。柱材料通常为各种有键合相的填料，在分析柱前，为不影响实验结果，一般较短，并且要与分析柱的填料和内径一样。

因此，预柱是保护分析柱减少流动相的影响；保护柱是保护分析柱减少样品的影响。

色谱柱按用途可分为分析型和制备型两类，尺寸规格也不同：①常规分析柱（常量柱），内径 2～5 mm（常用 4.6 mm，国内有 4 mm 和 5 mm），柱长 10～30 cm；②窄径柱（又称细管径柱、半微柱），内径 1～2 mm，柱长 10～20 cm；③毛细管柱（又称微柱），内径 0.2～0.5 mm；④半制备柱，内径＞5 mm；⑤实验室制备柱，内径 20～40 mm，柱长 10～30 cm；⑥生产制备柱内径可达几十厘米。柱内径一般根据柱长、填料粒径和折合流速来确定，目的是避免管壁效应。

最近几年更小内径的柱子的使用正在增加，其优点如下：①减少了流动相和固定相的使用量以及峰扩散（这样可以提高峰浓度和检测灵敏度）；②采用程序升温增加了分离度；③减少平衡时间；④能使 HPLC 与质谱仪（MS）联用。

4）高效液相色谱柱填料。种类丰富的填料的发展为高效液相色谱的广泛应用打下了坚实的基础。在经典的液液色谱中，填料只起到支持作用，而固定液停留在固定相的孔径中。在排阻色谱中，分离是完全基于分子量大小不同而实现的，因此，防止溶质与填料之间发生相互作用十分重要。在包括离子交换和亲和色谱等的吸附色谱中，柱填料同时起到了载体和固定相的作用。同时，窄的颗粒直径范围、使用性能优良、有足够的机械强度、耐受在装填和使用时所产生的压力、良好的化学稳定性对于高效液相色谱柱填料也是至关重要的。

高效液相色谱柱填料的种类如下所述。

①硅胶基质填料。

a. 正相色谱。正相色谱用的固定相通常为硅胶以及其他具有极性官能团，如胺基团（NH_2、APS）和氰基团（CN、CPS）的键合相填料。由于硅胶表面的硅羟基（Si—OH）或其他极性基团极性较强，所以分离的次序是依据样品中各组分的极性大小，即极性较弱的组分最先被冲洗出色谱柱。正相色谱使用的流动相极性相对比固定相低，如正己烷、氯仿、二氯甲烷等。

b. 反向色谱。反向色谱用的填料常是以硅胶为基质，表面键合有极性相对较弱官能团的键合相。反向色谱通常使用水、缓冲液与甲醇、乙腈等极性较强的流动相。样品流出色谱柱的顺序是极性较强的组分最先被冲洗出，而极性较弱的组分会在色谱柱上有更强的保留。

②聚合物填料。聚合物填料多为聚苯乙烯-二乙烯基苯或聚甲基丙烯酸酯等，其重要优点是在 pH 为 1～14 时均可使用。相对于硅胶基质的 C18 填料，这类填料具有更强的疏水性；大孔的聚合物对蛋白质等样品的分离非常有效。现有的聚合物填料的缺点是相对硅胶基质填料，色谱柱柱效较低。

③其他无机填料。其他 HPLC 的无机填料色谱柱也已经商品化。由于其特殊的性质，一般仅限于特殊的用途，如石墨化碳正逐渐成为反向色谱柱填料。该柱填料一般比烷基键合相硅胶或多孔聚合物填料的保留能力更强。石墨化碳可用于分离一些几何异构体，由于在 HPLC 流动相中不会被溶解，这类柱可在任何 pH 与温度下使用。氧化铝也可以用于 HPLC。氧化铝微粒刚性强，可制成稳定的色谱柱柱床，其优点是可以在 pH 高达 12 的流动相中使用。但由于氧化铝与碱性化合物的作用也很强，其应用范围受到一定限制。

5）检测器。检测器是把 HPLC 柱洗脱液中组分浓度的变化转换成电信号的装置，溶质的光化学、电化学或其他性质可通过各种仪器进行测定，每种检测方法都有其优缺点，具体选择哪种方法，要根据检测的条件和要达到的目的而定。目前使用最广泛的 HPLC 检测器主要有紫外可见光、荧光、示差折光、电化学分析检测器，以及其他检测器，如光散射或光度计也能用于对 HPLC 洗脱液中分析组分的检测。在一个与食品相关的应用中，由二极管阵列与荧光、电化学检测器组合成的多检测器的 HPLC 系统可监测多种不同类型的美拉德反应产物（如羟甲基糖醛）和它的反应动力学。

①紫外可见光检测器：紫外可见光检测器是 HPLC 中最常用的分析检测器，其应用范围较为广泛，可检测含发色基团的化合物（包括酮、共轭芳香族化合物及一些无机的离子与复合物），检测器的灵敏度和响应值取决于分析组分的发色基团。

目前，主要有三种类型的紫外可见光检测器：固定波长型、可变波长型和二极管阵列式。而 HPLC 最流行采用的检测器是可变波长型检测器，使用氘灯和钨灯分别作为发射紫外和可见光的光源，通过转动单色器即可改变操作波长。

二极管阵列检测器能够比单波长检测器提供更多的有关样品组分的信息。这种仪器所有的光源都来自氘灯，并发射至位于硅片上阵列的发光二极管形成光谱。利用发光二极管阵列检测器确认混合物中的组分，并分析其纯度（在峰前沿和尾部之间吸收光谱的不同表示存在没有分离的杂质）。对于常规分析工作中需了解更多组分峰信息而言是非常有用的。

②荧光检测器：一些有机化合物在紫外可见光照射下，吸收了某种波长的光之后会发射出比原来所吸收的光能量更低的一种光，这就是荧光，通过测定荧光的强弱来了解有机化合物的信息即为荧光检测法。荧光检测法兼具选择性和高灵敏性的优点，检测相同的化合物时，可提供比吸光光度法低 100～1 000 倍的检测限。由于荧光检测器是痕量分析非常理想的选择，所以，该法已经广泛用于食品和营养强化剂中各种维生素的测定、储存的谷物产品中黄曲霉毒素检测，以及废水中多环芳香族碳氢化合物的检测。

③示差折光检测器：示差折光检测器（RI）是一种通用型检测方法，通过检测溶解在流动相中的分析组分所引起的折光系数的变化来测量分析组分的浓度。但 RI 测定的是整个洗脱液，因此，其灵敏度要低于其他特异性方法，其峰形可以是正的也可以是负的，具体取决于分析组分与洗脱液的折光系数的相对大小。RI 广泛用于那些不含紫外吸收发色基团的分析组分的检测，如碳水化合物和脂类。

④电化学分析检测器：用于 HPLC 检测的主要有安培、极谱、库仑、电位、电导等检测器，属选择性检测器，可检测具有电活性的化合物。电化学分析检测器基于分析组分的氧化还原反应性质和洗脱液的电导率的变化，具有较高的选择性（不发生反应的化合物没有响应）和灵敏度，往往比紫外检测法要高 10^4 倍。其中，电导检测器主要用于从弱离子交换柱上洗脱下来的无机阴、阳离子和有机酸的测定，常作为离子交换色谱的检测器。

⑤其他检测器：近年来，光散射检测器已为大家所熟知，其流动相被喷入热空气流中，蒸发掉挥发性的溶剂，只留下雾状的非挥发性分析组分，这些液滴或颗粒因为发出散射光而被检测到。这种方法已作为示差折光检测法的替代方法而用于脂肪、脂类和碳水化合物的检测。同时，光散射检测器对排阻色谱分离检测高分子物质非常有用。黏度检测器是另一种特殊的检测器，也可用于排阻色谱的高分子物的分离检测。辐射检测器广泛用于经放射标志的药物动力学和代谢的研究中。

⑥联用分析技术：为了获得更多的有关分析组分的信息，HPLC 的联用分析技术发挥了重要作用，如与红外仪（IR）、核磁共振仪（NMR）或质谱仪（MS）联用。随着现代仪器的发展，液相色谱与质谱的联用技术已经得到了飞速发展，被广泛应用于各种领域。

6）馏分收集器。如果所进行的色谱分离不是为了纯粹的色谱分析，而是为了做其他波谱鉴定，或获取少量试验样品，就需要进行馏分收集。用小试管收集，手工操作只适合少数几个馏分，手续烦琐，易出差错。使用馏分收集器进行馏分收集，便于用微处理机控制，按预先规定好的程序，或按时间，或按色谱峰的起落信号逐一收集和重复多次收集。

7）数据获取和处理系统。把检测器的信号显示出来的数据系统有多种形式。最简单的是电位差式长图记录器，记录信号随时间变化，得到色谱流出曲线或色谱图。采用积分仪可以进行定性、定量，记录保留时间和峰面积。先进的反相液相色谱仪多用微处理机控制，微计算机一是作为数据处理机，输入定量校正因子，按预先选定的定量方法（归一化、内标法和外标法等），将面积积分数换算成实际的成分分析结果，或者给出某些色谱参数；二是作为控制机，控制整个仪器的运转，按预先编好的程序控制冲洗剂的选择、梯度淋洗、流速、柱温、检测波长、进样和数据处理。所有指令和数据通过键盘输入，结果在阴极射线管或绘图打印机上显示出来。更新一代的色谱仪，应当具有某些人工智能的特点，即能根据已有的规律自动选择操作条件，根据规律和已知的数据、信息进行判断，给出定性、定量结果。

任务操作

以 Agilent1260/1200 高效液相色谱仪为例，进行上机操作，对使用方法进行必要的补充和细化，以规范对仪器正确使用的控制。

1. 开机

1.1 打开计算机，输入用户名和密码，进入 Windows XP 画面。

1.2 打开 1260/1200 LC 各模块电源（不分先后）。待各模块自检完成后，双击“仪器 1 联机”图标，化学工作站自动与 1260/1200 LC 通信，进入工作站。（注意：在“仪器 1 脱机”关闭的情况下，“仪器 1 联机”方能打开。）

1.3 从“视图”菜单中选择“方法和运行控制”画面，来调用所需的界面，正常情况会默认进入此界面。

1.4 确保对应溶剂瓶已装入所要使用的流动相，左击“四元泵”模块下的“溶剂瓶”图标或右击“四元泵”下选择“瓶填充”，输入溶剂的实际体积和瓶总体积，可输入停泵的体积。单击“确定”。（注意：此操作很重要，以免气泡进入系统）。

1.5 轻轻旋开泵上的冲洗阀（缓缓旋开约 1/4 即可，不可用力太过）。右击“四元泵”图标，出现参数设定菜单，单击“方法”选项，进入泵编辑画面。设流量，从 0 mL/min 逐渐变为 3 mL/min，溶剂 A 设到 100%；单击“确定”。右击“四元泵”图标，选择“控制”选项，选中“打开”，单击“确定”，则系统开始排气，直到管线内（由溶剂瓶到泵入口）无气泡为止；切换到通道，同法继续排气，直到所有要用通道无气泡为止（只需排所用到的通道即可）。

1.6 右击“四元泵”图标，出现参数设定菜单，单击“方法”选项，进入泵编辑画面。设流量为：0 mL/min，单击“确定”，轻轻关闭排气阀（旋紧即可）。

2. 数据采集方法编辑

2.1 编辑完整方法

2.1.1 从“方法”菜单中选择“编辑完整方法”项，选中除“数据分析”外的三项，单击“确定”，进入下一界面“方法注释”。

2.1.2 方法信息

在“方法注释”中写入方法的相关信息。此项可忽略不写，单击“确定”，进入下一界面“选择进样源/位置”。

2.1.3 自动进样器参数设定

选择“Als”的进样方式，单击“确定”，进入下一界面“设置方法”。

2.1.4 方法参数设定

在“设置方法”界面选择“四元泵”选项，在“流量”处输入所需流量，如：1 mL/min，在溶剂“B”、溶剂“C”、溶剂“D”处输入流动相所占比例（A=100–B–C–D），也可在右侧“时间表”项下选择“添加”，编辑梯度。在“停止时间”项下输入样品运行时间，在“压力限值”输入柱子的最大耐高压，如 400 bar①，以保护柱子。

选择“进样器”选项输入进样体积。

选择“TCC”选项，在左侧输入所需温度或选“不控制”，选中“和左侧相同”，使柱温箱的温度左右一致。

选择对应检测器，选项输入检测波长，一般选择最大吸收处的波长；该仪器只能设一个波长。

以上各项编辑完后，单击“确定”，进入下一界面“运行时选项表”。

进入“运行时选项表”选中“数据采集”和“标准数据分析”，单击“确定”。

2.1.5 保存方法

方法编辑完后，在“方法”菜单中选择“方法另存为”为新建方法命名，单击“确定”。

2.2 数据采集方法

2.2.1 序列参数编辑

在“序列”菜单中选择“序列参数”，在弹出对话框中输入操作者名称，数据存储目录路径中的子目录，子目录即为数据图谱存储的文件夹，请认真填写，输入后，鼠标点击其他处，会自动弹出“E:\---不存在，要创建它吗？”单击“确定”， 再选择“手动”或“前缀/计数器”。

2.2.2 编辑序列表

在“序列”菜单中选择“序列表”，在表格中可进行“插入”“剪切”“复制”“粘贴”“追加行”等操作，表格中必须填写“样品瓶”“样品名称”“方法名称”“进样次数”“数据文件”“进样量”等信息，其他信息可选择编辑。编辑完成后，单击“确定”。在“序列”菜单中选择“序列模板另存为”，为新建序列命名。

2.2.3 运行序列

色谱柱安装完成后，在“仪器”菜单中选择“系统开启”或单击界面右侧绿色的“打开”快捷键，平衡色谱柱，等基线平稳，在“仪器”菜单中选择“运行序列”。停止采集数据选择“仪器”菜单中“停止运行/进样/序列”。

3. 数据分析方法编辑

3.1 打开“仪器 1 脱机”。从“视图”菜单中，单击“数据分析”进入数据分析界面。

3.2 从“文件”菜单选择“调用信号”，选中您的数据文件，单击“确定”。

3.3 做谱图优化，从“图形”菜单中选择“信号选项”，根据自身需要选择合适项。例如，从范围中选择自定义量程设置合适的时间范围和响应范围，或调整，反复进行，直到图的比例合适为止。

3.4 积分

从“积分”菜单中选择“积分事件”，设置合适积分参数，如“斜率灵敏度”“峰宽”

---

① 1 bar=10^5 Pa。

“最小峰面积”“最小峰高”等项。点击“积分”菜单中“积分”，则数据被积分。

如积分结果不理想，则修改相应的积分参数，直到满意为止。

单击左边“√”图标，将积分参数存入方法。

3.5 打印报告

从“报告”菜单中选择“设定报告”选项，选择需要的报告类型。

从“报告”菜单中选择“打印报告”，则报告结果将被打印出来。

4. 关机

4.1 关机前，用 95%水冲洗柱子和系统 0.5～1 小时，流量 0.5～1 mL/min，再用 100%有机溶剂冲 0.5 小时，然后关泵。

4.2 退出化学工作站，及其它窗口，关闭计算机。

4.3 关闭全部电源，稳压器等。

5. 维护保养

5.1 色谱柱长时间不用，存放时，柱内应充满溶剂，两端封死。

5.2 流动相使用前必须过滤，不要使用多日存放的蒸馏水（易长菌）。

5.3 带 seal-wash 的 1260/1200 高效液相色谱仪，要配制 90%水+10%异丙醇，以每分钟 2～3 滴的速度虹吸排出，溶剂不能干涸。

任务 3 气相色谱分析技术

任务介绍

关于气相色谱（GC）的论文最早发表于 1952 年，而直至 1956 年第一台商业化气相色谱仪才问世。James 和 Martin 通过 GC 分离脂肪酸，收集柱洗脱液，并用滴定法对每一种脂肪酸进行了定量滴定。GC 起步较早，优势显著，因此现在认为该技术已达到了非常成熟的水平，分离效果接近其理论极限。采用 GC 分析的物质种类非常广泛，已经应用于脂肪酸、甘油三酯、胆固醇和其他甾醇类、气体、溶剂、水、乙醇、单糖和低聚糖、氨基酸和多肽、维生素、杀虫剂、除草剂、食品添加剂、抗氧化剂、亚硝胺、多氯联苯（PCBs）、药物、风味化合物和其他许多物质的分析测定中。

在各种色谱分析方法中，气相色谱分析应用最为普及。在石油化工、医药卫生、环境监测、食品检验、合成材料等行业都有广泛的应用。气相色谱法主要应用于气体和沸点低于 400℃的各类混合物的快速分离分析。采用特殊技术，也可以对高聚物的裂解产物分析，进而对聚合物结构进行鉴定。气相色谱与其他仪器联用技术的快速发展使其应用进一步扩展。仪器的微型化也是气相色谱重要的发展方向之一。

气相色谱仪是一个载气连续运行、气密的气体流路系统。气路系统的气密性、载气流速的稳定性及测量的准确性，都影响色谱仪的稳定性和分析结果。

GC 有多种类型或原理的色谱分离，不仅依靠吸附、分配或排阻色谱来分离，还依靠溶质的沸点作为额外的分辨能力。因此，其分离能根据溶质不同的性质来完成，这样就使得 GC 具有与大多数其他类型的色谱不同的分离能力。为了更好地优化 GC 的分离效率，使分析进行得更快、成本更低，或者具有更好的精确度和准确度，有必要对影响 GC 的分离因素进行简单的讨论。

良好的分离要求具有较窄的峰形，对化合物进行定性分析时，能达到基线分离是最理想的。通过色谱柱时峰展宽越大，柱效及分离度就越差。填充柱有 3 000～4 000 个塔板，其塔板理论高度（HETP）在 0.1～1 mm。

本任务主要了解 GC 分析的样品制备方法、掌握气相色谱仪的结构与流程、熟悉气相色谱仪的操作。

任务解析

GC 分析的样品制备→气相色谱仪的工作流程与结构→仪器操作

知识储备

1. 气相色谱样品的制备方法

食品未经样品制备不能直接进样进行分析，否则气化室的高温将导致非挥发物质降解并产生一些由降解的挥发性产物引起的假峰，另外，也经常需要将要分析的物质从食品中分离出来，并进行浓缩，使其浓度达到 GC 的检测限。因此，一般情况下，进行 GC 分析之前需要对某种类型的样品进行预处理、组分分离及浓缩。

样品预处理通常包括研磨、均质或其他减小颗粒的制备方法。许多食品都含有的活性酶系可能会改变食品的组分，这一点在风味研究领域更为突出。酶体系通过高温短时热处理钝化，样品在冷冻条件下保藏，对样品进行干制或者用乙醇进行均质处理，在样品的制备和保存中都是必要的。

样品在制备过程中，可能会有微生物的增长或化学反应的发生。样品发生化学反应后，产生的产物可能会在 GC 分析中出现假峰，因此，样品必须放置在一定的条件下使其不发生化学变化，而微生物通常会被化学制品（如氟化钠）加热、干制或冷冻处理所抑制。

（1）衍生物的制备

将待分析的化合物采用化学反应的方法转变成另一种化合物，此过程称为衍生物的制备，然后对衍生物进行色谱分析。预处理的优点：许多化合物挥发性过低或过高，极性很小或热稳定性差，不能或不适于直接取样注入色谱分析仪进行分析，其衍生物则可以很方便地进入色谱仪；一些难以分离的组分，转化成衍生物则便于分离和进行定性分析；用选择性检测器检测可获得高灵敏度的衍生物；样品中有些杂质因不能成为衍生物而被去除。

（2）顶空方法

从食品中分离挥发性化合物最简单的方法之一是采用顶空蒸气直接进样分析，但这个方法的灵敏度达不到痕量分析的要求。因此往往需要采用顶空浓缩技术（通常称为动态顶空或清洗-捕集法）。此方法是先让大体积的顶空蒸气通过冷捕集器，或者采用相对复杂的萃取或吸附捕集器。冷捕集器可收集顶空蒸气中所有的组分和水分，即食品芳香味的水溶性馏出物。而吸附捕集器不吸附水，具有分离挥发性组分的能力（捕集器的材料对水几乎没有吸附）。

（3）蒸馏方法

蒸馏工艺可从食品中分离出挥发性化合物，并用于气相色谱分析。但从食品中蒸馏出的挥发性组分的浓度往往非常低，必须采用有机溶剂萃取馏出组分并进行浓缩。现在最普遍使用的是改进的 Nickerson-Likens 蒸馏法。此方法方便且效率较高，但所用的萃取溶剂、消泡剂、蒸汽、温度等各因素会引起化学反应。

（4）溶剂萃取法

溶剂萃取法是从食品中提取挥发物的常用方法。典型的溶剂萃取涉及有机溶剂的使用（除糖、氨基酸或一些其他的水溶性组分外）。采用有机溶剂的萃取方法也仅限于从无脂食品（如面包、水果、蔬菜、酒精类饮料等）中分离挥发物，或者必须使用另外的方法从分离的挥发物中萃取出脂肪，否则将干扰后面的浓缩及 GC 分析。如果能够进行多次萃取并在萃取过程中充分摇晃萃取物，分批萃取也能够达到很高的效率。

（5）固相萃取法

与传统的液-液萃取法相比，固相萃取法具有明显的优势：①需要的溶剂更少，速度更快；②具有更高的精密度和准确度；③只需最少量的溶剂蒸发就可进行进一步的分析（如气相色谱分析）；④已经完全自动化。

固相微萃取法（SPME）是固相萃取法最新改进的方法，具有简便、无须溶剂、高灵敏度和高精确度的优点，其关键影响因素为纤维丝的寿命，如果纤维丝损坏，必须及时更换，否则就会产生新旧纤维丝之间存在的重现性问题，从而影响分析结果。

（6）直接进样

理论上可采用将食品直接进行色谱分离的方法来对某些食品进行分析。然而直接进样会带来一些问题，如食品中的非挥发性物质的热降解会造成 GC 柱的污染及破坏，食品样品中的水分会引起分离效率下降，非挥发性物质对柱子和汽化室造成污染，此外，食品中挥发物的缓慢蒸发也会使柱效下降。

（7）样品衍生化进样

用 GC 进行测定的化合物在 GC 使用的分离条件下必须是热稳定的。对于那些因热不稳定、挥发性太低（如糖、氨基酸），或者极性太强（如酚和酸）而分离效果较差的化合物，在 GC 分析前进行衍生化是非常必要的。

2. 气相色谱仪的工作流程与结构

气相色谱仪是一种能够分离、分析多种组分混合物的仪器。载气由载气高压钢瓶来供给，经减压阀减压后，通过净化器净化由进样器进入色谱柱。样品由进样器注入，瞬间汽化后被载气带入色谱柱。分离后的组分随载气依次流出色谱柱进入检测器。检测器将组分含量（或质量）的变化转变成相应大小的电压（或电流）信号，由记录器记录下来，得到色谱流出曲线。如图 2-6 虚线框所示，进样器、色谱柱、热导检测器的温度变化由温度控制器控制。

GC 的主要部件是载气供应系统、调节阀、汽化室、色谱柱、色谱柱温室、固定相、检测器、电子控制和记录仪/数据处理系统等。组分能否分开，关键在于色谱柱；分离后组分能否鉴定出来则在于检测器，所以分离系统和检测系统是仪器的核心。

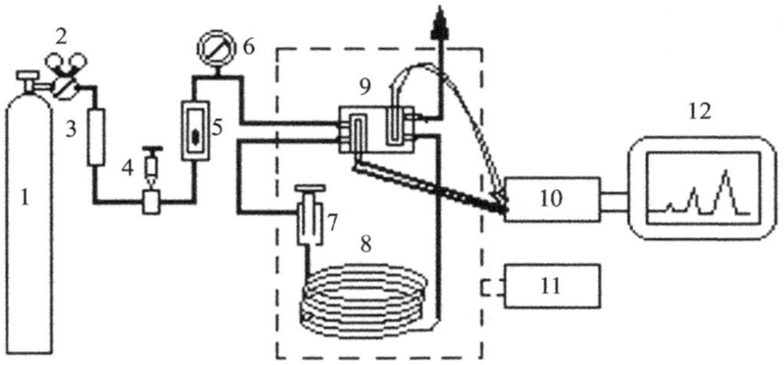

1—载气高压钢瓶；2—减压阀；3—净化干燥管；4—针形阀；5—流量计；6—压力表；7—进样器；8—色谱柱；
9—热导检测器；10—放大器；11—温度控制器；12—记录仪

图 2-6 气相色谱工作流程示意图

（1）载气供应系统

气相色谱至少需要一种载气，而检测器可能需要多种载气（如氢火焰离子化检测器需氢气和空气）。所用的气体必须是高纯度的。所有的气体流路（管路）必须是清洁的。同时应配备气体净化器，以去除气体中的水分和杂质。

（2）汽化室

汽化室是使样品进行气化的区域，由注射器（人工或自动）来完成进样。汽化室配有一块软隔膜，可让注射器针头穿透并进样，同时又可保持其气密性。样品在汽化室中蒸发后通过柱子得以分离。其蒸发过程能够瞬间发生汽化（标准汽化室），或者缓慢地进行（程序升温汽化室或柱头进样装置）。具体的条件选择取决于分析样品。

针对不同的样品和仪器要求，有几种不同的汽化室可供选择，其中包括标准加热部件、程序升温和柱头进样装置。在分流进样模式下，样品可以用载气稀释并分流（1∶50～1∶100），即只有一定比例的分析物进入了柱内。这是由于毛细管柱的容量有限，只能减少进样体积，以得到有效的色谱分离。

对于程序升温汽化室，首先将样品导入环境温度中，然后程序升温至某一所需温度。而柱头进样技术实际上是样品直接进入 GC 柱温或室温下的柱子中，至于采用哪种技术主要取决于那些对温度较为敏感的待分析组分。

进样方式分为手动进样和自动进样。手动进样是 GC 分析中造成精密度误差较大的一个最主要的因素。现在越来越多地采用自动进样，这不仅大幅提高了分析精密度，也节省了工作时间。

（3）色谱柱

GC 柱包括填充柱和毛细管柱。虽然早期大多采用填充柱，但毛细管柱在实际运用时的优势要明显得多。因此，目前 GC 大多采用毛细管柱。毛细管柱为中空熔融石英管，柱壁非常薄，十分容易弯曲。柱外壁涂有高聚物材料，用以增加强度。毛细管柱一般分为微径柱（内径 0.1 mm）、普通柱（内径 0.2～0.32 mm）或者大口径柱（内径 0.53 mm），柱长为 15～100 m，固定液以化学键合形式固定在柱上，厚度为 0.1～5 μm。

（4）色谱柱温室

色谱柱温室控制柱子的温度，当采用恒温条件进行分析时，化合物的洗脱时间和分离度均主要取决于温度。虽然更高的温度可使样品洗脱更快，但往往会使分离度下降。程序升温的进样常常可在较低的柱室温度下进行，程序升温更适合复杂样品及宽沸程样品的分离，因此使用更为普遍。

（5）固定相

色谱柱所用的固定相是分离的关键因素，随着GC发展到采用毛细管柱以后，柱效取代了固定相的选择性而成为影响分离效率的重要因素（即使所用固定相并没有很好地符合分离要求，其高柱效也能够使样品得以很好地分离）。

（6）检测器

有许多检测器可用于GC分析中。每种检测器在灵敏度或选择性等方面各有其优点。最常用的检测器有热导检测器（TCD）、氢火焰离子化检测器（FID）、电子捕获检测器（ECD）、火焰光度检测器（FPD）、光离子化检测器（PID）。这些检测器的特性在表2-2中作了简要总结。

表2-2 气相色谱检测器的特性

性能	TCD	FID	ECD	FPD	PID
选择性	通用检测器，几乎可检测所有物质，包括H_2O	大部分含C、H有机化合物	含卤素、N或共轭双键化合物	含S或P化合物	取决于光源离子化的能量
灵敏度	大约为400 pg；灵敏度较低	非常好	极好	极好：含S化合物，2 pg；含P化合物，0.9 pg	1～10 pg，依据化合物和光源而定，极好
线性范围	10^4，反应易变成非线性	10^6～10^7，极好	10^4，较差	含P化合物为10^4；含S化合物为10^3	10^7，极好

（7）色谱联用技术

GC色谱联用技术是指GC与其他定性分析技术的结合。例如，GC与原子发射检测器联用（GC-AED），与傅里叶红外光谱仪联用（GC-FTIR），与质谱仪联用（GC-MS）。当GC与这些技术联用后，就具有了强大的分析能力。GC提供分离手段，而与之联用的技术提供检测器。GC-MS在挥发性化合物的鉴定方面早就被认为是最有价值的工具，然而MS在此是作为GC的一个特殊的检测器，有选择性地对相应目标分析物产生的离子碎片进行聚焦。在GC-FTIR中同样如此，FTIR也是作为GC的检测器使用。

在目前的新型组合GC-AED技术中，GC柱的流出物进入微波发生器产生的等离子体中，激发了分析物中的原子，使原子放射出具有自身特征波长的光，并采用与液相色谱相似的二极管阵列检测器监控，就得到了一种非常灵敏和特异性的元素检测器。

GC特别适合于挥发性及热稳定性的化合物的分离检测，具有极强的分离能力，并配备了灵敏度高和选择性好的检测器，在食品生产和科研工作中得到了广泛应用。了解GC要素的特性和基本色谱理论，对妥善处理分离度、柱容量、分析速度和灵敏度是十分必要的。另外，GC作为分离技术与AED、FTIR和MS等结合，使得GC成为更有力的工具，这样的联用技术很可能会继续得到改进和发展。此外，GC在分离度和灵敏度等方面都几乎达到了理论极限，因此，很难再有显著的变化。

任务操作

以安捷伦气相色谱仪 GC-7890A 操作流程为例，对操作规程的使用方法作必要细化，以规范对仪器正确使用的控制。

1. 在开机前头一天做以下准备工作

(1)首先检查使用的毛细管柱和检测器是否是本实验该选用的型号。前检测器为 ECD，后检测器为 FPD（目前装的磷滤光片），进样口仅有一个（前进样口）。

(2) 若使用 FPD 检测器，还要检查氢气发生器和空气发生器中的硅胶是否变红。如变红，及时地烘好并安装好。

(3) 载气是否充足。有两个阀门，即总阀门和减压阀（通常不动，已经调试好输出的压力，一般为 0.5 MPa），开机时只打开总阀门。使用 ECD 检测器最好使用脱氧管和分子筛，净化载气。(总阀门：逆时针为开；减压阀：逆时针为关)

2. 接通电源

3. 开载气

先开载气，若使用 ECD 检测器，应在开载气 10 min 后再打开气相色谱。ECD 不需要开氢气发生器（0.3 MPa）和空气发生器（0.5 MPa）。若使用 FPD 检测器，则再打开氢气发生器和空气发生器。

注意：①FPD 检测器使用中有水产生，请使用一个大烧杯接住流出的水，且不要贮存及时倒掉；②空气发生器应在开机 5 min 后再开风扇开关，且要定期按排水开关。

4. 开主机和电脑

打开化学工作站。双击桌面的“仪器 1 联机”图标（或点击屏幕左下角“开始”选择“程序”，选择“Agilent Chemstation”，选择“仪器 1 联机”，化学工作站自动与 7890A 通信。7890A 的遥控灯亮。

5. 参数设置

分为 2 种：仪器参数设置和样品参数设置

(1) 仪器参数设置

在窗口【方法】下，【编辑完整方法】

界面为：方法信息

仪器/采集

数据分析（先不设，把勾化掉）

运行时选项表

下一步：首选配置一项，模块不动。

【色谱柱】:【目录】，把色谱柱添加到目录中，已有 HP 柱，则不用新建，不是 HP 柱，需要新建。

【自动进样器】10 μL 或 5 μL 针，再进行以下设置：自动进样器，进样量 1 μL，溶剂 A，清洗次数；溶剂 B 清洗次数；样品清洗次数（3 次），抽吸次数（6 次）

【进样口】全选，加热器（需要设定），压力不需设；若分流比为 10∶1，则进样量为 1/11，分流流量为 65 mL/min。

【色谱柱】【打开】选中，流速一般小于 10mL/min。若选恒流，则压力逐渐增加；若选恒压，则总流速不变。

【柱箱】：程序升温设置；恒温也设，设置时间。

【检测器】：ECD 一般要大于 300℃，防止污染。恒柱流（30 mL/min）。

一个检测器也不用时，其它不选，只选尾吹流量为 30 mL/min，特别是 ECD 检测器。

FPD：250℃；S 滤光片（H2 为 50 mL/min，Air 为 60 mL/min，尾吹为 60 mL/min）；P 滤光片（H2 为 75 mL/min，Air 为 100 mL/min）。

【信号】：要选定，根据 DET 进行选择。设置好后，保存到一个文件夹中，下次使用时，调用此方法即可。

（2）样品信息设置

在【运行控制】中，设置样品信息。选【前缀/计数器】，样品参数，样品设置（101）。

若要同时测定多个样品，则在【序列】中进行设置。

【序列表】

行：样品瓶

1 101

2 102

……

【序列参数】：数据保存在什么地方，选自动。

点击【运行序列】即可

6．数据分析方法编辑

在脱机状态下：

（1）从“视图”菜单中，点击“数据分析”进入数据分析画面。

（2）从“文件”菜单中选择“调用信号…”选项，选中您的数据文件名，点击确定，则数据被调出。

（3）做谱图优化：

• 从“图形”菜单中选择“信号选项…”。

• 从“范围”中选择“全量程”或“自动量程”及合适的显示时间或选择“自定义量程”手动输入 X、Y 坐标范围进行调整，点击“确定”。反复进行，直到图的显示比例合适为止。选中化合物的名称前的空白框。

（4）积分参数优化：

• 从“积分”菜单中选择 “积分事件…”选项，选择合适的“斜率灵敏度”“峰宽”“最小峰面积”“最小峰高”。

• 从“积分”菜单中选择“积分”选项，则数据被积分。

• 如积分结果不理想，则修改相应的积分参数，直到满意为止。

（5）【报告】下，【设定报告】，以 PDF 格式保存。

7．关机

【仪器】下，设置仪器参数（第二项），不用管压力，只把温度改为室温即可。点击应用。

注意：ECD 检测器降到 100℃即可关机。

ECD/TCD 检测器，降温各热源（柱温、进样口温度、检测器温度），关闭 FID/NPD/FPD 气体（H_2、Air）。

- 待各处温度降下来后（低于 50℃），退出化学工作站，退出 Windows 所有的应用程序；
- 用 Shut down 关闭 PC，关闭打印机电源；
- 关 GC-7890A 电源，最后关载气。

注意：不用 FPD 时，别开氢气发生器。

任务 4　质谱分析技术

质谱分析技术是通过电场或磁场的作用将离子化的被测物质按质荷比（*m/z*）分离而得到质谱，测量各种离子谱峰的强度而实现分析目的的一种分析方法。根据样品的质谱和相关信息，可以进行样品的定性（包括分子质量和相关结构信息）和定量分析。

过去 10 年来，质谱分析技术已成为分子鉴别、表征、验证和定量过程中不可或缺的方法，无论是对于小分子（如咖啡因，194 u[①]）还是复杂的生物大分子（如免疫球蛋白，144 000 u）。作为一种分析手段，质谱分析技术的广泛应用得益于两项重要的技术革新。其一，串联质谱技术的发展实现了气相色谱（GC）或液相色谱（LC）与质谱的串联使用。这种色谱与质谱相结合的方式不仅显著降低了定量分析的检测极限，同时其高特异性也提高了定量分析的可信度。其二，开发研制的混合型台式质谱仪具有高分辨率、精确分析质量和液相色谱-质谱联用分析流程。串联的混合型质谱技术拥有稳定的高灵敏度和精确度，通过严密的统计分析以达到定量分析的目的，同时显著减少样品前处理时间和工作量。这些优点使质谱成为分析复杂生物的必备技术，如食品中农药残留的检测、环境污染物的跟踪分析、天然产物的表征或食源性致病菌的快速鉴定。

质谱技术的强大之处在于它能在分子上施加电荷使其转化成离子，这一过程称为离子化。生成的离子通过射频（RF）和静电场相结合的质量分析器，按照各自的质荷比（*m/z*）大小分开，最后通过高灵敏度的检测器进行检测。来自检测器的检测信号被数字化转换后，由软件加工处理，最终以质谱图的形式呈现。质谱图通过揭示分子质量和结构组成，从而实现分子的鉴定。此外，离子进入检测器前，串联质谱技术还会通过产生离子碎片来获得分子的结构信息。

最常见的质谱分析技术是气相色谱-质谱（GC-MS）联用技术，始用于 20 世纪 60 年代末期，接着，快速发展的液相色谱-质谱（LC-MS）联用技术使液体离子化成为可能，并于 20 世纪 80 年代开始引发关注。

质谱仪种类非常多，其工作原理和应用范围也有很大的不同。从应用角度，质谱仪可以分为有机质谱仪、无机质谱仪、同位素质谱仪和气体分析质谱仪（主要有呼气质谱仪和质谱检漏仪等）。在以上各类质谱仪中，数量最多、用途最广的是有机质谱仪。

任务介绍

质谱的基本原理是将离子化的待测分子置于电场或磁场（质量分析器）中利用离子质荷比（*m/z*）进行分离，到达收集器后产生信号，其强度与到达的离子数成正比，所记录

---

① u 为原子质量单位，1 u=1.660 54×10^{-27} kg。

的信号即构成质谱。在用质谱技术检测得到结构信息以前必须包括一个额外的离子裂解阶段，通过离子的产生、分离、裂解和检测就得到了可用于解析其分子质量或结构信息的质谱图，这一过程的专一性使质谱法既可用于未知物的定量，又可用于鉴别定性。本任务主要掌握有机质谱仪的基本结构和工作原理、熟悉质谱的上机操作。

任务解析

质谱的原理→质谱仪的工作流程与结构→仪器操作

知识储备

不管是哪种类型的质谱仪，其基本组成是相同的，都包括进样系统、离子源、质量分析器、检测器和控制与数据处理系统（图 2-7）。一般情况下，进样系统将待测物在不破坏系统真空的情况下导入离子源，离子化后由质量分析器分离再检测；控制与数据处理系统对仪器进行控制，采集和处理数据，并可将质谱图与数据库中的谱图进行比较。

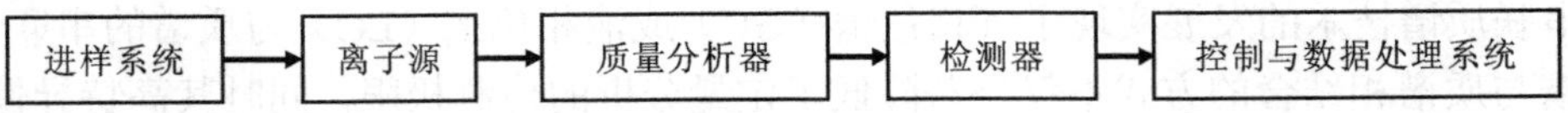

图 2-7　质谱仪的主要组件模块

1. 进样系统

质谱操作的第一步是需要把样品导入离子源，对气体或挥发性液体等纯的化合物来说，可直接将样品导入离子源室，而不需专用辅助设备或器件，这类似于气相色谱中的样品进样，这种把样品直接导入离子源室的静态法就称为直接进样法。对于挥发性很小的固体样品，样品要先放在探针顶端的小杯内或不锈钢杆上，将探针通过样品加入口放入离子源，然后加热离子源直到固体样品挥发，这样就像直接进样法一样可得到低挥发性固体物质，这种方法称为直接插入探针法。直接进样法和直接插入探针法都适用于纯样品，但对一些组成较复杂的混合物来说，两种分析方法的应用都受到很大的限制。当样品为混合物时，通常采用动态平衡法进样。此法中样品先被分离成一个个单一组分，然后再用质谱仪分析。最典型的是气相色谱或高效液相色谱通过接口与质谱连接。接口的作用是去除多余的气相色谱载气或液相色谱中的流动相以防破坏质谱仪的真空度。

2. 离子源

在很多情况下，进样和离子化同时进行。离子源的作用是使试样中的原子、分子电离成离子。离子源的性能决定了离子化效率，也在很大程度上决定了质谱仪的灵敏度。在质谱法中应用的离子源种类很多。表 2-3 列出了质谱法中常见的电离源，主要包括电子轰击电离（EI）、化学电离（CI）、快原子轰击（FAB）、场电离（FI）、场解吸（FD）、大气压电离源（API）、基质辅助激光解吸电离（MALDI）、二次离子质谱（SIMS）和电感耦合等离子体离子化（ICP）等。其离子化方式主要有两种：一种是样品在离子源中以气体的形式被离子化，称为气相电离源；另一种是从固体表面或溶液中溅射出带电离子，称为解吸电离源。气相电离源一般是分析沸点小于 500℃、分子质量小于 1 000 Da①、对热稳定的化合物；解吸电离源的最大优点是能用于测定非挥发、热不稳定、相对分子质量达到 10^5 Da 的试样。

表 2-3 质谱法中的常见电离源

基本类型	名称和英文缩写	离子化方式
气相电离源	电子轰击电离（EI）	高能电子
	化学电离（CI）	反应气体
	场电离（FI）	高电位电极
解吸电离源	场解吸（FD）	高电位电极
	快原子轰击（FAB）	高能原子束
	基质辅助激光解吸电离（MALDI）	激光光束
	二次离子质谱（SIMS）	高能离子束

3. 质量分析器

质量分析器是质谱仪的关键部件，它根据质荷比（m/z）的不同精确分离各碎片。有 5 种常见的质量分析器：磁质量分析器、四极杆质量分析器、离子阱质量分析器、飞行时间质量分析器（TOF）和傅里叶变换离子回旋加速器（FT-ICR），这些基本类型的质量分析器的组合极大地提高了常规质量分析器的性能。

四极杆质量分析器对选择离子分析具有较高的灵敏度。目前，离子阱质量分析器已发展到可以分析质荷比高达数千的离子。离子阱在全扫描模式下仍然具有较高灵敏度，而且单个离子阱通过时间序列的设定就可以实现多级质谱（MS^n）的功能。新发展的飞行时间质量分析器具有较大的质量分析范围和较高的质量分辨率，尤其适合蛋白质等生物大分子的分析。

（1）磁质量分析器

磁质量分析器采用磁场并根据各碎片的质荷比（m/z）来分析各离子。如图 2-8 所示，在仪器离子源区产生的离子通过磁铁时，在弯曲的管路中被加速，根据磁场强度及离子速度，各离子沿着各自确定的弯曲路径飞向离子检测器，只有那些具有合适的弯曲半径的离子，才能保证沿着分析器的管路中心到达离子检测器开口处，而其他碰到管壁的离子则被抽出不能到达检测器。

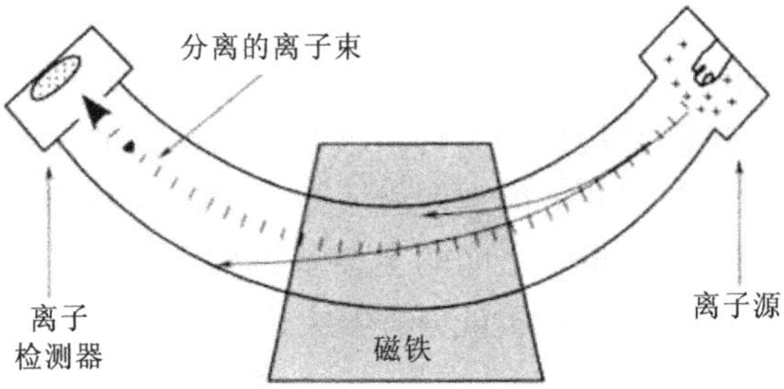

图 2-8 磁质量分析器示意图

① 1 Da=1 u=$1.660\ 54\times10^{-27}$ kg。

上面介绍的磁质量分析器为单聚焦分析器，缺点是分辨率低，只适合离子能量分散较小的离子源，如电子轰击电离源和化学电离源。为了解决离子能量分散的问题，提高分辨率，可在磁场前面加一个静电分析器，就能够将具有不同初始能量的带有相同质荷比（m/z）的离子分开，这就是双聚焦分析器，能同时实现方向聚焦和能量聚焦。双聚焦分析器的分辨率可达 150 kDa，相对灵敏度可达 10^{-10}，能准确地测量原子的质量，广泛应用于有机质谱仪中。

（2）四极杆质量分析器

四极杆质量分析器（图 2-9）是用四极杆来产生两个相等却不同相的电位，一个是交流电流（AC），施加电压的频率在无线电频率（RF）范围内，另一个是直流电流（DC），可改变电位差，以便在两个相对电极之间产生一个振荡电场，以使它们具有相等而电性相反的电荷。相对的两根极杆连接在一起，施加相同的电压，两组极杆电压相反。施加的电压由直流分量和交流分量叠加而成。从而形成了一个在电极间对称于 z 轴（垂直于 x—y 平面）的电场分布。对于给定的直流和射频电压，特定质荷比的离子在轴向稳定运动，其他质荷比的离子则与电极碰撞而导致湮灭。将 DC 和 RF 以固定的斜率变化，可以实现质谱扫描功能。

四极杆质量分析器对选择离子分析具有较高的灵敏度。其质谱扫描速率远高于磁质谱仪器。四极杆质谱仪利用四极杆代替了笨重的电磁铁，故具有体积小、重量轻等优点，且操作方便。

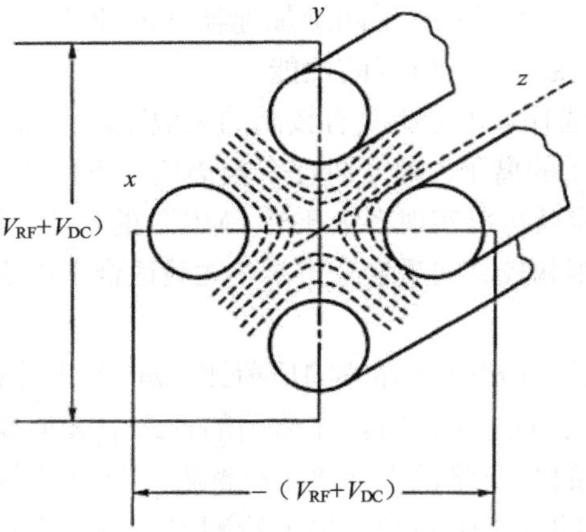

图 2-9　四极杆质量分析器示意图

（3）离子阱质量分析器

离子阱实质上就是三维的四极杆质量分析器，它捕获离子并根据其 m/z 放出这些捕获的离子，这些离子一旦被捕获，就会得到多级质谱，使质谱分辨率得以提高，从而提高了灵敏度。离子阱与四极杆质量分析器之间的主要差异在于：离子阱中特定离子被捕获时，其他离子被排出并检测；而在四极杆质量分析器中，特定离子到达检测器而其他离子则射到电极上被真空泵抽走。

图 2-10 为离子阱质量分析器的内部结构示意图。其由两个端盖电极和位于它们之间的类似四极杆的环电极构成。端盖电极施加直流电压或接地，环电极施加射频电压（RF），通过施加适当电压就可以形成一个离子阱。根据 RF 电压的大小，离子阱就可捕捉某一质

量范围的离子。离子阱可以储存离子，待离子累积到一定数目后，升高环电极上的 RF 电压，离子按质量从高到低的次序依次离开离子阱，被电子倍增检测器检测。目前离子阱分析器已发展到可以分析质荷比高达数千的离子。

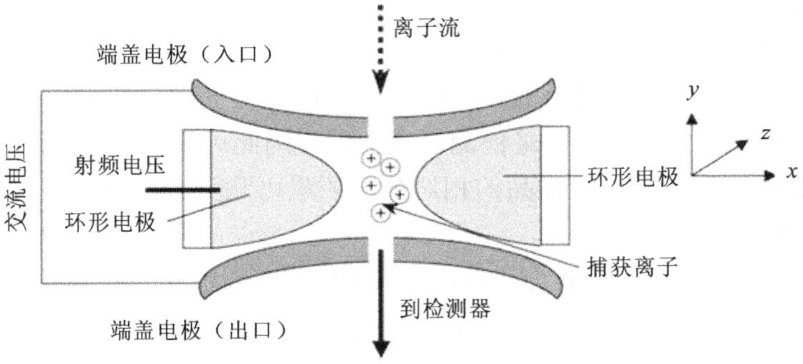

图 2-10 离子阱质量分析器内部结构示意图

离子阱的特点是结构小巧，质量轻，灵敏度高，而且具有多级质谱功能。它既可以用于 GC-MS，也可以用于 LC-MS。

（4）飞行时间质量分析器

飞行时间质量分析器的主要部分是一个离子漂移管。图 2-11 为飞行时间质量分析器示意图。离子在加速电压 V 的作用下得到动能，则有：

$$1/2\ mv^2=eV \text{ 或 } v=(2eV/m)^{1/2} \qquad (2\text{-}2)$$

式中：v——离子速度；

m——离子质量；

e——离子电荷量；

V——离子加速电压。

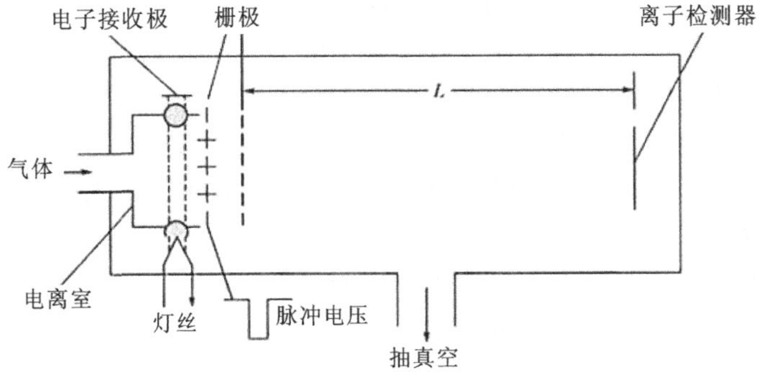

图 2-11 飞行时间质量分析器示意图

离子以速度 v 进入自由空间（漂移区），假定离子在漂移区飞行的时间为 T，漂移区长度为 L，则：

$$T=L(m/2eV)^{1/2} \qquad (2\text{-}3)$$

由式（2-3）可以看出，离子在漂移管中飞行的时间与离子质量的平方根成正比。对于能量相同的离子，离子的质量越大，到达接收器所用的时间越长；质量越小，所用时间越短，这样就可以把不同质量的离子分开。适当增加漂移管的长度可以增加分辨率。

从分辨率、重现性和质量鉴定来说，飞行时间质量分析器不及上述分析器，但是飞行时间质量分析器也有其自身的优点：①该型质量分析器既不需磁场，也不需电场，只需直线漂移空间。因此，仪器的机械结构较简单。②扫描速度快，可在 10^{-6}～10^{-5} s 观察、记录整段质谱，因此此类分析器可用于研究快速反应以及与气相色谱联用。③不存在聚焦狭缝，因此灵敏度很高。④对离子质量检测没有上限，因此可用于大质量离子的分析。以激光作解吸电离源的 TOF-MS 仪，样品的相对分子质量可测到 10^5 Da。

4．质谱的解析

质谱法是进行有机物鉴定的有力工具。在很多情况下，仅靠一张质谱图就可以确定未知化合物的分子量、分子式和分子结构，但对于复杂的有机化合物的定性，还要借助红外光谱、紫外光谱、核磁共振等分析方法。质谱图的解谱除搜索标准质谱数据库外，还可以根据化合物分子的断裂规律进行人工解谱，特别适用于谱库中不存在的化合物质谱的解释。对于不同的情况，质谱的解析方法和侧重点是不同的。未知样质谱图的一般解析步骤如下。

（1）解析分子离子区

1）标出各峰的质荷比数，尤其注意高质荷比区的峰。

2）识别分子离子峰。注意在质谱中最高质荷比的离子峰不一定是分子离子峰，这是由于存在同位素等，可能出现多个分子离子峰。另外，若分子离子不稳定，有时甚至不出现分子离子峰。因此，在识别离子峰时，还需采用以下方法进一步确认：

①分子离子峰必须符合 N 规则。

②分子离子峰与邻近峰的质量差是否合理。

③设法提高分子离子峰的强度，注意区别分子离子峰和同位素峰，增加分子离子峰与邻近峰的质量差。通常降低电子轰击源的电压至 12 eV 左右。

④对于那些非挥发或热不稳定的化合物应采用软电离技术（化学电离、场解析、场电离、快原子轰击等），以增加分子离子峰的强度或得到准分子离子峰。

⑤分析同位素峰簇的相对强度比及峰与峰间的 Dm 值，判断化合物是否含有 Cl、Br、S、Si 等元素及 F、P、I 等无同位素的元素。

⑥推导分子式，计算不饱和度。由高分辨质谱仪测得的精确分子量或由同位素峰簇的相对强度计算分子式。若二者均难以实现时，则由分子离子峰丢失的碎片及主要碎片离子推导，或与其他方法配合。

⑦由分子离子峰的相对强度了解分子结构的信息。分子离子峰的相对强度由分子的结构所决定，结构稳定性大，相对强度就大。

（2）解析碎片离子

1）由特征离子峰及丢失的中性碎片推导结构信息。例如，若质谱图中出现系列 C_nH_{2n+1} 峰，则化合物可能含长链烷基。若质谱图中基峰或强峰出现在质荷比的中部，而其他碎片离子峰少，则化合物可能由两部分结构较稳定、其间由容易断裂的弱键相连。

2）综合分析以上得到的全部信息，结合分子式及不饱和度，提出化合物的可能结构。

3）分析所推导的可能结构的裂解机理，看其是否与质谱图相符，确定其结构，并进一步解释质谱或与标准谱图比较，或与其他谱（^{1}HNMR、^{13}CNMR、IR）配合，确证结构。

任务操作

元素分析光谱质谱仪以赛默飞 iCAP QQ 系列 ICP-MS 操作为例。

1. 仪器的准备

1）开机抽真空。

①确认稳压电源工作正常，输出电压稳定（220 V/50 Hz）。

②打开仪器主机左侧电源开关。

③开启电脑，启动 Instrument Control 软件。如果真空未启动，在软件中启动真空系统。

④等待分析室真空小于 5×10^{-7} mbar。

2）点火。

①打开氩气总阀，调整分压为 0.6 MPa（不要超过 0.7 MPa）。

②确保分析室真空小于 5×10^{-7} mbar。

③检查并确认进样系统（炬管、雾化室、雾化器、泵管等）是否正确安装。

④开启循环水机，开启排风机，软件中检查排风在 0.5 mbar 以上（建议排风一直开着）。

⑤上好蠕动泵夹，把样品管放入蒸馏水中。

⑥点击 Instrument Control 软件左上角的“ON/开”点火（注意：点火时要在观察窗口关注矩管情况，发生烧坏矩管，矩管变红，应立即往右扭动紧急熄火把手，熄火，查明原因后再点火），仪器进入“operate”状态，稳定 10～20 min。

⑦检查仪器灵敏度和稳定性，有必要的话进行自动调谐。每天检测前需要关注仪器状态，进调谐液，点左上角的“运行”，查看右边动态的仪器状态，要求：STD 模式下信号 Li＞5w、Co＞10w、In＞22w、U＞33w、CeO/Ce＜3%；KED 模式下信号 Co＞3w、Co/ClO＞18；并用电脑截图保存图片，作为仪器正常的证据。如仪器达不到上面的要求，需要进行自动调谐。检测器交叉校正一周做一次，质量校正一个月做一次。

2. 分析

1）打开 Qtegra 软件，点击仪表盘选择仪器配置，手动进样选择 iCAP RQ，自动进样选择 iCAP RQ-ASX560。

2）点击 LabBooks 打开或新建方法后，在 iCAP RQ→方法参数→分析物→选择元素；采集参数设定驻留时间 0.02 s，测定模式 KED 或 STD；标准→新建标准曲线浓度和个数；定量→选择元素是否定量，内标选择；iCAP RQ→样品列表→输入需要检测的标液和样品信息。

3）所有参数设完，保存方法，自动进样倒好样品，先测试标准溶液，再分析样品。

4）检查标准曲线线性关系，保证样品结果准确性。

5）分析完毕后，用空白溶液（如稀硝酸或超纯水）冲洗进样系统 5～10 min。点击 Instrument Control 左上角的“OFF/关”，熄火。

6）等离子熄火后，等待软件左下角显示“Standby/就绪”，松开蠕动泵管，关闭循环水机。

7）关闭氩气，冷却水。

3. 停机

若仪器长期停用，可以考虑彻底关机。否则建议一直保持真空状态。

4. 仪器维护（视具体情况而定）

1）定期更换泵管。

2）定期清洗样品锥、截取锥、嵌片、雾化器。

3）定期清洗矩管和中心管。

4）每一两个月清洗一次空气过滤器。

5）每 4 个月更换一次循环水。

6）定期更换机械泵油。

7）计算机专用，定期备份数据。

任务 5　色谱-质谱联用技术

任务介绍

质谱法具有灵敏度高、定性能力强等特点，色谱法则具有分离效率高、定量分析简便的特点。因此，若将这两种方法联合使用，则可以相互取长补短。色谱仪是质谱法的理想“进样器”，试样经色谱分离后以纯品进入质谱仪，则可充分发挥质谱法的特长。由于色谱-质谱分析具有灵敏度高、样品用量少、分析速度快、分离和鉴定同时进行等优点，其在食品科学领域的应用也越来越得到肯定。考虑 GC-MS 或 LC-MS 在食品领域中的应用时，如果某种组分可用气相色谱或液相色谱法分离，那么就有可能采用质谱仪。多年来，质谱仪往往仅用作定性手段，用来检测流出峰的纯度或进行化合物鉴定。现在用单元体积较小的质谱仪作为通用型检测器已得到了广泛的认可。例如，脂肪酸可直接用高效液相色谱仪测定，但除非浓度很高，否则紫外和示差折光检测器都不能将它们一一分辨出来，而 LC-MS 联用仪则可用来测定流出物中的痕量组分。对于食品中有害物质的分析，由于目标物含量微小，基体复杂，难以有效地分离和测定，用常规的化学分析方法和简单的分析方法往往无法实现或难以得到满意的结果。高效液相色谱-质谱联用技术（HPLC-MS）结合了色谱强大的分离功能和质谱准确的鉴别功能，并且可实现多种化合物的同时测定，在食品安全分析中有广泛的应用，主要包括食品中农药残留、兽药残留、违规食品添加剂、污染物、微量元素等的测定。例如，固相微萃取-气相色谱-质谱联用技术（SPME-GC-MS）适用于挥发和半挥发有机杀虫剂、除草剂等农药的残留分析，主要包括有机氯类、有机磷类、有机氮类、氨基甲酸酯类等化合物。

本任务主要是了解 GC-MS 联用的接口原理及接口技术、LC-MS 联用的接口原理及接口技术、熟悉 LC-MS 联用仪的操作。

任务解析

GC-MS 联用仪→LC-MS 联用仪→仪器操作

知识储备

实现 GC-MS 联用的关键是接口装置，因为色谱柱出口通常处于常压，而质谱仪则要求在高真空下工作，所以将这两者联用时需要有一接口装置起到传输试样、匹配两者工作气压的作用。色谱流出物必须经过 GC-MS 的接口装置进行降压后，才能进入质谱仪的离子化室，以满足离子化室的要求。两者之间的连接方式有直接连接、分流连接器连接和分子分离器连接。直接连接只能用于毛细管气相色谱仪和化学离子化质谱仪的联用，而分流连接器在色谱柱的出口处，对试样气体利用率低，故大多数的联用仪器采用分子分离器连接。分子分离器是使进入质谱仪气流中的样品气体富集的装置，同时维持离子源的真空度。常用的分子分离器有扩散分离器、半透膜分离器和喷射分离器等类型。

图 2-12 是一台喷射－分离式接口的示意图。当载气和组分通过接口时，大量的气体分子被真空泵抽掉，而所需的组分则沿直线飞向离子源。

毛细管色谱柱的使用，使得接口变得越来越简单，许多装置仅包含了载气和组分的加热区，然后样品就直接进入质谱离子源。毛细管要求的气体流速很小，所以可以直接连接。作为 GC-MS 联用仪的附件，还可以有直接进样杆和 FAB 源等，但 FAB 源只能用于磁式双聚焦质谱仪。直接进样杆主要是分析高沸点的纯样品，不经过 GC 进样，而是直接送到离子源，加热汽化后，由 EI 电离。目前，GC-MS 的数据系统主要有 NIST 库、Willey、农药库和毒品库等。

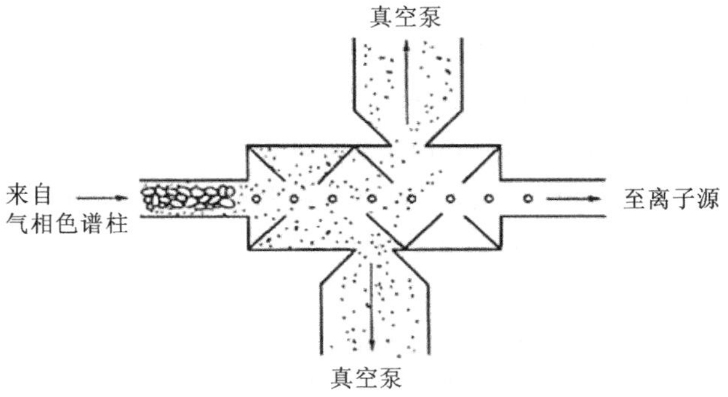

注：小点代表载气，小圆圈代表从色谱柱中流出的组分。

图 2-12 喷射—分离式接口示意图

LC-MS 联用主要由高效液相色谱、接口装置（同时也是电离源）和质谱仪组成。对于高极性、热不稳定、难挥发的大分子有机化合物，使用 GC-MS 有困难，液相色谱的应用不受沸点的限制，并能对热稳定性差的试样进行分离分析。对于 LC-MS 联用来说，它不仅必须满足 LC-MS 的相关综合要求，还需有一种方法来去除多余的溶剂，同时把液体的洗脱组分转变为气相，使之满足质谱分析的要求。较为困难的是大多数高效液相色谱的组分是非挥发性的或热分解性的，这使得由液相转化为气相的任务更具挑战性，尤其是要保证组分的完整性。故 LC-MS 联用的关键技术是如何有效地去除液相色谱流动相而不损失样品组分。一种最基本的 LC-MS 联用接口是采用加热再溶解，接着在减压区快速膨胀这种蒸气。于是，用于挥发溶剂的热能被完全用于再溶解过程而不会对液相色谱洗脱组分中热敏物质的分解产生影响。有很多种不同类型的接口，但只有几种已经实用化，最常用的 3 种连接方式是热喷雾（TSP）法、电喷雾（ESI）法和大气压化学电离（APCI）法。

TSP 接口的一个显著特点是高效液相色谱的洗脱组分从样品室中喷出时通常伴有几种挥发性的缓冲溶剂。在任何情况下，组分并不深度裂解，因而只产生一张非常简洁的质谱图。ESI法是迄今最为温和的电离方法，灵敏度高达10^{-15}，谱图主要给出与准分子离子有关的信息，产生大量多电荷离子，故可用以测定蛋白质和多肽等生化大分子化合物的分子质量，最大分子质量可测到200 kDa。APCI接口适用于那些极性小而又有一定挥发性的组分，只适用小于 2 kDa 的试样分子，不能产 生多电荷离子，因此不宜用于分析大生化分子和高聚物。有些分析物由于结构和极性方面的原因，用ESI不能产生足够强的离子，可以采用APCI以增加离子产率，可认为APCI是ESI的补充。

任务操作

以赛默飞LC-MS联用仪的操作流程为例进行仪器的操作。

1. 开机

1）开载气，开稳压器电源。

2）根据待测样品选择合适的毛细管柱，并将其两端分别连接进样口及质谱检测器。

3）依次开启色谱仪、质谱仪及工作电源，在 MSD 的油泵连续抽真空 3～4 h 后，真空度达到 10^{-6} 以后，点击电脑桌面上的“Instrument”图标，进入工作站，在听到“嘟”的一声后，仪器和电脑连接成功。MSD将自动进入抽真空、离子源及四极杆升温的程序。

4）由主菜单上“Instrument→MS Temperatures…”窗口，对MS的四极杆及离子源的温度进行设定。由“Instrument→GC Edit Parameters…”窗口，对GC的载气流速，流量，分流比，进样口温度，进样模式、柱温，程序升温等参数进行设定。

由“Instrument→MS SIM/Scan Parameters…”窗口分别设定溶剂延长时间，EM电压，扫描方式的参数。

设定完毕后，给编辑的分析方法命名并保存。

5）待仪器运行达到各项设定的参数后，由“Instrument→tune MSD→OK”，点击“OK”进行MS的自动调谐。

6）待MS调谐通过后，点击主菜单上“Sequence→Edit Sequence…”进入样品信息窗口，输入样品的各项信息。

7）输完样品信息后，由主菜单“Sequence→Run Sequence”进入样品自动运行并检测阶段。

2. 分析

1）待仪器运行完所有的样品后，由主菜单上“View→Date Analysis（Offline）”进入离线色谱工作站界面。

2）以5个标准点作一条标准曲线，其各个标准化合物的相关系数均要求大于99.5%。

3）在离线色谱的主菜单上选择“File→Load Date File”调出每个样品的总离子图，然后依次选择“Custom Tool 1→DATASIM.MS→OK”“Quant→Calculate/Generate Report→OK”“Quant→QEdit Quant Result→OK”检查试样的谱图中各个化合物出峰的时间与标准品中的各个化合物出峰时间是否一致，从而达到定性、定量分析的目的。

3. 关机

1）将仪器的进样口及柱箱的温度降至室温。

2）在Instrument Control界面中选取View/Diagnostics/Vaccum Control。

在Diagnostics界面选取Vaccum/Vent，仪器进入放空状态。仪器在一定的时间内降低真空度，四极杆和离子源的温度（小于 100℃）同时会降低色谱仪的柱温，进样口温度至室温。

3）放空完成后依次关闭工作站、计算机电源、色谱仪电源、质谱仪电源、稳压器电源，关闭气体。

4）在“SH GCMS#1”窗口下，由“View→Tune and Vacuum Control”进入“SH GCMS#1 Tune→EI mode→atune.u”窗口。在该窗口下由“Vacuum→Went→OK”。

知识考核

1．简述气相色谱的工作流程与结构。

2．简述液相色谱的工作流程与结构。

3．什么是质谱分析法？它有什么优点？

4．气相色谱与质谱联用后有什么突出特点？

5．查阅其他品牌的 LC-MS 联用仪说明书，简述其基本操作程序。

模块三
有机农业投入品的检测

投入品是指在有机生产过程中采用的所有物质或材料。有机产品生产者应选择并实施栽培和/或养殖管理措施，以维持或改善土壤理化和生物性状，减少土壤侵蚀，保护植物和养殖动物的健康。当栽培和/或养殖管理措施不足以维持土壤肥力和保证植物和养殖动物健康，需要使用生产单元外来投入品时，不应使用化学合成的植物保护产品，也不应使用化学合成的肥料和城市污水、污泥。

本模块主要对有机肥料、饲料、转基因投入品及转基因检测技术进行介绍，重点讲述了有机种植（土壤肥力管理）的技术要求、蛔虫卵死亡率和有机质质量分数测定的技术方法。通过学习，掌握在有机养殖中对饲料投入品的要求以及饲料的相应卫生标准，了解有机种植中对种子的要求，了解转基因投入品的检测方法。

项目一　肥料投入品分析与检测

肥料是指能供给作物生长发育所需的养分，改善土壤性状，提高作物产量和品质的物质。肥料是农业生产中的一种重要生产资料，一般分为有机肥料、无机肥料、生物性肥料，也可按来源分为农家肥料和化学肥料。本项目主要对有机种植认证要求（土肥管理）、蛔虫卵死亡率及有机质的质量分数测定进行详细介绍。

有机种植应通过适当的耕作与栽培措施维持和提高土壤肥力，包括：回收、再生和补充土壤有机质和养分来补充因植物收获而从土壤带走的有机质和土壤养分；采用种植豆科植物、免耕或土地休闲等措施进行土壤肥力的恢复。当以上措施无法满足植物生长需求时，可施用有机肥以维持和提高土壤的肥力、营养平衡和土壤生物活性，同时应避免过度施用有机肥，造成环境污染。应优先使用本单元或其他有机生产单元的有机肥。若外购商品有机肥，应经认证机构许可后使用。不应在叶菜类、块茎类和块根类植物上施用人粪尿；在其他植物上需要使用时，应当进行充分腐熟和无害化处理，并不应与植物食用部分接触。可使用溶解性小的天然矿物肥料，但不应将此类肥料作为系统中营养循环的替代物。矿物肥料只能作为长效肥料并保持其天然组分，不应采用化学处理提高其溶解性。不应使用矿物氮肥。可使用生物肥料；为使堆肥充分腐熟，可在堆制过程中添加来自自然界的微生物，但不应使用转基因生物及其产品。

有机肥料生产原料应遵循“安全、卫生、稳定、有效”的基本原则。优先选用表 3-1 中的原料；禁止选用粉煤灰、钢渣、污泥、生活垃圾（经分类陈化后的厨余废弃物除外）、含有外来入侵物种的物料和法律法规禁止的物料，以及其他存在安全隐患的禁用类原料。

表 3-1　有机肥原料种类

原料种类	原料名称
种植业废弃物	谷、麦及薯类等作物秸秆
	豆类作物秸秆
	油料作物秸秆
	园艺及其他作物秸秆
	林、草废弃物
养殖业废弃物	畜禽粪尿及畜禽圈舍垫料（植物类）
	废饲料
加工业废弃物	麸皮、稻壳、菜籽饼、大豆饼、花生饼、芝麻饼、油葵饼、棉籽饼、茶籽饼等种植业加工过程中的副产物
天然原料	草炭、泥炭、含腐殖质的褐煤等

根据农业行业标准《有机肥料》（NY/T 525—2021）的规定，有机肥料的技术指标应符合表 3-2 的要求。外观要求：外观均匀，粉状或颗粒状，无恶臭；采用目视、鼻嗅测定。

表 3-2 有机肥料技术指标要求及检测方法

项目	指标
有机质的质量分数（以烘干基计）/%	≥30
总养分（$N+P_2O_5+K_2O$）的质量分数（以烘干基计）/%	≥4.0
水分（鲜样）的质量分数/%	≤30
酸碱度（pH）	5.5～8.5
种子发芽指数（GI）/%	≥70
机械杂质的质量分数/%	≤0.5

有机肥料限量指标应符合表 3-3 的要求。

表 3-3 有机肥料限量指标要求及检测方法

项目	指标	检测方法
总砷（As）/（mg/kg）	≤15	按照 NY/T 1978—2022 的规定执行，以烘干基计算
总汞（Hg）/（mg/kg）	≤2	
总铅（Pb）/（mg/kg）	≤50	
总镉（Cd）/（mg/kg）	≤3	
总铬（Cr）/（mg/kg）	≤150	
粪大肠菌群数/（个/g）	≤100	按照 GB/T 19524.1—2004 的规定执行
蛔虫卵死亡率/%	≥95	按照 GB/T 19524.2—2004 的规定执行
氯离子的质量分数/%		按照 GB/T 15063—2020 附录 B 的规定执行
杂草种子活性/（株/kg）		按照 NY/T 525—2021 附录 H 的规定执行

投入田间的堆肥应充分腐熟，腐熟度应达到以下相应物理识别指标。

1）堆肥 3 d 后堆体温度上升至 50℃以上；堆肥 4～15 d 内堆体温度维持在 50℃以上，堆肥 16 d 后堆体温度缓慢下降到 35℃之下，并保持连续 2 d 温差不超过±2℃。

2）颜色深褐色或暗褐色、团粒疏松无结块、无明显臭味、无机械杂质、风干易粉碎。

3）水分（鲜样）的质量分数（%）应不高于 30%。

腐熟度应达到相应化学识别指标，酸碱度（pH）在 5.5～5.8，固相碳氮比＜20。腐熟度应达到相应生物识别指标，蛔虫卵死亡率≥95%。

任务 1 有机肥采样及试样制备

任务介绍

有机肥料种类多，成分复杂，均匀性差，给采样带来很大困难。充分认识这些复杂因素，采用正确的采样方法才能得到一个有代表性的分析样品。有机肥样品的采集，应根据肥料种类、性质、研究的要求（如各种绿肥的样品采集期和部位）的不同，采用不同的采样方法。本任务主要是了解有机肥取样标准，掌握袋装样品和散装样品的有机肥采样技术、样品缩分和样品制备技术。

任务解析

采样方法→样品缩分→样品制备

知识储备

有机肥是一种以天然有机物质为主要原料，经过发酵或腐熟处理而制成的肥料。它不仅能够提供植物所需的养分，还有助于改良土壤结构和提高土壤质量。有机肥具有以下几个基本特点：它来源于天然有机物质，如植物残体、动物粪便等。有机肥需要经过发酵或腐熟处理，以降低其对植物造成的损害。有机肥不仅能提供植物所需的养分，还能改善土壤结构、增加土壤有机质含量、提高土壤保水能力和通透性。

在解析有机肥的取样标准时，我们需要基于深度和广度的标准来评估目前的取样方法。从深度的角度来看，我们需要考虑有机肥的不均匀性和变异性。有机肥堆内部可能存在养分含量和有机质含量的差异，在取样过程中需要尽可能地覆盖不同层次的有机肥。为了更好地了解有机肥的特性，我们还可以结合地理位置、气候条件和有机物料的来源等因素，对取样点进行更加细致地选取。从广度的角度来看，我们需要考虑有机肥样品的代表性和可比性。有机肥的取样点应该具有一定的随机性，以避免因为取样点的选择而导致结果的不准确。在取样过程中需要注意保持样品的完整性和原样性，避免因为外界因素的干扰而对结果产生影响。

任务操作

1. 采样方法

（1）袋装产品

采取随机抽样的方法，有机肥料产品总袋数与最少采样袋数见表 3-4。将抽出的样品袋平放，每袋从最长对角线插入取样器，从包装物的表面、中间和底部 3 个水平取样，每袋取出不少于 200 g 样品，每批产品采取的样品总量不少于 4 000 g，或拆包用取样铲或勺取样。用于杂草种子活性测定时，应另取一份不少于 6 000 g 的样品，装入干净的采样袋中备用。总袋数超过 512 袋时，最少采样袋数（n）按式（3-1）计算。如遇小数，则进为整数。

$$n = 3 \times \sqrt[3]{N} \tag{3-1}$$

式中：N——每批采样总袋数。

表 3-4 有机肥料产品最小采样袋数要求 单位：袋

总袋数	最少采样袋数	总袋数	最少采样袋数
1～10	全部袋数	182～216	18
11～49	11	217～254	19
50～64	12	255～296	20
65～81	13	297～343	21
82～101	14	344～394	22
102～125	15	395～450	23
126～151	16	451～512	24
152～181	17		

（2）散装产品

从堆状等散装样品中采样时，从同一批次的样品堆中用勺、铲或取样器采集适量的样品混合均匀，随机选取的采集点不少于 7 个，从样品堆的表面及内部抽取的样品总量不少于 4 000 g，从产品流水线上采样时，根据物料流动的速度每 10 袋或间隔 2 min，用取样器取出所需的样品，抽取的样品总量不少于 4 000 g。用于杂草种子活性测定时，应另取一份不少于 6 000 g 的样品，装入干净的取样袋备用。

2. 样品缩分

将选取的样品迅速混匀，用四分法或缩分器将样品缩分至约 2 000 g，分装于 3 个干净的聚乙烯或玻璃材质的广口瓶中，每份样品重量不少于 600 g，密封并贴上标签，注明生产企业名称、产品名称、批号、原料、采样日期、采样人姓名。其中，一瓶用于鲜样水分和种子发芽指数的测定，一瓶风干用于产品成分分析，一瓶保存至少 6 个月，以备查用。

3. 试样制备

将一瓶缩分后风干的样品，经多次缩分后取出约 100 g 样品，迅速研磨至全部通过 φ1 mm 尼龙筛，混匀，收集于干净的样品瓶或自封袋中，做成分分析用。余下的样品供机械杂质测定用。

任务 2 蛔虫卵死亡率测定

任务介绍

有机肥中的蛔虫卵可能来源于原材料本身或生产过程中的污染，这些蛔虫卵可能会对土壤和植物造成病害传播的潜在风险，对人体健康构成潜在威胁。因此，蛔虫卵的检测是确保肥料卫生安全的重要环节。通过蛔虫卵检测，可以对有机肥的卫生状况进行了解，并及时采取相应的措施，确保农作物的安全生长。蛔虫卵测定主要依据《肥料中蛔虫卵死亡率的测定》（GB/T 19524.2—2004）。

任务解析

了解检测原理→掌握试剂配制方法→测定方法

知识储备

碱性溶液与肥料样品充分混合，分离蛔虫卵，然后用密度较蛔虫卵密度大的溶液为漂浮液，使蛔虫卵漂浮在溶液的表面，从而收集检验。

任务操作

1. 仪器设备

往复式振荡器；天平；离心机；金属丝圈（约 φ1.0 cm）；高尔特曼氏漏斗；微孔火棉胶滤膜（φ35 mm、孔径 0.65～0.80 μm）；抽滤瓶；真空泵；显微镜；恒温培养箱及其他实验室常用仪器、物品等。

2. 试剂

所用试剂，在没有注明其他要求时，均指分析纯。

1）50.0 g/L 氢氧化钠溶液；

2）饱和硝酸钠溶液（密度 1.38～1.40 g/mL）；

3）500 mL/L 甘油溶液；

4）20～30 mL/L 甲醛溶液或甲醛生理盐水。

3. 操作步骤

（1）样品处理

称取 5.0～10.0 g 样品（颗粒较大的样品应先进行研磨），置于容量为 50 mL 离心管中，注入氢氧化钠溶液 25～30 mL，另加玻璃珠约 10 粒，用橡皮塞塞紧管口，放置在振荡器上，静置 30 min 后，以 200～300 r/min 的转速振荡 10～15 min。振荡完毕，取下离心管上的橡皮塞，用玻璃棒将离心管中的样品充分搅匀，用橡皮塞塞紧管口，静置 15～30 min 后，振荡 10～15 min。

（2）离心沉淀

从振荡器上取下离心管，拔掉橡皮塞，用滴管吸取蒸馏水，将附着于橡皮塞上和管口内壁的样品冲入管中，以 2 000～2 500 r/min 的转速离心 3～5 min 后，弃去上清液。然后加适量蒸馏水，并用玻璃棒将沉淀物搅起，按上述方法重复洗涤 3 次。

（3）离心漂浮

往离心管中加入少量饱和硝酸钠溶液，用玻璃棒将沉淀物搅成糊状后，再徐徐添加饱和硝酸钠溶液，随加随搅，加到离管口约 1 cm 为止，用饱和硝酸钠溶液冲洗玻璃棒，洗液并入离心管中，以 2 000～2 500 r/min 的转速离心 3～5 min。

用金属丝圈不断将离心管表层液膜移于盛有半杯蒸馏水的烧杯中，约 30 次后，适当增加一些饱和硝酸钠溶液于离心管中，再次搅拌、离心及移置液膜，如此反复操作 3～4 次，直到液膜涂片在低倍显微镜下观察不到蛔虫卵为止。

（4）抽滤镜检

将烧杯中混合悬液，通过覆以微孔火棉胶滤膜的高尔特曼氏漏斗抽滤。若混合悬液的浑浊度大，可更换滤膜。

抽滤完毕，用弯头镊子将滤膜从漏斗的滤台上小心取下，置于载玻片上，滴加 2～3 滴甘油溶液，于低倍显微镜下对整张滤膜进行观察和蛔虫卵计数。当观察有蛔虫卵时，将含有蛔虫卵的滤膜进行培养。

（5）培养

在培养皿的底部平铺一层厚约 1 cm 的脱脂棉，脱脂棉上铺一张直径与培养皿相适的普通滤纸。为防止霉菌和原生动物的繁殖，可加入甲醛溶液或甲醛生理盐水，以浸透滤纸和脱脂棉为宜。将含蛔虫卵的滤膜平铺在滤纸上，培养皿加盖后置于恒温培养箱中，在 28～30℃条件下培养，培养过程中经常滴加蒸馏水或甲醛溶液，使滤膜保持潮湿状态。

（6）镜检

培养 10～15 d，自培养皿中取出滤膜置于载玻片上，滴加甘油溶液，使其透明后，在低倍显微镜下查找蛔虫卵，然后在高倍镜下根据形态，鉴定卵的死活，并加以计数。镜检时若感觉视野的亮度和膜的透明度不够，可在载玻片上滴 1 滴蒸馏水，用盖玻片从滤膜上刮下少许含卵滤渣，与水混合均匀，盖上盖玻片进行镜检。

（7）判定

凡含有幼虫的，都认为是活卵，未孵化或单细胞的都判为死卵。

（8）结果计算

结果计算见式（3-2）。

$$K=100\,(N_1-N_2)/N_1 \tag{3-2}$$

式中：K——蛔虫卵死亡率，%；

N_1——镜检总卵数；

N_2——培养后镜检活卵数。

任务 3　有机质的质量分数测定

任务介绍

有机肥料含有有机质，既能为农作物提供多种无机养分和有机养分，又能培肥改良土壤。合理使用有机肥是降低能耗，培肥地力，增强农业后劲，促进农作物高产稳产，维护农业生态良性循环的有效措施。有机质是有机肥料重要的指标之一，其合格与否直接影响有机肥料质量的高低。有机肥中有机质含量需大于 30%。有机肥经过腐熟后，正常情况下有机质含量为 35%～45%，如果有机质含量过小，就表示有机肥原料纯度较低，掺入了沙子、黏土等过多杂质，如果有机质含量过大，说明腐熟不彻底。目前测定有机肥料中有机质的方法为《有机肥料》（NY/T 525—2021）中的重铬酸钾容量法。

任务解析

有机质检测要求→有机质检测原理→有机质检测操作

知识储备

用定量的重铬酸钾-硫酸溶液，在加热条件下，使有机肥料中的有机碳氧化，多余的重铬酸钾溶液用硫酸亚铁标准溶液滴定，同时以二氧化硅为添加物做空白试验。根据氧化前后氧化剂消耗量，计算有机碳含量，乘以系数 1.724，为有机质含量。

任务操作

1. 试剂及制备

二氧化硅：粉末状；硫酸（p=1.84 g/mL）。

重铬酸钾（$K_2Cr_2O_7$）标准溶液：c（1/6 $K_2Cr_2O_7$）=0.1 mol/L。称取经过 130℃烘干至恒重（3～4 h）的重铬酸钾（基准试剂）4.903 1 g，先用少量水溶解，然后转移入 1 L 容量瓶中，用水定容至刻度，摇匀备用。

重铬酸钾溶液（$K_2Cr_2O_7$）：c（1/6 $K_2Cr_2O_7$）=0.8 mol/L。称取重铬酸钾（分析纯）39.23 g，溶于 600～800 mL 水中（必要时可加热溶解），冷却后转移入 1 L 容量瓶中，稀释至刻度，摇匀备用。

邻菲啰啉指示剂：称取硫酸亚铁（$FeSO_4 \cdot 7H_2O$，分析纯）0.695 g 和邻菲啰啉（$C_{12}H_8N_2 \cdot H_2O$，分析纯）1.485 g 溶于 100 mL 水，摇匀备用。此指示剂易变质，应密闭保存于棕色瓶中。

硫酸亚铁（$FeSO_4$）标准溶液：c（$FeSO_4$）=0.2 mol/L。称取 $FeSO_4 \cdot 7H_2O$（分析纯）55.6 g，溶于 900 mL 水中，加硫酸 20 mL 溶解，稀释定容至 1 L，摇匀备用（必要时过滤）。储于棕色瓶中，硫酸亚铁溶液在空气中易被氧化，使用时应标定其浓度。

c（$FeSO_4$）=0.2 mol/L 标准溶液的标定：吸取重铬酸钾标准溶液 20.00 mL 加入 150 mL 三角瓶中，加硫酸 3～5 mL 和 2～3 滴邻菲啰啉指示剂，用硫酸亚铁标准溶液滴定。根据硫酸亚铁标准溶液滴定时的消耗量，按式（3-3）计算其准确浓度 c。

$$c = \frac{c_1 \times V_1}{V_2} \tag{3-3}$$

式中：c_1——重铬酸钾标准溶液的浓度，mol/L；

V_1——吸取重铬酸钾标准溶液的体积，mL；

V_2——滴定时消耗硫酸亚铁标准溶液的体积，mL。

2. 仪器、设备

水浴锅、天平以及其他实验室常用仪器设备。

3. 测定步骤

称取过 φ1 mm 筛的风干试样 0.2～0.5 g（精确至 0.000 1 g，含有机碳不大于 15 mg），置于 500 mL 的三角瓶中，准确加入 0.8 mol/L 重铬酸钾溶液 50.0 mL，再加入 50.0 mL 硫酸，加一弯颈小漏斗，置于沸水中，待水沸腾后计时，保持 30 min。取出冷却至室温，用少量水冲洗小漏斗，洗液承接于三角瓶中。将三角瓶内反应物无损转入 250 mL 容量瓶中，冷却至室温，定容摇匀，吸取 50.0 mL 溶液于 250 mL 三角瓶内，加水至 100 mL 左右，加 2～3 滴邻菲啰啉指示剂，用硫酸亚铁标准溶液滴定近终点时，溶液由绿色变成暗绿色，再逐滴加入硫酸亚铁标准溶液直至生成砖红色为止。同时，称取 0.2 g（精确至 0.000 1 g）二氧化硅代替试样，按照相同分析步骤，使用同样的试剂，进行空白试验。

当滴定试样所用硫酸亚铁标准溶液的用量不到空白试验所用硫酸亚铁标准溶液用量的 1/3 时，则应减少称样量，重新测定。

4．分析结果的表述

有机质质量分数（w）按式（3-4）计算：

$$w=\frac{c(V_0-V)\times 3\times 1.724\times D}{m(1-X_0)\times 1\,000}\times 100 \tag{3-4}$$

式中：c——硫酸亚铁标准溶液的浓度，mol/L；

V_0——空白试验时，消耗硫酸亚铁标准溶液的体积，mL；

V——样品测定时，消耗硫酸亚铁标准溶液的体积，mL；

3——1/4 碳原子的摩尔质量，g/mol；

1.724——有机碳换算为有机质的系数；

m——风干试样质量，g；

X_0——风干试样含水量，%；

D——分取倍数定容体积/分取体积，250/50。

5．允许差

1）计算结果保留到小数点后 1 位，取平行结果算术平均值。

2）平行测定结果的绝对差值应符合表 3-5。不同实验室测定结果的绝对差值应符合表 3-6。

表 3-5　平行测定结果的绝对差值要求

有机质的质量分数（w）/%	绝对差值/%
$w\leqslant 20$	0.6
$20<w<30$	0.8
$w\geqslant 30$	1.0

表 3-6　不同实验室测定结果的绝对差值要求

有机质的质量分数（w）/%	绝对差值/%
$w\leqslant 20$	1.0
$20<w<30$	1.5
$w\geqslant 30$	2.0

项目二　饲料投入品分析与检测

本项目只有 1 个任务，也为饲料投入品分析与检测。

任务介绍

饲料是饲养动物的食物的总称，有机畜产品养殖过程中动物的食物的安全同人类食品安全一样不容忽视。本任务主要是了解有机产品对饲料投入品的要求，了解饲料检测的项目。

任务解析

有机认证要求→有机饲料检测

知识储备

依据《有机产品　生产、加工、标识与管理体系要求》（GB/T 19630—2019），畜禽应以有机饲料饲养。饲料中至少应有 50%来自本养殖场饲料种植基地或本地区有合作关系的有机生产单元。养殖场实行有机管理的前 12 个月内，本养殖场饲料种植基地按照 GB/T 19630—2019 要求生产的饲料可以作为有机饲料饲喂本养殖场的畜禽，但不应作为有机饲料销售。饲料生产基地、牧场及草场与周围常规生产区域应设置有效的缓冲带或物理屏障，避免受到污染。

当有机饲料短缺时，可饲喂常规饲料。但每种动物的常规饲料消费量在全年消费量中所占比例不应超过以下百分比：①草食动物（以干物质计），10%；②非草食动物（以干物质计），15%。畜禽日粮中常规饲料的比例不得超过总量的 25%（以干物质计）。出现不可预见的严重自然灾害或人为事故时，可在一定时间期限内饲喂超过上述比例的常规饲料。饲喂常规饲料应事先获得认证机构的许可。

应保证草食动物每天都能得到满足其基础营养需要的粗饲料。在其日粮中，粗饲料、鲜草、青干草或者青贮饲料所占的比例不能低于 60%（以干物质计）。对于泌乳期前 3 个月的乳用畜，此比例可降低为 50%（以干物质计）。在杂食动物和家禽的日粮中应配以粗饲料、鲜草或青干草或者青贮饲料。

初乳期幼畜应由母畜带养，并能吃到足量的初乳。可用同种类的有机奶喂养哺乳期幼畜。在无法获得有机奶的情况下，可以使用同种类的常规奶。不应早期断乳，或用代乳品喂养幼畜。在紧急情况下可使用代乳品补饲，但其中不应含有抗生素、化学合成的添加剂（GB/T 19630—2019 表 B.1 中允许使用的物质除外）或动物屠宰产品。哺乳期至少需要：①牛、马属动物、驼，3 个月；②山羊和绵羊，45 d；③猪，40 d。

在生产饲料、饲料配料、饲料添加剂时均不应使用基因工程生物/转基因生物或其产品。

不应使用以下方法和物质：①以动物及其制品饲喂反刍动物，或给畜禽饲喂同种动物及其制品；②动物粪便；③经化学溶剂提取的或添加了化学合成物质的饲料，但使用水、乙醇、动植物油、醋、二氧化碳、氮或羧酸提取的除外。

使用的饲料添加剂应在农业农村主管部门发布的饲料添加剂品种目录中，同时应符合GB/T 19630—2019 的相关要求。

饲料不能满足畜禽营养需求时，使用表 3-7 中列出的矿物质和微量元素。添加的维生素应来自发芽的粮食、鱼肝油、酿酒用酵母或其他天然物质；不能满足畜禽营养需求时，使用表 3-7 中列出的人工合成的维生素。

表 3-7　动物养殖中允许使用的添加剂和用于动物营养的物质

序号	名称	来源和说明
1	铁	硫酸亚铁、碳酸亚铁、三氧化二铁
2	碘	碘酸钙、碘化钠、碘化钾
3	钴	硫酸钴、氯化钴、碳酸钴
4	铜	硫酸铜、氧化铜（反刍动物）
5	锰	碳酸锰、氧化锰、硫酸锰、氯化锰
6	锌	氧化锌、碳酸锌、硫酸锌
7	钼	钼酸钠
8	硒	亚硒酸钠
9	钠	氯化钠、硫酸钠、碳酸钠、碳酸氢钠
10	钾	碳酸钾、碳酸氢钾、氯化钾
11	钙	碳酸钙（石粉、贝壳粉）、乳酸钙、硫酸钙、氯化钙
12	磷	磷酸氢钙、磷酸二氢钙、磷酸三钙
13	镁	氧化镁、氯化镁、硫酸镁
14	硫	硫酸钠
15	维生素	来源于天然生长的饲料源的维生素。在饲喂单胃动物时可使用与天然维生素结构相同的合成维生素。若反刍动物无法获得天然来源的维生素，可使用与天然维生素结构相同的合成维生素 A、维生素 D 和维生素 E
16	微生物	畜牧技术用途，非转基因/基因工程生物或产品
17	酶	青贮饲料添加剂和畜牧技术用途，非转基因/基因工程生物或产品
18	防腐剂和青贮饲料添加剂	山梨酸、甲酸、乙酸、乳酸、柠檬酸，只可在天气条件不能满足充分发酵的情况下使用
19	黏结剂和抗结块剂	硬脂酸钙、二氧化硅
20	食品、食品工业副产品	乳清、谷物粉、糖蜜、甜菜渣等

不应使用以下物质：①化学合成的生长促进剂（包括用于促进生长的抗生素、抗寄生虫药和激素）；②化学合成的调味剂和香料；③防腐剂（作为加工助剂时例外）；④化学合成或提取的着色剂；⑤非蛋白氮（如尿素）；⑥化学提纯氨基酸；⑦抗氧化剂；⑧黏合剂。

任务操作

有机饲料卫生检测采用《饲料卫生标准》（GB 13078—2017），该标准适用于饲料原料和饲料产品。

1. 检测项目

1）无机污染物：总砷、铅、汞、镉、铬、氟、亚硝酸盐。

2）真菌毒素：黄曲霉毒素 B_1、玉米赤霉烯酮、T-2 毒素、赭曲霉毒素 A、脱氧雪腐镰刀菌烯醇（呕吐霉素）、伏马毒素 B_1、B_2。

3）天然植物毒素：氰化物、游离棉酚、异硫氰酸酯（以丙烯基异硫氰酸酯计）、恶唑烷硫酮（以 5-乙烯基-恶唑-2-硫酮计）。

4）有机氯污染物：多氯联苯、六六六、滴滴涕、六氯苯。

5）微生物污染物：霉菌总数、细菌总数、沙门氏菌。

2. 饲料检测的常规项目及标准

粗蛋白（GB/T 6432—2018）、粗脂肪（GB/T 6433—2006）、粗纤维（GB/T 6434—2022）、水分（GB/T 6435—2014）、钙（GB/T 6436—2018）、总磷（GB/T 6437—2018）、粗灰分（GB/T 6438—2007）、水溶性氯化物（GB/T 6439—2023）、氨基酸（GB/T 18246—2019）。

3. 饲料中的微量元素检测项目及标准

钙、铜、铁、镁、锰、钾、钠、锌（GB/T 13885—2017）。

4. 饲料中的维生素类检测项目及标准

（1）检测项目

维生素 B_1、维生素 B_2、维生素 B_6、维生素 B_{12}、维生素 E、维生素 A、维生素 D_3、维生素 K_3、d-生物素（维生素 H、维生素 B_7）、烟酸、叶酸、泛酸、氯化胆碱、胆碱、叶酸、总抗坏血酸（维生素 C）、烟酰胺。

（2）检测标准

《饲料中维生素 B_1 的测定》（GB/T 14700—2018）、《饲料中维生素 B_2 的测定》（GB/T 14701—2019）、《添加剂预混合饲料中维生素 B_6 的测定　高效液相色谱法》（GB/T 14702—2018）、《添加剂预混合饲料中维生素 B_{12} 的测定　高效液相色谱法》（GB/T 17819—2017）、《饲料中维生素 E 的测定　高效液相色谱法》（GB/T 17812—2008）、《饲料中维生素 A 的测定　高效液相色谱法》（GB/T 17817—2010）、《饲料中维生素 D_3 的测定　高效液相色谱法》（GB/T 17818—2010）、《饲料中维生素 K_3 的测定　高效液相色谱法》（GB/T 18872—2017）、《预混合饲料中 d-生物素的测定》（GB/T 17778—2005）、《添加剂预混合饲料中烟酸与叶酸的测定　高效液相色谱法》（GB/T 17813—2018）、《预混合饲料中泛酸的测定　高效液相色谱法》（GB/T 18397—2014）、《预混料中氯化胆碱的测定》（GB/T 17481—2008）、《饲料中胆碱的测定　离子色谱法》（NY/T 1819—2009）、《饲料中叶酸的测定　高效液相色谱法》（NY/T 2895—2016）、《饲料中总抗坏血酸的测定　邻苯二胺荧光法》（GB/T 17816—1999）、《饲料中烟酰胺的测定　高效液相色谱法》（NY/T 2130—2012）。

项目三　转基因投入品分析与检测

依据《有机产品　生产、加工、标识与管理体系要求》(GB/T 19630—2019)，有机产品中关于转基因生物要求如下：

1）不应在有机生产中引入或在有机产品上使用基因工程生物/转基因生物及其衍生物，包括植物、动物、微生物、种子、花粉、精子、卵子、其他繁殖材料及肥料、土壤改良物质、植物保护产品、植物生长调节剂、饲料、动物生长调节剂、兽药、渔药等农业投入品。

2）在有机农业生产中，同时存在有机和常规生产的生产单元，其常规生产部分也不应引入或使用基因工程生物。

3）可使用生物肥料；为使堆肥充分腐熟，可在堆制过程中添加来自自然界的微生物，但不应使用转基因生物及其产品。

4）在生产饲料、饲料配料、饲料添加剂时均不应使用基因工程生物/转基因生物或其产品。

5）可引入常规养殖的水生生物，但应经过相应的转换期，不应引入转基因生物。不应在饵料中添加或以任何方式向水生生物投喂转基因生物或其产品。当有发生某种疾病的危险而不能通过其他管理技术进行控制，或国家法律有规定时，可为水生生物接种疫苗，但不应使用转基因疫苗。

6）蜂箱半径 3 km 范围内不应有花期的转基因作物等。

7）配料、添加剂和加工助剂，不应使用来自转基因的配料、添加剂和加工助剂。

有机种子/繁殖材料是专门为从事有机栽培的农场或客户生产的、完全不采用化学处理(NCT)，具有较高质量的农作物种子/繁殖材料。它们是农业生产中最基础的生产资料之一，不仅影响着农产品的产量，还决定着农产品的质量。

任务介绍

有机投入品基因检测技术的主要任务是了解有机投入品进行转基因检测的相关基本知识和转基因产品检测基本操作方法，确保有机产品中不含有未经批准的转基因成分，保障消费者的健康权益和生态安全。

任务解析

有机认证转基因要求→有机投入品转基因检测技术→转基因测定操作

知识储备

基因工程技术（genetic engineering technology）是指利用载体系统的重组 DNA 技术以及利用物理、化学和生物学等方法把重组 DNA 分子导入有机体的技术（农业部公告　2017 年第 2630 号）。而利用基因工程技术改变基因组构成，用于农业生产或者农产品加工的动植物、微生物及其产品被称为农业转基因生物（agricutural genetically modified organism），其可分为农业转基因植物、农业转基因动物和农业转基因微生物。其中，药用转基因植物的目的基因表达产物为药用，不作为食用和饲用；工业用转基因微生物的目的基因表达产物为工业用，一般不用于食品和饲料的生产加工。我们将利用基因工程技术获得的具有特定基因组结构并稳定遗传的转基因生物称为转化体。

1994 年，美国批准了一种能够更好保鲜的转基因番茄上市，这是转基因食品第一次被批准流入市场。到目前为止，全世界范围内已进入商品化生产的转基因农作物有 30 多种，转基因动物如转基因鱼、转基因兔、转基因鸡、转基因羊等多种动物新品种已被培育成功。根据国际农业生物技术应用服务组织（International Service for the Acquisition of Agri-biotech Applications，ISAAA）发布的报告《2019 年全球生物技术/转基因作物商业化发展态势》，自 1996 年以来，转基因作物种植面积总体呈逐年上涨趋势，2019 年全球种植面积达到 1.904 亿 hm^2。除传统的四大转基因作物外，耐除草剂紫花苜蓿、抗晚疫病马铃薯以及可防褐变苹果也陆续商业化，以转基因生物为原料生产的食品种类则更多。大部分消费者对转基因食品的安全性仍存在疑虑，而转基因食品存在生命健康和安全等隐患的争论由来已久。

转基因过程的每一个环节都有可能对食品的安全性产生影响：①基因从原有机体转入宿主有机体中，两者的安全性都将对终产物产生影响。②外源基因结构的稳定性，必须确保这些基因结构为要表达的良性性状所需的最小遗传基因片段，否则可能产生不需要的性状或有害产物，或终产物不稳定。③插入基因后不表达，或部分表达导致的“转基因沉默”。④外源基因插入信息的多效性，如果在其位点上造成多效性，导致表达所需产物的同时还产生其他基因产物，造成基因性质不稳定。⑤载体的选择。目前，很多抗生素抗性基因载体被大量应用在遗传工程的转化、修饰过程中，如果其转移到致病微生物中，则会影响抗生素治疗的有效性。

这里主要介绍目前相对已经成熟并已广泛应用于转基因食品的检测方法。

1．PCR 检测方法

GB/T 19495.4—2018 规定了植物及其加工品中转基因成分筛选和品系检测实时荧光定性 PCR（以下简称实时荧光 PCR）检测方法有关的仪器设备、试剂和材料、检测步骤、质量控制、防污染措施以及方法的最低检出限，适合于大部分大田作物、水果、蔬菜的转基因筛选检测和品系特异性检测。

实时荧光 PCR 又称实时荧光聚合酶链式反应。在聚合酶链式反应体系中加入荧光基团，利用荧光信号积累实时监测整个 PCR 进程，并通过标准曲线对未知模板进行定量分析的方法。该方法的原理是：提取样品 DNA 后，通过实时荧光 PCR 技术对样品 DNA 进行筛选检测，根据实时荧光 PCR 扩增结果，判断该样品中是否含有转基因成分。对外源基因检测结果为阳性的样品，或已知为转基因阳性的样品，如需进一步进行品系鉴定，则对品系特异性片段进行实时荧光 PCR 检测，根据结果判定该样品中含有哪（些）种转基因品系成分。

2．基因芯片检测方法

GB/T 19495.6—2004 规定了转基因产品基因芯片检测方法。该方法适用于用基因芯片对转基因产品的筛选基因、物种结构特异性基因、品系鉴定检测基因和内源基因等的检测。

基因芯片技术是将探针 DNA 有序地固定于玻片或其他固相载体上，测试样品的核酸分子经过标记，与固定在载体上的 DNA 阵列中的探针按碱基配对原理同时进行杂交，洗去未互补结合的片段。然后通过激光共聚焦荧光检测系统等对芯片进行扫描，检测杂交信号强度，用计算机软件进行数据的比较和分析，从而获取样品分子的数量和序列信息。

基因芯片技术的操作原理分为两部分：芯片的制备，样本的检测。

基因芯片的制备：根据需要检测的外源目标基因设计寡核苷酸探针，用于制备基因芯片。在制备寡核苷酸探针时，一般在其 5′或 3′端进行氨基修饰，以利于其在玻片表面的固定。另外，对玻片表面进行氨基修饰，然后在氨基修饰后的玻片表面上连接双功能偶联剂，如戊二醛（GA）或对苯异硫氰酸酯（PDC），制备成基片。探针合成好后，利用（通过）点样仪点在基片上，寡核苷酸的修饰氨基将与基片上的戊二醛的另一个醛基发生化学反应，或与 PDC 分子的另一个异硫氰基发生类似的反应，从而达到寡核苷酸交联固定的目的。为了有利于寡核苷酸探针分子和目标基因片段之间的杂交，通常在所设计的寡核苷酸探针序列的 5′端或 3′端加入一段不直接参与杂交的重复序列，称为手臂分子。采用 poly（dT）10 作为手臂分子。点样完成后要对芯片进行后处理，后处理的目的主要是使探针能与载体表面牢固结合，同时，还对载体上未与探针结合的游离活性基团进行封闭以避免在杂交过程中非特异性的吸附对实验结果（特别是背景）造成影响。

样本的检测：包括目标 DNA 的标记、杂交和结果判断等部分。测试样本（目标 DNA）在酶促反应中通过掺入法或引物修饰等方法进行标记。利用核酸碱基配对的性质，将标记的测试样本变性后与点在芯片上的寡核苷酸探针特异性杂交，这样芯片上与标记测试样本特异性结合的点就会显示信号，通过基因芯片扫描仪检测发出的信号及其强度，根据信号值判断测试样本中是否存在特定的基因。

3．蛋白质检测方法

GB/T 19495.8—2004 适用于以检测目标蛋白为基础的转基因产品定性定量检测方法。从测试样品中按照一定的程序抽提出含有目标蛋白的基质，利用抗体与目标蛋白（抗原）特异性结合特性，通过偶联抗体与抗原抗体复合物的作用产生可检测的信号。GB/T 19495.8—2004 附录 A 描述了转基因植物及其产品中 CP4 EPSPS 蛋白的 ELISA 检测方法；附录 B 描述了转基因植物及其产品中 Cry1Ab/Ac 蛋白的试纸条检测方法。

4．液相芯片检测方法

GB/T 19495.9—2017 规定了植物产品液相芯片检测方法。液相芯片技术以荧光编码微球为基础，微球表面带有大量的活性基团，可与核酸探针、抗原、抗体等分子偶联。微球在制备过程中掺入了红色和橙色两种染料按照比例混合而成的荧光染料，两种染料通过不同配比赋予了微球不同的颜色，从而把微球分为很多种，每种微球特异性的偶联针对目的 DNA 序列的寡核苷酸探针，就可以标记 100 种不同的探针分子。然后依次加入目的分子和带有荧光的报告分子，不同微球上的探针分子与不同的目的分子实现特异性结合，形成一个灵活性的液相芯片系统。该方法的信号识别与检测技术是流式细胞术，它可以将微球体快速排成单列通过检测通道，使用红色和绿色两束激光对单个微球进行照射，红色激光通过分辨微球本身的光谱学指纹将微球分类对反应进行定性；绿色激光通过检测微球上结合的荧光报告分子量对反应进行定量。所得到的荧光信号经过光电倍增管后经电脑处理，最后对数据进行分析，得出结果。检测时，液相芯片检测仪只记录两种荧光同时出现时的荧光信号，不记录未结合的荧光报告分子信号。

GB/T 19495.9—2017 针对通用筛选元件 CaMV35S 启动子和 NOS 终止子设计选取特异性引物和探针进行液相芯片检测，并根据检测结果来判定 CaMV35S 启动子和 NOS 终止子的外源筛选元件成分。

任务操作

1. PCR 检测方法

1.1 取样和制样

按照 GB/T 19495.7 中规定的方法执行。需要注意的是，抽取及制备的样品应具有代表性。应确保抽样器具清洁、干燥、无异味，抽样、制样器具及样品容器所用材质不应对待抽取样品造成污染。为避免交叉污染，尽可能使用不同的抽样和制样器具或设备抽取和制备不同交付批的样品，盛装样品的容器或包装应尽可能一次性使用。如果不能做到（如使用机械取样设备时），则应在抽取和制备一个交付批的样品后使用适当方法清洁所有器具和设备。在所有抽样过程中应避免样品散落，防止有活性的生物污染生态环境。在物理隔离的区域制备样品，防止对其他区域或实验室的污染，并应及时清洁制样区域。必要时使用 DNA 销毁剂处理抽样和制样器具和设备、样品容器及制样区域。适用时，应参照 GB/T 19495.1—2004 中的规定防止污染。抽样时应注意保护样品，抽样器具和样品容器应存放于清洁的环境中，避免雨水和灰尘等外来物引起的污染。所有抽样操作应在尽可能短的时间内完成，避免样品的组成发生变化。如果某一抽样步骤需要很长时间，则样品应存放于密闭容器中。

1.2 样品 DNA 的提取与纯化

按照 GB/T 19495.3 的方法进行 DNA 提取。例如，CTAB-1 法提取 DNA：

1）称取 100 mg 样品至 2 mL Eppendorf 离心管中，加入 700 μL CTAB-1 缓冲液，涡旋振荡混匀后于 65℃温育 30 min，其间颠倒混匀离心管 2～3 次。

2）加入 700 μL 的三氯甲烷-异戊醇，涡旋振荡混匀后放置 10 min，其间颠倒混匀离心管 2～3 次；12 000 *g* 离心 5 min。

3）转移上清液至 1.5 mL Eppendorf 离心管中，加入 0.6 倍体积经 4℃预冷的异丙醇，于–20℃下静置 5 min，12 000 *g* 离心 5 min，小心弃去上清液。

4）加入 70%乙醇 1 000 μL，倾斜离心管，轻轻转动数圈后，4℃下 8 000 *g* 离心 1 min，小心弃去上清液；加入 20 μL RNase A 酶（10 μg/mL），37℃温育 30 min。

5）加入 600 μL 氯化钠溶液，65℃温浴 10 min。加入 600 μL 的三氯甲烷-Tris 饱和酚，颠倒混匀后，12 000 *g* 离心 5 min，转移上层水相至 1.5 mL Eppendorf 离心管中。

6）加入 0.6 倍体积经 4℃预冷的异丙醇，颠倒混匀后，于 4℃下静置 30 min；4℃下 12 000 *g* 离心 10 min，小心弃去上清液。

7）加入 1 000 μL 经 4℃预冷的 70%乙醇，倾斜离心管，轻轻转动数圈后，4℃下 12 000 *g* 离心 10 min，小心弃去上清液；用经 4℃预冷的 70%乙醇按相同方法重复洗一次。室温下或核酸真空干燥系统中挥干液体。

8）加 50 μL TE 缓冲液溶解 DNA，4℃保存备用。

注：转移上清液时注意不要吸到沉淀、漂浮物和液面分界层。

1.3 DNA 浓度测定和定量

按照 GB/T 19495.3 中规定的方法执行。紫外光谱法为溶液中 DNA 浓度定量的常规方法。溶液中的核酸可以吸收 210～500 nm 的紫外线（UV），并且在 260 nm 达到吸收高峰。但因为 DNA、RNA 在 260 nm 都有它们的吸收高峰，因此，核酸溶液中 RNA 和单核苷酸污染物无法用 UV 光谱进行辨别。本方法可以用来定量从 2～50 g/mL 的 DNA 含量。在定量之前，为了与光谱仪（光密度从 0.05～1）的曲线保持一致，应该对需要定量的 DNA 溶液进行适当的稀释。

1.4 实时荧光 PCR 检测

（1）转基因成分筛选检测基因的选择

对于未知是否为转基因产品的样品，按照 GB/T 19495.4—2018 的表 1 选用筛选基因进行检测。

（2）实时荧光 PCR 反应体系

实时荧光 PCR 反应体系配制见表 3-8。每个样品设置 2 个平行重复。

表 3-8 实时荧光 PCR 检测体系

名称	储液浓度	终浓度
10×PCR 缓冲液	10×	1×
$MgCl_2$	25 mmol/L	2.5 mmol/L
dNTP（含 dUTP）	2.5 mmol/L	0.2 mmol/L
UNG 酶	5 U/μL	0.075 U/μL
上游引物	10 μmol/L	见 GB/T 19495.4—2018 表 A.1、表 B.1
下游引物	10 μmol/L	
探针	10 μmol/L	
Taq 酶	5 U/μL	0.05 U/μL
DNA 模板		50～250 ng
超纯水		补足至 25 μL

注：①可选用含有 PCR 缓冲液、$MgCl_2$、dNTP 和 Taq 酶等成分的基于 Taqman 探针的实时荧光 PCR 预混液进行实时荧光 PCR 扩增。

②反应体系中各试剂的量可根据具体情况或不同的反应总体积进行适当调整。

（3）实时荧光 PCR 反应程序

实时荧光 PCR 反应参数为：50℃/2 min；95℃/10 min；95℃/15 s，60℃/60 s，40 个循环。

注：95℃/10 min 专门适用于化学变构的热启动 Taq 酶。以上参数可根据不同型号实时荧光 PCR 仪和所选 PCR 扩增试剂体系不同作调整。

（4）仪器检测通道的选择

将 PCR 反应管或反应板放入实时荧光 PCR 仪后，设置 PCR 反应荧光信号收集条件，应与探针标记的报告基团一致。具体设置方法可参照仪器使用说明书。

（5）实验对照的设立

实验设置如下对照：

阳性对照，为目标转基因植物品系基因组 DNA，或含有上述片段的质粒标准分子 DNA。

阴性对照，相应的非转基因植物样品DNA。

空白对照，设两个，一是提取DNA时设置的提取空白对照（以双蒸水代替样品），二是PCR反应的空白对照（以双蒸水代替DNA模板）。

1.5　结果判定

（1）质量控制

下述指标有一项不符合者，需重新进行实时荧光PCR扩增。

空白对照：内源基因检测Ct值≥40，外源基因或品系特异性检测Ct值≥40；

阴性对照：内源基因检测Ct值≤30，转化事件特异性检测Ct值≥40；

阳性对照：内源基因检测Ct值≤30，转化事件特异性检测Ct值≤35。

（2）结果判定

测试样品外源基因检测Ct值≥40，内源基因检测Ct值≤30，则可判定该样品不含所检基因或品系。

测试样品外源基因检测Ct值≤35，内源基因检测Ct值≤30，判定该样品含有所检基因或品系。

测试样品外源基因检测Ct值在35～40，应调整模板浓度，重做实时荧光PCR。再次扩增后的外源基因检测Ct值仍在35～40，则可判定为该样品含有所检基因或品系。再次扩增后的外源基因检测Ct值≥40，则可判定为该样品不含所检基因或品系。

1.6　结果表述

结果为阳性的，表述为“检出×××外源基因”或“检出×××转基因品系”。

结果为阴性的，表述为“未检出×××外源基因”或“未检出×××转基因品系”。

对于核酸无法有效提取的样品，检测结果为“未检出核酸成分”。

1.7　防污染措施

检测过程中防止交叉污染的措施按照GB/T 19495.2中的规定执行。

1.8　最低检出限

各基因片段的实时荧光PCR扩增的最低检出限（LOD）为0.01%。

2．基因芯片检测方法

2.1　样品DNA的提取

测试样品中DNA的提取，应按照GB/T 19495.3—2004中的规定执行。每个测试样品提取时应做两个提取重复。

每批测试实验需设置对照。对照的设置应符合GB/T 19495.2—2004中的规定。所有对照的结果中若有一项不符合者，测试结果应放弃并重做。

2.2　基因芯片检测的种类

根据测试样品的类型和（或）分析检测的要求，转基因产品的基因芯片检测分为：筛选检测、物种结构特异性基因检测和品系特异性基因检测等。下面以转基因植物及其产品筛选检测的基因芯片检测方法为例进行说明。

2.3　多重PCR扩增

（1）多重PCR反应体系

多重PCR反应体系如表3-9所示。

表 3-9　多重 PCR 反应体系

试剂名称	PCR 反应体系终浓度
10×PCR 缓冲液（不含 Mg^{2+}）	1×PCR 缓冲液
氯化镁溶液	1.5 mmol/L
d（AGU）TP	0.2 mmol/L
dCTP	0.02 mmol/L
Cy5-dCTP	0.002 mmol/L
各正向和反向引物	各 0.3 μmol/L
Taq 酶	0.1 IU/μL
UNG 酶	0.02 IU/μL
DNA 模板	100 ng
双蒸水	补足反应总体积到 50 pL

注：反应体系中各试剂的量可根据反应体系的总体积进行适当调整。

（2）多重 PCR 反应参数

多重 PCR 反应参数为：50℃/5 min；94℃/5 min；94℃/10 s，55℃/10 s，72℃/30 s，35 个循环；72℃/10 min；4℃保存。

注：不同的基因扩增仪可根据仪器的要求将反应参数做适当的调整。

（3）筛选检测多重 PCR

将 GB/T 19495.6—2004 附录 A 中表 A.1 和表 A.2 所列的扩增筛选检测基因和阳性对照的引物同时加入多重 PCR 反应体系中（表 A.3），按上述多重 PCR 的反应参数进行反应。

（4）PCR 产物的沉淀

将多重 PCR 反应产物加 2 倍体积的无水乙醇、1/10 体积的 3 mol/L 乙酸钠（pH 5.2），置于−20℃避光沉淀 30 min 以上，供基因芯片杂交检测用。

（5）杂交

①杂交反应

沉淀后 PCR 产物经 13 000 r/min 15 min 离心，弃上清液，避光晾干，加经 55℃预热的杂交液 6 μL，混匀后 95℃/3 min、0℃/5 min 后全部转移到芯片的点样区域，加盖玻片。在杂交舱里加几滴水，以保持湿度。将芯片放入杂交舱，密封杂交舱，然后放进 50℃水浴内保温 1 h。

②洗片

打开杂交舱，取出芯片，用 0.2% SDS 冲掉盖玻片，然后把芯片放入盛有 0.2% SDS 的染色缸，放置 5 min，用双蒸水冲洗两遍。室温避光干燥。

（6）扫描检测

将杂交后的基因芯片放入扫描仪内扫描，并分析结果，控制扫描仪的软件应具有信噪比分析功能。

（7）扫描结果的判定

首先阴性质控探针杂交信噪比均值小于等于 3.5，基因芯片空白质控点杂交信噪比均值小于等于 3.5，阳性质控探针杂交信噪比大于 5.0 判定为杂交合格，在此基础上，目标基因探针杂交信噪比均值大于等于 5.0 判定为阳性信号，在 3.5 与 5.0 之间判定为可疑阳性，小于等于 3.5 判定为阴性。

（8）可疑数据的确证

对于可疑的数据，确证实验按照 GB/T 19495.5—2018 中规定的方法执行。

（9）结果报告

检出×××基因，定位探针杂交点、芯片空白质控点、阴性质控探针杂交点、阳性质控探针杂交点的检测结果正常。

未检出×××基因，定位探针杂交点、芯片空白质控点、阴性质控探针杂交点、阳性质控探针杂交点的检测结果正常。

如果 DNA 样本没有检测出阳性质控探针杂交信号，应重复一次，若结果相同，则判定实验不成功。

3．蛋白质检测方法

3.1　样品的预处理

取 500 g 以上大豆，粉碎、微孔滤膜过滤。在操作过程中小心避免污染，避免局部过热。定性检测的微孔滤膜孔径应为 450 μm，保证孔径小于 450 μm 的粉末质量占大豆样品质量的 90%以上。定量检测的样品先用孔径为 450 μm 的微孔滤膜过滤后，再经孔径为 150 μm 的微孔滤膜过滤，过滤得到的样品量只要能满足检测要求即可。对于其他类型的材料采用类似的方法处理。

在检测不同批次样品之间应将处理大豆样品的所有设备进行彻底清洁。首先，尽可能除去残留材料，然后用酒精洗涤两遍，用水彻底清洗，风干。同时，工作区应保持清洁，避免样品交叉污染。

3.2　样品抽提

测试样品、阴性及阳性标准品在相同条件下抽提两次。每一种标准品在称量时按照含量由低到高的顺序进行。

将每一种样品称出 0.5 g ± 0.01 g，放入 15 mL 聚丙烯离心管中。为避免污染，在称量不同样品时，用酒精棉擦干净药匙并晾干，或使用一次性药匙。

向每个离心管中加 4.5 mL 抽提缓冲液。将缓冲液与管内物质剧烈混匀并涡旋振荡，使之成为均一的混合物（低脂粉末和分离蛋白质需延长混合时间，有时超过 15 min；全脂粉末容易混匀，不超过 5 min）。

4℃下 5 000 *g* 离心 15 min。

小心吸取上清液于另一干净的聚丙烯离心管中，每管吸取 1 mL 上清液。上清液可于 2～8℃贮存，时间不超过 24 h。

在检测前，用大豆检测缓冲液按照表 3-10 所列比例稀释样品溶液。

表 3-10　不同基质的稀释度

基质	稀释度
大豆	1∶300
豆粉	1∶300
脱脂豆粉	1∶300
分离蛋白	1∶10

3.3 ELISA 操作步骤

（1）孵育

在室温下，取出酶标板，加 100 μL 稀释的样品溶液及对照到酶标孔中，轻轻混匀。37℃孵育 1 h（每次加样应该更换一次性吸头，以免交叉污染。并使用胶带或铝箔封住酶标板，以免交叉污染和蒸发）。

（2）洗涤

把 10 倍浓缩的洗涤缓冲液用水稀释 10 倍，用洗涤工作液洗涤酶标板 3 次。在此过程中，不要让酶标孔干，否则会影响分析结果；不管是人工洗涤还是自动洗涤，应确保每一孔用相同体积的洗液洗涤，以免出现错误的结果。

人工洗涤：将酶标板翻转，倒出微孔内液体。用装有洗涤工作液的 500 mL 洗瓶，将每孔注满洗涤液，保持 60 s，然后翻转，倒掉洗涤液。如此重复操作总共 3 次。在多层纸巾上将酶标板倒拍数次，以去除残液（用胶带将酶标板条固定以免滑落）。

自动洗涤：孵育完毕，用洗板机将所有孔中的液体吸出，然后在每孔内加满洗涤液。如此重复 3 次。最后，用洗板机吸出所有孔中洗涤液，在多层纸巾上将酶标板反放拍干，以去除残液。

（3）加入偶联抗体

根据使用说明，用偶联抗体结合稀释剂溶解抗体粉末得到抗体贮存液，于 2～8℃贮存。

取 240 μL 偶联抗体贮存液，加入 21 mL 偶联抗体稀释剂中得到偶联抗体工作液，于 2～8℃贮存。

在每孔中加 100 μL 偶联抗体工作液，封闭酶标板，轻轻摇晃混匀，37℃孵育 1 h。

（4）洗涤

洗涤方法同（2）。

（5）显色

每孔中加入 100 μL 显色底物，轻轻摇动酶标板，室温孵育 10 min（加显色底物时应连续一次完成，不得中断，并保持相同次序和时间间隔）。

（6）终止反应

按照加入显色底物同样的顺序向酶标孔中加入 100 μL 终止液，轻轻摇动酶标板 10 s，以终止颜色变化，并使终止液在孔中均匀分布（在加入终止液时应连续一次完成，不得中断，酶标板应注意避光，防止颜色深浅因受到光的影响而发生变化）。

（7）吸光值的测定

在加入终止液 30 min 内用酶标仪在 450 nm 波长测量每孔的吸光值（OD）。记录所得结果，用计算机软件处理。

（8）流程图

蛋白质抽提流程见表 3-11，ELISA 实验流程见表 3-12。

表 3-11　蛋白质抽提流程

程序	详细说明
称量	称量 0.5 g 测试样品、空白、参照标准
加缓冲液	加入抽提缓冲液（A.3.1.1）4.5 mL
混匀	使测试样品与抽提缓冲液充分混匀，高脂粉末低于 5 min，低脂粉末、分离蛋白质 15 min 以上
离心	在 4℃以 5 000 *g* 将样品离心 15 min，吸取上清液到另一干净离心管中
稀释	根据基质不同以 1∶300 或 1∶10 稀释，稀释测试样品溶液、空白、阴性和阳性标准品

表 3-12　ELISA 实验流程

程序	体积	详细说明
加样	100 μL	微量移液器吸取已稀释的样品溶液、空白、阴性和阳性标准品至相应酶标孔
孵育		37℃孵育 1 h
洗涤		用洗涤缓冲液洗涤 3 次
加样	100 μL	向每个酶标孔中加入偶联抗体
孵育		37℃孵育 1 h
洗涤		用洗涤缓冲液洗涤 3 次
加样	100 μL	向每个酶标孔中加入显色底物
孵育		室温孵育 10 min
加样	100 μL	向每个酶孔中加入终止液
混匀		轻轻混匀 10 s
测量吸光度		用酶标仪测量每孔在 450 nm 的吸光度

（9）测试样品中目标蛋白浓度的计算

测试样品及参照标准的数值需减去空白样的数值，所测量的阳性标准品的平均值用于生成标准曲线，测试样品的平均值根据标准曲线计算相应浓度。

（10）结果可信度判断的原则

对于阳性标准品（大豆种子）而言，该方法检测的灵敏度必须保证在 0.1%以上，定量检测的线性范围为 0.5%～3%。

每一轮检测都必须符合表 3-13 中所列的条件。每一轮反应应当包括空白、阴性标准品、阳性标准品和测试样品。所有样品检测液、空白对照都必须设置一个重复。如果不符合表 3-13 中所列的条件，所有检测实验需重新操作。

表 3-13　结果可信度判断的条件

空白对照	OD_4 50 mm＜0.30
阴性标准品	OD_4 50 mm＜0.30
2.5%阳性标准品	OD_4 50 m≥0.8
所有阳性标准品，OD 值	重复的 OD 值差异≤15% 重复的 CV≤15%
未知样品、溶液	重复的 CV≤20% 重复的浓度值差异≤20%

4．液相芯片检测方法

4.1　抽样和制样

按照 GB/T 19495.1 和 GB/T 19495.7 的规定执行。

4.2　试样预处理和 DNA 模板制备

按照 GB/T 19495.1 和 GB/T 19495.3 的规定执行。

4.3　PCR 反应

（1）PCR 反应体系

PCR 反应体系应在Ⅱ级生物安全柜中操作。50 μL 反应体系中含 10×PCR Buffer 5 pL、2.5 mmol/L dNTP 4 pL、10 μmol/L 的上下游引物（包括 18s-F、18s-R、CaMV35S-F、CaMV35S-R、NOS-F 和 NOS-R）各 1 pL，DNA 模板 1μL（100 ng），Ex Taq 酶 0.5 pL，补双蒸水至终体积 50 μL。每个 DNA 样品做 2 个平行管（若平行误差超过 10%，应重新检测）。加样时应使样品 DNA 溶液完全加入反应液中，不要黏附于管壁上，加样后应尽快盖紧管盖，用涡旋振荡仪混匀。

（2）PCR 反应条件

95℃预变性 5 min；94℃变性 30 s，58℃退火 30 s，72℃延伸 30 s，35 个循环；72℃延伸 10 min。

（3）对照设置

在液相芯片检测样品的同时，应设置阴性对照与空白对照，以与试样相同种类的非转基因植物基因组 DNA 作为阴性对照；以水作为空白对照。

各对照的 PCR 反应体系中，除模板外，其余组分及 PCR 反应条件与②相同。

（4）仪器设置

设定样品名称、探针编号和类型，微球数量等。

（5）杂交反应体系与杂交反应条件

①杂交反应体系

50 μL 杂交反应体系中包括：1.5×TMAC 杂交液 33 pL，与 18s-P、CaMV35S-P、NOS-P 三种探针（探针浓度为 100 μmol/L）偶联的微球各 0.5 pL（每种微球约 5 000 个），Tris 盐酸盐（pH=8）缓冲液 15 μL，PCR 产物 2 μL，空白孔以 2 pL Tris 盐酸盐（pH=8）缓冲液取代 PCR 产物，阴性对照孔加 2 μL 阴性 PCR 产物。

②杂交反应条件

95℃变性 5 min，58℃杂交 30 min，加入 1×TMAC 杂交液稀释的 SA-PE（2 μg/mL）100 μL，58℃孵育 10 min。

（6）杂交结果检测

按预先设定的样品摆放顺序将杂交后的反应液转移到检测板上，运行仪器进行荧光检测。

4.4　结果分析与表述

（1）总则

在设置的读数时间内，荧光编码微球个数≥20 个，表明用于计数的荧光编码微球数量有效，所产生的中位荧光强度（MFI）值可信；各个荧光编码微球的空白对照 MFI 均不高于 300，表明结果有效，试验可进行结果判定；若内标准基因未出现阳性结果，说明实验不成功，需重新进行检测。

（2）结果判定

测试样品的中位荧光强度（MFI）大于或等于空白对照值的 3 倍即可判为阳性结果。

测试样品的中位荧光强度（MFI）大于空白对照值的 2 倍小于空白对照值 3 倍判为可疑，需进行重复检测或采用其他方法确认。

测试样品的中位荧光强度（MFI）小于空白对照值的 2 倍即可判为阴性结果。

（3）试样检测结果分析和表述

1）内标准基因出现阳性结果，并且外源 CaMV35S 或 NOS 基因的任何一个检出阳性，这表明试样中检测出了 CaMV35S 或 NOS 基因，表述为“试样中检测出了 CaMV35S 或 NOS 基因成分，检测结果为内源 18S rRNA 基因出现阳性结果，CaMV35S 或 NOS 基因出现阳性结果，检测灵敏度为 0.01%”。

2）内标准基因出现阳性结果，而 CaMV35S 或 NOS 基因未检出阳性，这表明试样中未检测出 CaMV35S 或 NOS 基因成分，表述为“试样中内源 18S rRNA 基因出现阳性结果，检测灵敏度为 0.01%，未检测出 CaMV35S 或 NOS 基因成分”。

知识考核

1．简述利用技术 ELISA 进行植物种子转基因检测的原理。

2．查阅资料，分析国内外转基因食品的研究方向。

3．简述实时荧光 PCR 检测转基因种子的方法。

模块四

有机粮油及其制品的检验

本模块依据各产品的国家质量标准要求，甄选必要指标，分类介绍了有机大米、有机小麦粉、有机食用油、有机杂粮、有机粮油制品（面包、饼干等）的检测方法与流程，指标主要涉及物理、化学指标。通过本模块的学习，重点掌握有机小麦粉、有机食用油的检测项目、检测原理、检测流程，能够独立完成有机粮油及其制品的检测。

依据《有机产品　生产、加工、标识与管理体系要求》（GB/T 19630—2019），有机粮油食品中的配料应满足以下条件：

1）有机配料所占的质量或体积不应少于配料总量的95%。

2）应使用有机配料。当有机配料无法满足需求时，可使用常规配料，其比例应不大于配料总量的5%，且应优先使用农业来源的。

3）同一种配料不应同时含有有机和常规成分。

4）作为配料的水和食用盐应分别符合《生活饮用水卫生标准》（GB 5749）和《食品安全国家标准　食用盐》（GB 2721）的要求，且不计入1）所要求的配料中。

5）食品加工中使用的食品添加剂和加工助剂应符合GB/T 19630—2019中表E.1和表E.2的要求。使用条件应符合《食品安全国家标准　食品添加剂使用标准》（GB 2760）的规定。使用GB/T 19630—2019中表E.1和表E.2以外的食品添加剂和加工助剂时，应参见GB/T 19630—2019中附录G对其进行评估。

6）食品加工中使用的调味品、微生物制品及酶制剂和其他配料应分别满足GB/T 19630—2019中E.4、E.5和E.6的要求（适用时）。

7）不应使用来自转基因的配料、添加剂和加工助剂。

项目一　有机大米检验

目前，我国粮油企业生产的有机大米的执行标准有 GB/T 1354、GB/T 18824、GB/T 19266、LS/T 3247 等。依据《大米》（GB/T 1354—2018），有机大米的质量检测项目和限量标准如表 4-1 所示。

表 4-1　有机大米的质量要求

品种		籼米			粳米			籼糯米		粳糯米	
等级		一级	二级	三级	一级	二级	三级	一级	二级	一级	二级
碎米	总量/%	≤15.0	≤20.0	≤30.0	≤10.0	≤15.0	≤20.0	≤15.0	≤25.0	≤10.0	≤15.0
	其中小碎米含量/%	≤1.0	≤1.5	≤2.0	≤1.0	≤1.5	≤2.0	≤2.0	≤2.5	≤1.5	≤2.0
加工精度		精碾	精碾	适碾	精碾	精碾	适碾	精碾	适砚	精碾	适碾
不完善粒含量/%		≤3.0	≤4.0	≤6.0	≤3.0	≤4.0	≤6.0	≤4.0	≤6.0	≤4.0	≤6.0
水分含量/%		≤14.5			≤15.5			≤14.5		≤15.5	
杂质	总量/%	≤0.25									
	其中：无机杂质含量/%	≤0.02									
黄粒米含量/%		≤1.0									
互混率/%		≤5.0									
色泽、气味		正常									

任务 1　有机大米加工精度的测定

任务介绍

大米加工精度指加工后米胚残留以及米粒表面和背沟残留皮层的程度。留皮程度可以利用米粒皮层、胚与胚乳对伊红 Y-亚甲基蓝染色基团分子的亲和力不同，米粒皮层、胚与胚乳分别呈现蓝绿色和紫红色。方法参考《粮油检验　大米加工精度检验》（GB/T 5502—2018）。

任务解析

试剂和设备的准备→测定→结果分析

知识储备

大米加工精度可以采用以下 3 种方法：

1）对比观测法：利用染色后的大米试样与染色后的大米加工精度标准样品对照比较，通过观测判定试样的加工精度与标准样品加工程度的相符程度。

2）仪器辅助检测法：染色后的大米试样与染色后的大米加工精度标准样品通过图像分析方法进行测定比较，根据米粒表面残留皮层和胚的程度，人工判定大米的加工精度。

3）仪器检测法：利用图像采集和图像分析法检测经过染色的大米试样的留皮度，仪器自动判定大米的加工精度。

任务操作

1．主要试剂和材料的准备

1）伊红 Y：分析纯。

2）亚甲基蓝：分析纯。

3）无水乙醇：分析纯。

4）去离子水。

5）80%乙醇溶液：无水乙醇与去离子水按照 8∶2 的体积比进行充分混合，配制成 80%乙醇溶液。

6）染色原液：分别称取伊红 Y、亚甲基蓝各 1.0 g，分别置于 500 mL 具塞三角瓶中，然后向瓶中分别加入 500 mL 80%乙醇溶液，并在磁力搅拌器上密闭加热搅拌 30 min 至全部溶解，然后按实际用量将伊红 Y 和亚甲基蓝液按 1∶1 比例混合，置于具塞三角瓶中密闭搅拌数分钟，充分混匀，配制成伊红 Y-亚甲基蓝染色原液（可根据实际用量调配原液的量）。室温、密封、避光保存于试剂瓶中备用。

7）染色剂：量取适量的染色原液与 80%乙醇溶液，按照 1∶1 比例稀释，配制成伊红 Y-亚甲基蓝染色剂。室温、密封、避光保存于试剂瓶中备用。

8）大米加工精度标准样品：符合 LS/T 15121、LS/T 15122、LS/T 15123 的规定。

2．仪器的准备

1）大米外观品质检测仪：具有图像采集和图像分析功能，可通过检测大米留皮度判定大米的加工精度。

2）蒸发皿或培养皿：ϕ 90 mm。

3）天平：分度值 0.1 g。

4）放大镜：5～20 倍。

5）白色样品盘。

6）磁力搅拌器：具备加热功能。

7）量筒、具塞三角瓶等。

3．步骤

3.1　染色

从试样中分取约 12 g 整精米，放入 ϕ 90 mm 蒸发皿或培养皿内，加入适量去离子水，浸没样品 1 min，洗去糠粉，倒净清水。

清洗后试样立即加入适量染色剂浸没样品，摇匀后静置 2 min，然后将染色剂倒净。

染色后试样立即加入适量 80%乙醇溶液，完全淹没米粒，摇匀后静置 1 min，然后倒净液体；再用 80%乙醇溶液不间断地漂洗 3 次。

漂洗后立即用滤纸吸干试样中的水分，自然晾干到表面无水渍。皮层和胚部分为蓝绿色，胚乳部分为紫红色。如果不能及时检测，试样可晾干后装入密封袋常温保存，保存时间不超过 24 h。

注 1：染色剂使用前确认是否有沉淀，如果有，则加热使其完全溶解。染色环境温度控制在（25±5）℃。

注 2：染色过程中加入试剂或漂洗剂后均先轻轻晃动数下培养皿，确保全部米粒分散开。

3.2　样品检测

（1）对比观测法

将经染色后的大米试样与染色后的大米加工精度标准样品分别置于白色样品盘中，用放大镜观察，对照标准样品检验试样的留皮度。

（2）仪器辅助检测法

按仪器说明书安装、调试好仪器，分别将约 12 g 经染色晾干的大米试样与同批染色剂染色晾干的大米加工精度标准样品放入大米外观品质检测仪的扫描底板中，检测被测样品与标准样品的留皮度，根据大米样品与标准样品留皮度的差异，人工判定试样的加工精度与标准样品精度的符合程度。

（3）仪器检测法

按仪器说明书安装、调试好仪器，并按说明书的要求，将染色晾干后的大米试样，置于大米外观品质检测仪的扫描底板中，轻微晃动至米粒平摊散开而不重叠。然后进行图像采集，仪器自动分析计算，得到大米样品留皮度，并根据 GB/T 1354 规定的加工精度等级定义，仪器自动判定大米的加工精度等级。

4. 结果判定与表示

（1）对比观测法

染色后的试样与染色后的大米加工精度标准样品对比，根据皮层蓝绿色着色范围进行判断：如半数以上试样米粒的蓝绿色着色范围小于或等于精碾大米标准样品相应的着色范围，则加工精度为精碾；如半数以上试样米粒蓝绿色着色范围大于精碾、小于或等于适碾大米标准样品相应的着色范围，则加工精度为适碾；如半数以上试样米粒蓝绿色着色范围大于适碾大米标准样品的着色范围，则加工精度为等外。同时取两份样品检验，如果两次结果不一致时，则检查操作过程是否正确。

（2）仪器辅助检测法

大米试样的留皮度小于或等于精碾标准样品的留皮度，则加工精度为精碾；试样留皮度大于精碾、小于或等于适碾标准样品的留皮度，则加工精度为适碾；试样留皮度大于适碾大米标准样品的，则加工精度为等外。同时取两份样品检验，留皮度测定误差满足重复性限要求时，取平均值作为检验结果，计算结果保留小数点后 1 位。

（3）仪器检测法

仪器根据大米样品留皮度的检测结果，自动判定大米的加工精度等级。

任务2　有机大米杂质及不完善粒的检验

任务介绍

米类中的杂质对米类的安全贮藏和食用价值及人体健康均有影响，因此，国家对杂质有严格限制。米类杂质既有总量（母项）（%），又有子项。规定实行双重限制。检测方法参考《粮油检验　粮食、油料的杂质、不完善粒检验》（GB/T 5494）。

任务解析

试剂和设备的准备→测定→结果计算

知识储备

米类中的杂质指夹杂在米类中的糠粉、矿物质、带壳稗粒、稻谷粒等其他杂质。一般所有的米类都有杂质总量的限制规定，但总量（%）并不单是各个子项的检验结果之和。即使是一份粮食杂质总量（%）百分率合格，但若其子项杂质超过标准规定限度时，也属不合格；反之亦然。

在米类中，子项杂质限制种类最多的是大米，例如，大米规定了糠粉、矿物质、带壳稗粒、稻谷粒；小米只规定了矿物质、谷粒；高粱米规定了矿物质和高粱壳；黍米、稷米规定了矿物质、黍、稷粒等。

任务操作

1．杂质的检验

1.1　仪器和用具的准备

1）天平：感量 0.1 g、0.01 g；

2）谷物选筛；

3）电动筛选器；

4）分样板、分析盘、镊子、表面皿等。

1.2　操作方法

1）糠粉：

①分取试样：从平均样品中，分取试样约 200 g。

②筛选：分两次放入直径 1.0 mm 圆孔筛内，按规定的筛选法进行筛选，倒出试样，轻拍筛子使糠粉落入筛层底部。

③称重：全部试样筛完后，刷下留存在筛层上的糠粉与筛下物合并称量。

2）矿物质：从检验过糠粉的试样中拣出矿物质称量。

3）其他杂质：在检验过糠粉和矿物质的试样中，拣出稻谷粒、稗粒及其他杂质等一并称量。

4）带壳稗粒和稻谷粒：从平均样品中分取试样 500 g；拣出带壳稗粒和稻谷粒；分别

计算含量。因为其结果以“粒/kg”表示，因此应将拣出的粒数乘以 2，即为检验结果。

1.3　结果计算

糠粉、矿物质、其他杂质含量按式（4-1）～式（4-3）计算。

$$糠粉含量（\%）=\frac{m_1}{m}\times 100 \tag{4-1}$$

式中：m_1——糠粉质量，g；

m——试样质量，g。

试验结果允许差不超过 0.4%，求其平均数，即检验结果，检验结果取小数点后一位。

$$矿物质含量（\%）=\frac{m_2}{m}\times 100 \tag{4-2}$$

式中：m_2——矿物质质量，g；

m——试样质量，g。

双试验结果允许差不超过 0.005%，求平均数，即检验结果，检验结果取小数点后两位。

$$其他杂质含量（\%）=\frac{m_3}{m}\times 100 \tag{4-3}$$

式中：m_3——稻谷粒、稗粒及其他杂质质量，g；

m——试样质量，g。

双试验结果允许差不超过 0.04%，求其平均数，即检验结果，检验结果取小数点后两位。

米粒杂质总量按式（4-4）计算：

$$米类杂质总量（\%）=A+B+C \tag{4-4}$$

式中：A——糠粉含量；

B——矿物质含量；

C——其他杂质含量。

结果取小数点后两位。

2．不完善粒的检验

在检验碎米的同时，按质量标准的具体规定拣出不完善粒，称量。

米类不完善粒含量按式（4-5）计算。

$$不完善粒含量（\%）=\frac{m_1}{m}\times 100 \tag{4-5}$$

式中：m_1——不完善粒质量，g；

m——试样质量，g。

双试验结果允许差不超过 0.5%，求其平均数，即为检验结果；结果取小数点后一位。

有机大米碎米的测定可微信扫描二维码学习。

有机大米碎米的测定

项目二　有机小麦粉检验

我国有机小麦粉的执行标准为《小麦粉》（GB/T 1355—2021）、《绿色食品　小麦及小麦粉》（NY/T 421—2021）等。依据国家标准，有机小麦粉的质量检测项目和限量标准如表 4-2 所示。

表 4-2　小麦粉的质量标准

质量指标	类别		
	精制粉	标准粉	普通粉
加工精度	按标准样品或仪器测定值对照检验麸星		
灰分含量（以干基计）/%	≤0.70	≤1.10	≤1.60
脂肪酸值（以湿基，KOH 计）/（mg/100 g）	≤80		
水分含量/%	≤14.5		
含砂量/%	≤0.02		
磁性金属物/（g/kg）	≤0.003		
色泽、气味	正常		
外观形态	粉状或微粒状，无结块		
湿面筋含量/%	≥22.0		

任务 1　有机小麦粉加工精度的测定

任务介绍

小麦粉加工精度指小麦粉中留存麸皮碎片的程度，以粉色和麸星的大小及分布的密集程度表示。加工精度是小麦粉定等分级的基础项目。小麦粉的加工精度通常用粉色、麸星来表示。

任务解析

试剂和设备的准备→测定→结果计算

知识储备

粉色、麸星是小麦粉加工精度的标志。粉色是指小麦面粉颜色的深浅；麸星是指小麦面粉中麸皮含量，即面粉中所含麸皮的程度。影响粉色、麸星的因素很多，粉色受小麦品种、皮色、粒质、含杂、加工工艺以及面粉储藏时间等因素的影响。

一般粉色的深浅，主要取决于麸星含量的多少，而麸星含量的多少又取决于加工精度。

1）加工精度：麸星少，粉色较白，加工精度高，但出粉率低。反之，麸星含量多，则粉色加深，加工精度低，其出粉率高。

2）小麦性质：小麦的粉色与小麦性质有关，通常软质小麦粉的粉色比硬质小麦粉的粉色稍淡。

3）种皮的颜色：红皮小麦粉粉色较白皮小麦粉的粉色深。

小麦粉加工精度的检测，其中特制一等、特制二等和标准粉的加工精度，都是以国家制定的标准样品为准。而普通粉的加工精度标准样品，则是由省、区、市自行制定。粉色、麸星是以试样与标样对照比较测定的。比较方法有干法、湿法、湿烫法、干烫法及蒸馒头法五种。其中以干烫、湿烫法为仲裁方法。湿烫法对比粉色，干烫法对比麸星，也可以用蒸馒头法对比粉色、麸星。方法参考《粮油检验　小麦粉加工精度检验》（GB/T 5504—2011）。

任务操作

1. 主要仪器、用具和试剂的准备

1）搭粉板：5×30 cm；

2）粉刀；

3）天平：感量 0.1 g；

4）电炉；

5）烧杯：100 mL；

6）铝制蒸锅、白瓷碗、玻璃棒等；

7）5 g/100 mL 酵母液：称取 5 g 鲜酵母或 2 g 干酵母，加 100 mL 温水（35℃左右），搅拌均匀备用。

2. 操作方法

2.1　干法

1）取标准样品：用洁净粉刀取少量标准样品置于搭粉板上，用粉刀压平，将右边切齐。

2）取试样：取少量试样置于标准样品右侧压平，将左边切齐，用粉刀将试样慢慢向左移动，以便使试样与标样相连接。

3）用粉刀把两个粉样紧紧压平（注意：标准与试样不得互混），打成上厚下薄的坡度（上厚约 6 mm，下边与粉板拉平），切齐各边，刮去标样左上角，对比粉色麸星。

2.2　湿法

将干法检验过的粉样，连同搭粉板倾斜插入水中，直至不起泡为止，取出搭粉板，待粉样表面微干时，就可对比粉色、麸星。

2.3　湿烫法

将湿法检验过的粉样，连同搭粉板倾斜插入刚停止加热的沸水中，经约 1 min 取出，用粉刀轻轻刮去粉样表面受烫而浮起的部分，对比粉色、麸星。

2.4　干烫法

先按干法打好粉板，然后连同粉板倾斜插入刚停止加热的沸水中，经约 1 min 取出，用粉刀轻轻刮去粉样表面受烫浮起部分，对比粉色、麸星。

2.5 蒸馒头法

将标样与试样分别用同样的方法做成馒头。

第一次发酵：①称试样 30 g 置于瓷碗中；②加入 15 mL 酵母液和成面团，并揉至无干面、光滑后为止；③瓷碗上盖一块湿布；④放在 38℃左右的保温箱内发酵至面团内部呈蜂窝状即可（约 30 min）。

第二次发酵：①将已发酵的面团用少许干面揉和至软硬适度后；②做成馒头形放入碗中；③用干布盖上；④置 38℃左右的保温箱内醒发约 20 min；⑤然后取出放入沸水蒸锅内蒸 15 min；⑥取出，对比粉色、麸星。

3. 结果表述

若试样粉色、麸星与标准样品相当，则试样加工精度与该等级标准样品加工精度相同。若试样粉色差于标准样品，或麸星大小或数量大于或多于标准样品，则试样加工精度低于该等级标准样品加工精度。反之，则试样加工精度高于该等级标准样品的加工精度。若需进一步确定该试样的加工精度等级，可选择不同的标准样品，按上述的任何一种或几种方法进行检验，直到确定该试样的加工精度等级为止。

在测定粉色、麸星时应注意下列几点：①应注意粉色、麸星二者的关系，即粉中麸星含量多，粉色必然深，但反过来，粉色深的，麸星含量不一定多；②注意粉刀、粉板洁净；③打粉样时，粉刀压紧用力要均匀，应压紧；④观察时光线要均匀一致，应在散射光下观察比较。

任务 2　有机小麦粉湿面筋的测定

任务介绍

小麦粉面筋含量的测定主要有 4 种方法：仪器法、手洗法、烘箱干燥法和快速干燥法。本书仅介绍仪器法。

任务解析

试剂和设备的准备→测定→结果计算

知识储备

小麦是我国第二大粮食作物。小麦籽粒中的蛋白质分为麦醇溶蛋白、麦谷蛋白、麦清蛋白和麦球蛋白，将小麦制粉后，保留其中的主要是麦醇溶蛋白和麦谷蛋白，而面团黏、弹性的基础物质正是这两种蛋白，面筋形成过程主要是水与蛋白质以及蛋白质之间相互作用的过程。将小麦粉用一定浓度的盐水洗涤后，其可溶性物质溶于其中，并将麸皮和淀粉等洗掉，剩下的具有黏性、弹性以及一定延展性的物质就是湿面筋。湿面筋经过加热烘干后剩下的是干面筋，干面筋中 75%～80%为面筋蛋白质。在小麦储藏过程中，小麦面筋蛋白质会发生变化，直接影响小麦粉的食用品质。因此，测定和研究小麦的面筋含量，对小麦储藏品质和小麦粉质量具有重要的意义。

任务操作

1. 主要仪器和用具

1）洗面筋仪（用于机械洗涤法）：主要由洗涤器、筛网、搅拌轴、电机控制系统、冲洗装置、定时控制装置等部分组成。

2）塑料杯或玻璃杯（用于机械洗涤法接洗涤液）：500～600 mL；

3）离心排水机：带对称筛板，以转速 3 000 r/min 转 2 min 自停或转速 6 000 r/min 转 1 min 自停；

4）天平：感量 0.01 g；

5）盐水洗涤装置：带下口 5 L 的玻璃瓶，用于盛放氯化钠缓冲溶液；

6）滴定管：10～25 mL 分刻度 0.05 mL；

7）搪瓷碗：直径 10～15 cm；

8）玻璃棒或牛角匙；

9）挤压板（面筋排水用）：9 cm×16 cm，厚 3～5 mm，周围贴 0.3～0.4 mm 胶布（纸），共两块；

10）带筛绢的筛具（用于手洗法）：取约 30 cm×40 cm、底部绷紧孔径 0.336 mm 的筛绢，筛框用木制或金属制均可；

11）毛玻璃盘：约 40 cm×40 cm；

12）秒表；

13）金属镊子。

2. 主要试剂

1）2%氯化钠缓冲溶液（pH 5.9～6.2）：200 g 氯化钠溶于水中，加 7.54 g 磷酸二氢钾（KH_2PO_4）和 2.46 g 磷酸氢二钠（$Na_2HPO_4 \cdot 2H_2O$），稀释至 10 L。

2）碘液（KI-I）：0.1 g 碘和 10 g 碘化钾，用水溶解后再加水至 250 mL。

3. 样品制备及水分测定

1）商品小麦粉：从平均样品分取约 100 g，备用。

2）全麦粉：分取小麦试样 100 g，用粉碎机粉碎使通过孔径 0.437 mm 筛的样品占 95%以上。

4. 操作方法

1）仪器准备及调整：

①调整制备面团的混合时间为 20 s，洗涤时间为 5 min；

②将洗涤器清洗干净；

③垫上筛网，用少许氯化钠缓冲液润湿筛网，放好接液杯。

2）称样及制备面团：

①称取（10.00±0.01）g 小麦粉样品于洗涤皿；

②加入氯化钠缓冲溶液 4.6～5.2 mL，将洗涤器皿放置仪器固定位置上；

③启动仪器，搅拌 20 s；

④和成面团后自动进行洗涤。

3）测定全麦粉的湿面筋或面筋质量差的小麦粉（指按上述操作和面难以成碎块的小

麦粉）：称样（10.00±0.01）g 于小搪瓷碗中，加入约 4.5 mL 氯化钠溶液，用牛角匙或玻璃棒和成面团球，将面团球置毛玻璃上，用手将面团滚成 7～8 cm 长条，再叠拢，再滚成长条，重复 5 次，然后将面团揉成球状放入洗涤皿，启动仪器进行洗涤。

4）仪器自动按 50～54 mL/min 的流量用氯化钠缓冲溶液洗涤 5 min，自动停机，卸下洗涤皿，取出面筋，需用溶液 250～280 mL。

5）将上述洗涤出的面筋，再用手在自来水下洗涤 2 min 以上。洗涤全麦粉面筋的时间须适当延长。检验：洗涤后用碘液检查，湿面筋挤出的水呈无色（或微蓝色）时，洗涤即可结束。

6）洗涤完成以后，用金属镊子将湿面筋从洗涤室中取出，确保洗涤室中不留有任何湿面筋。将面筋分成大约相等的两份，轻轻压在离心机的筛盒上。启动离心机，离心 60 s，用金属镊子取下湿面筋，并立即称重（m_1），精确到 0.01 g。

5．计算

$$湿面筋含量（\%）= m_1 \times 10\% \qquad (4\text{-}6)$$

式中：m_1——湿面筋质量，g。

6．重复性

在同一实验室，由同一操作者使用相同设备，按相同的测试方法，并在短时间内对同一被测对象相互独立进行测试获得的两次独立测试结果的绝对差值大于下列给定数值（r）的情况不应超过 5%：

小麦籽粒：r=1.9 g/100 g；

小麦粉：r=1.0 g/100 g；

硬粒小麦：r=1.6 g/100 g；

硬粒小麦颗粒粉：r=1.6 g/100 g；

结果取两次试验结果的算术平均值，保留一位小数。

任务 3　有机小麦粉脂肪酸值的测定

任务介绍

目前国家标准《小麦粉》（GB/T 1355—2021）中规定脂肪酸值的指标要求为：中和 100 g 小麦粉（湿基）中的游离脂肪酸所需要的氢氧化钾不超过 80 mg，国际食品法典委员会标准《小麦粉》中脂肪酸值的指标为不超过 50 mg KOH/100 g（干基），其测定方法均为苯或者石油醚提取法。其测定方法参考《粮油检验　粮食、油料脂肪酸值测定》（GB/T 5510—2011）。

任务解析

试剂和设备的准备→测定→结果计算

知识储备

小麦粉的脂肪酸值是反映小麦粉中游离脂肪酸含量的指标。如果面粉的水分大，环境温度高，脂肪容易被氧化水解成脂肪酸。粮谷在储藏过程中，脂肪的水解比蛋白质和碳水化合物都要快，小麦粉中的脂肪在酶的作用下或自然氧化分解为游离脂肪酸，随着游离脂肪酸含量的升高，面粉品质劣化，通过对脂肪酸值的测定可以判断小麦粉品质的变化情况。小麦粉中游离脂肪酸含量的多少，即小麦粉脂肪酸值的高低，是衡量小麦粉品质是否正常的一项重要指标。

测定的基本原理：用石油醚振荡提取出粮食、油料中的游离脂肪酸，静置过滤后加入乙醇溶液，以酚酞作指示剂，用氢氧化钾标准溶液滴定，根据下层溶液的颜色变化确定滴定终点，由消耗的氢氧化钾标准溶液的体积数计算脂肪酸值。

任务操作

1. 主要实验试剂

除非另有规定，所用试剂均为分析纯，试验用水应符合 GB/T 6682 中三级水的规格。

石油醚（沸程 60～90℃）；

0.01 mol/L 氢氧化钾-乙醇标准滴定溶液；

酚酞指示液：10 g/L 乙醇溶液；

50%乙醇：无水乙醇与水按 1∶1（体积比）混合。

2. 测定过程

2.1　试样处理

称取约 10 g 制备好的样品，准确到 0.01 g（m），置于 250 mL 锥形瓶中，用移液管加入 50.00 mL 石油醚，加塞摇动几秒钟后，打开塞子放气，再盖紧瓶塞置振荡器上振摇 10 min。取下锥形瓶，倾斜静置 1～2 min，在短颈玻璃漏斗中放入滤纸过滤，弃去最初几滴滤液，用比色管收集滤液 25 mL 以上，盖上塞备用。收集的滤液来不及测定时，应盖紧比色管瓶塞，于 4～10℃条件下保存，放置时间不宜超过 24 h。

2.2　测定

用移液管移取 25.00 mL 滤液于 150 mL 锥形瓶中，用量筒加入 50%乙醇溶液 75 mL，滴加 4～5 滴酚酞指示剂，摇匀，用氢氧化钾标准滴定溶液滴定至下层乙醇溶液呈微红色，30 s 不褪色为止。记下耗用的氢氧化钾标准滴定溶液体积（V_1）。

2.3　空白试验

同时做空白试验：不加粮食样，其他步骤与样品测定步骤一样。记下耗用的氢氧化钾标准滴定溶液体积（V_0）。

滴定接近终点时滴定速度不宜过快，应剧烈振摇让两相充分接触，使反应完全，分层后应在白色背景下辨别下层溶液色泽的变化。

3. 结果计算

脂肪酸值（Ak）按式（4-12）计算：

$$\mathrm{Ak}=(V_1-V_0)\times c\times 56.1\times\frac{50}{25}\times\frac{100}{m(100-\omega)}\times 100 \qquad (4\text{-}7)$$

式中：Ak——脂肪酸值，mg/100 g；

V_1——滴定试样滤液所耗氢氧化钾标准滴定溶液体积，mL；

V_0——滴定空白液所耗氢氧化钾标准滴定溶液体积，mL；

c——氢氧化钾标准滴定溶液的浓度，mol/L；

56.1——氢氧化钾摩尔质量，g/mol；

50——提取试样所用提取液的体积，mL；

25——用于滴定的试样提取液体积，mL；

100——换算为 100 g 干试样的质量，g；

m——试样的质量，g；

ω——试样水分质量分数，即每 100 g 试样中含水分的质量，g。

每份试样取两个平行样进行测定，两个测定结果之差的绝对值符合重复性要求时，以其平均值为测定结果，保留 3 位有效数字。

有机小麦粉含砂量的测定、有机小麦粉中过氧化苯甲酰的测定可微信扫描二维码学习。

有机小麦粉含砂量的测定

有机小麦粉中过氧化苯甲酰的测定

知识考核

1. 影响小麦粉粉色的因素有哪些？
2. 小麦粉的加工精度是以什么来反映的？测定小麦粉加工精度的仲裁方法是什么？
3. 何谓面筋？面筋由哪些成分组成？如何根据面筋的质量确定小麦的用途？
4. 简述小麦粉脂肪酸值的测定原理。

项目三　有机食用油检验

食用油脂作为人类的重要营养和能量来源，提供人体无法合成而必需的脂肪酸（如亚油酸、亚麻酸等），且还是脂溶性维生素（如 VA、VD、VE、VK）的重要载体，此外，油脂对改善和提高食物口感、风味和物性具有重要作用。食用油脂的质量影响着人们的身体健康和生活品质，其安全状况也备受人们的关注。

我国市售有机食用油的执行标准包括：《食品安全国家标准　食用油脂制品》（GB 15196—2015）、《大豆油》（GB/T 1535—2017）、《花生油》（GB/T 1534—2017）等。

目前，影响油脂质量的主要指标有酸价、过氧化值、溶剂残留量、苯并[*a*]芘、羰基价、皂化值、碘值等。本项目主要对酸价、过氧化值、溶剂残留量、苯并[*a*]芘的检测方法进行详细介绍。

任务 1　有机食用油酸价的测定

任务介绍

有机食用油酸价测定依据 GB 5009.229—2016 中酸价的测定方法测定，共有 3 种测定方法：冷溶剂指示剂滴定法、冷溶剂自动电位滴定法和热乙醇指示剂滴定法。本书介绍第一种方法，即冷溶剂指示剂滴定法。

任务解析

试剂和设备的准备→测定→结果计算

知识储备

酸价又称酸值，是指植物油中游离脂肪酸的含量，以中和 1g 油脂中游离脂肪酸所需的氢氧化钾的毫克数（mg/g）表示。检测酸价可反映油脂是否水解及酸败的程度。如果食用了酸败的油脂可引发中毒症状。植物油食品安全国家标准 GB 2716 对食用植物油酸价要求见表 4-3。

表 4-3　食用油酸价指标

项目	植物原油	食用植物油（包括原油）	煎炸过程中食用植物油	检验方法
米糠油	≤25	≤3	≤5	GB 5009.229
棕榈油、玉米油、橄榄油、棉籽油、椰子油	≤10	≤3	≤5	GB 5009.229
其他	≤4	≤3	≤5	GB 5009.229

用有机溶剂将油脂试样溶解成样品溶液，再用氢氧化钾或氢氧化钠标准滴定溶液中和滴定样品溶液中的游离脂肪酸，以指示剂相应的颜色变化来判定滴定终点，最后通过滴定终点消耗的标准滴定溶液的体积计算油脂试样的酸价。

任务操作

1．主要试剂

异丙醇，乙醚，甲基叔丁基醚，95%乙醇，无水乙醚；

石油醚，沸程30～60℃；

酚酞指示剂，CAS 号：77-09-8；

百里香酚酞指示剂，CAS 号：125-20-2；

碱性蓝 6B 指示剂，CAS 号：1324-80-7；

无水硫酸钠，在 105～110℃条件下充分烘干，然后装入密闭容器冷却并保存。

2．试剂配制

1）氢氧化钾或氢氧化钠标准滴定水溶液，浓度为 0.1 mol/L 或 0.5 mol/L，按照 GB/T 601 标准要求配制和标定，也可购买市售商品化试剂。

2）乙醚-异丙醇混合液：乙醚+异丙醇=1+1，500 mL 的乙醚与 500 mL 的异丙醇充分互溶混合，用时现配。

3）酚酞指示剂：称取 1 g 的酚酞，加入 100 mL 的 95%乙醇并搅拌至完全溶解。

4）百里香酚酞指示剂：称取 2 g 的百里香酚酞，加入 100 mL 的 95%乙醇并搅拌至完全溶解。

5）碱性蓝 6B 指示剂：称取 2 g 的碱性蓝 6B，加入 100 mL 的 95%乙醇并搅拌至完全溶解。

3．仪器和设备

10 mL 微量滴定管（最小刻度为 0.05 mL）；天平（感量 0.001 g）恒温水浴锅，恒温干燥箱，离心机（最高转速不低于 8 000 r/min），旋转蒸发仪，索氏脂肪提取装置，植物油料粉碎机或研磨机。

4．分析步骤

4.1 试样制备

（1）食用油脂试样的制备

若食用油脂样品常温下呈液态，且为澄清液体，则充分混匀后直接取样。如果视检有明显杂质和明水，需要进行除杂和脱水干燥处理。除杂方法如下：作为试样的样品应为液态、澄清、无沉淀并充分混匀。如果样品不澄清、有沉淀，则应将油脂置于 50℃的水浴或恒温干燥箱内，将油脂的温度加热至 50℃并充分振摇以熔化可能的油脂结晶。若此时油脂样品变为澄清、无沉淀，则可作为试样，否则应将油脂置于 50℃的恒温干燥箱内，用滤纸过滤不溶性的杂质，取过滤后的澄清液体油脂作为试样，过滤过程应尽快完成。若油脂样品中的杂质含量较高，且颗粒细小难以过滤干净，可先将油脂样品用离心机以 8 000～10 000 r/min 的转速离心 10～20 min，沉淀杂质。对于凝固点高于 50℃或含有凝固点高于 50℃油脂成分的样品，则应将油脂置于比其凝固点高 10℃左右的水浴或恒温干燥箱内，将油脂加热并充分振摇以熔化可能的油脂结晶。若还需过滤，则将油脂置于比其凝固点高

10℃左右的恒温干燥箱内，用滤纸过滤不溶性的杂质，取过滤后的澄清液体油脂作为试样，过滤过程应尽快完成。

干燥脱水方法如下：若油脂中含有水分，通过除杂的处理后仍旧无法达到澄清，应进行干燥脱水。对于无结晶或凝固现象的油脂，以及经过除杂的处理并冷却至室温后无结晶或凝固现象的油脂，可每 10 g 油脂加入 1～2 g 的无水硫酸钠，并充分搅拌混合吸附脱水，然后用滤纸过滤，取过滤后的澄清液体油脂作为试样。若油脂样品中的水分含量较高，可先将油脂样品用离心机以 8 000～10 000 r/min 的转速离心 10～20 min，分层后，取上层的油脂样品再用无水硫酸钠吸附脱水。对于室温下有结晶或凝固现象的油脂，以及经过除杂的处理并冷却至室温后有明显结晶或凝固现象的油脂，可将油脂样品用适量的石油醚，于 40～55℃水浴内完全溶解后，加入适量无水硫酸钠，在维持加热条件下充分搅拌混合吸附脱水并静置沉淀硫酸钠使溶液澄清，然后收集上清液，将上清液置于水浴温度不高于 45℃的旋转蒸发仪内，0.08～0.1 MPa 负压条件下，将其中的石油醚彻底旋转蒸干，取残留的液体油脂作为试样。若残留油脂有浑浊显现，将油脂样品按照除杂中相关要求再进行一次过滤除杂，便可获得澄清油脂样品。

对于由于凝固点过高而无法溶解于石油醚的油脂样品，则将油脂置于比其凝固点高 10℃左右的水浴或恒温干燥箱内，将油脂加热并充分振摇以熔化可能的油脂结晶或凝固物，然后加入适量的无水硫酸钠，在同样的温度环境下，充分搅拌混合吸附脱水并静置沉淀硫酸钠，然后仍在相同的加热条件下过滤上层的液态油脂样品，获得澄清的油脂样品，过滤过程应尽快完成。

若食用油脂样品常温下为固态，称取固态油脂样品，置于比其熔点高 10℃左右的水浴或恒温干燥箱内，加热完全熔化固态油脂试样，若熔化后的油脂试样完全澄清，则可混匀后直接取样。若熔化后的油脂样品浑浊或有沉淀，则应再进行除杂和脱水处理。

若样品为经乳化加工的食用油脂，处理方法如下：称取乳化油脂样品（含油量应符合表 4-4 的要求），加入试样体积 5～10 倍的石油醚，然后搅拌直至样品完全溶解于石油醚中（若油脂样品凝固点过高，可置于 40～55℃水浴内搅拌至完全溶解），然后充分静置并分层后，取上层有机相提取液，置于水浴温度不高于 45℃的旋转蒸发仪内，0.08～0.1 MPa 负压条件下，将其中的石油醚彻底旋转蒸干，取残留的液体油脂作为试样。若残留的油脂浑浊、乳化、分层或有沉淀，则应按照 GB 5009.229 附录 A 的要求进行除杂和脱水干燥处理。对于难以溶解的油脂可采用以下溶剂为浸提液：石油醚+甲基叔丁基醚=1+3，即 250 mL 的石油醚与 750 mL 的甲基叔丁基醚充分互溶混合。

若油脂样品能完全溶解于石油醚等溶剂中，成为澄清的溶液或者只是成为悬浮液而不分层，则直接加入适量的无水硫酸钠，在同样的温度条件下，充分搅拌混合吸附脱水并静置沉淀硫酸钠，然后取上层清液置于水浴温度不高于 45℃的旋转蒸发仪内，0.08～0.1 MPa 负压条件下，将其中的石油醚彻底旋转蒸干，取残留的液体油脂作为试样。若残留的油脂浑浊、乳化、分层或有沉淀，则应进行除杂和脱水干燥处理。

（2）植物油料试样的制备

先用粉碎机或研磨机把植物油料粉碎成均匀的细颗粒，脆性较高的植物油料（如大豆、葵花籽、棉籽、油菜籽等）应粉碎至粒径为 0.8～3 mm 甚至更小的细颗粒，而脆性较低的植物油料（如椰干、棕榈仁等）应粉碎至粒径不大于 6 mm 的颗粒。其间若发热明显，应采用冷冻粉碎：首先将样品剪切成小块、小片或小粒，然后放入研钵中，加入适量的液氮，趁冷冻状态进行初步的捣烂并充分混匀，趁未解冻，将捣烂的样品倒入组织捣碎机的不锈钢捣碎杯中，此时可再向捣碎杯中加入少量的液氮，然后以 10 000～15 000 r/min 的转速进行冷冻粉碎，将样品粉碎至大部分粒径不大于 4 mm 的颗粒。

取粉碎的植物油料细颗粒装入索氏脂肪提取装置中，再加入适量的提取溶剂（无水乙醚或石油醚），加热并回流提取 4 h。最后收集并合并所有的提取液于一个烧瓶中，置于水浴温度不高于 45℃的旋转蒸发仪内，在 0.08～0.1 MPa 负压条件下，将其中的溶剂彻底旋转蒸干，取残留的液体油脂作为试样进行酸价测定。若残留的液态油脂浑浊、乳化、分层或有沉淀，应按照 GB 5009.229 附录 A 的要求进行除杂和脱水干燥处理。

4.2 试样称量

根据制备试样的颜色和估计的酸价，按照表 4-4 规定称量试样。

表 4-4 试样称量表

估计的酸价/（mg/g）	试样的最小称样量/g	使用滴定液的浓度/（mol/L）	试样称重的精确度/g
0～1	20	0.1	0.05
1～4	10	0.1	0.02
4～15	2.5	0.1	0.01
15～75	0.5～3.0	0.1 或 0.5	0.001
＞75	0.2～1.0	0.5	0.001

试样称样量和滴定液浓度应使滴定液用量在 0.2～10 mL（扣除空白后）。若检测后，发现样品的实际称样量与该样品酸价所对应的应有称样量不符，应按照表 4-4 的要求，调整称样量后重新检测。

4.3 试样测定

取一个干净的 250 mL 的锥形瓶，按照试样量的要求用天平称取制备的油脂试样，其质量单位为 g。加入乙醚－异丙醇混合液 50～100 mL 和 3～4 滴的酚酞指示剂，充分振摇溶解试样。再用装有标准滴定溶液的刻度滴定管对试样溶液进行手工滴定，当试样溶液初现微红色，且 15 s 内无明显褪色时，为滴定的终点。立刻停止滴定，记录此滴定所消耗的标准滴定溶液的毫升数，此数值为 V。

对于深色泽的油脂样品，可用百里香酚酞指示剂或碱性蓝 6B 指示剂取代酚酞指示剂，滴定时，当颜色变为蓝色时为百里香酚酞的滴定终点，碱性蓝 6B 指示剂的滴定终点为由蓝色变红色。米糠油（稻米油）的冷溶剂指示剂法测定酸价只能用碱性蓝 6B 指示剂。

4.4 空白试验

另取一个干净的 250 mL 的锥形瓶，准确加入与 4.3 中试样测定时相同体积、相同种类的有机溶剂混合液和指示剂，振摇混匀。然后再用装有标准滴定溶液的刻度滴定管进行手工滴定，当溶液初现微红色，且 15 s 内无明显褪色时，为滴定的终点。立刻停止滴定，记录此滴定所消耗的标准滴定溶液的毫升数，此数值为 V_0。

对于冷溶剂指示剂滴定法，也可在配制好的试样溶解液中滴加数滴指示剂，然后用标准滴定溶液滴定试样溶解液至相应的颜色变化且 15 s 内无明显褪色后停止滴定，表明试样溶解液的酸性正好被中和。然后以这种酸性被中和的试样溶解液溶解油脂试样，再用同样的方法继续滴定试样溶液至相应的颜色变化且 15 s 内无明显褪色后停止滴定，记录此滴定所消耗的标准滴定溶液的毫升数，此数值为 V，如此无须再进行空白试验，即 $V_0=0$。

4.5　分析结果的表述

酸价按照式（4-8）的要求进行计算：

$$X_{AV}=\frac{(V-V_0)\times c\times 56.1}{m} \tag{4-8}$$

式中：X_{AV}——酸价，mg/g；

V——试样测定所消耗的标准滴定溶液的体积，mL；

V_0——相应的空白测定所消耗的标准滴定溶液的体积，mL；

c——标准滴定溶液的浓度，mol/L；

56.1——氢氧化钾的质量，g/mol；

m——油脂样品的称样量，g。

酸价≤1 mg/g，计算结果保留 2 位小数；1 mg/g＜酸价≤100 mg/g，计算结果保留 1 位小数；酸价＞100 mg/g，计算结果保留至整数位。

精密度要求：当酸价＜1 mg/g 时，在重复条件下获得的两次独立测定结果的绝对差值不得超过算术平均值的 15%；当酸价≥1 mg/g 时，在重复条件下获得的两次独立测定结果的绝对差值不得超过算术平均值的 12%。

任务 2　有机食用油过氧化值的测定

任务介绍

检测油脂中是否存在过氧化物，以及含量的大小，即可判断油脂是否新鲜和酸败的程度。过氧化值有多种表示方法，目前食品行业中普遍使用 1 kg 样品中活性氧的毫摩尔数表示过氧化值，单位为 mmol/kg。

测定方法参考《食品安全国家标准　食品中过氧化值的测定》（GB 5009.227—2023）。

任务解析

试剂和设备的准备→测定→结果计算

知识储备

过氧化物是油脂在氧化过程中的中间产物，很容易分解产生挥发性和非挥发性脂肪酸、醛、酮等，具有特殊的臭味和发苦的滋味，以致影响油脂的感官性质和食用价值。

GB 5009.227—2023 规定了食品中过氧化值的两种测定方法：指示剂滴定法和电位滴定法。第一种方法适用于食品中过氧化值的测定。第二种方法适用于食用动植物油脂和人造奶油中过氧化值的测定。本任务介绍第一种方法——指示剂滴定法。该方法的原理是经制备的油脂试样在三氯甲烷-冰乙酸溶液中溶解，其中的过氧化物与碘化钾反应生成碘，用硫代硫酸钠标准滴定溶液滴定析出的碘。用过氧化物相当于碘的质量分数或 1 kg 样品中活性氧的毫摩尔数表示过氧化值的量。

任务操作

1．仪器和用具

碘价瓶（250 mL）；滴定管；量筒；移液管；容量瓶、烧杯等。

2．主要试剂和材料

冰乙酸（CH_3COOH）；

三氯甲烷（$CHCl_3$）；

碘化钾（KI）；

石油醚：沸程为 30～60℃。石油醚的确认：取 100 mL 石油醚于旋蒸瓶中，在不高于 40℃的水浴中，用旋转蒸发仪减压蒸干。用 30 mL 三氯甲烷-冰乙酸溶液分次洗涤旋蒸瓶，合并洗涤液于 250 mL 碘量瓶中。准确加入 1.00 mL 碘化钾饱和溶液，塞紧瓶盖并轻轻振摇 0.5 min，在暗处放置 3 min，加 1.0 mL 淀粉指示剂后混匀，若无蓝色出现，此石油醚可用于试样制备；如加 1.0 mL 淀粉指示剂混匀后有蓝色出现，则需更换试剂。

无水硫酸钠（$Na_2S_2O_3$）；

可溶性淀粉；

丙酮（CH_3COCH_3）；

淀粉酶（CAS 号：9000-92-4）：酶活力＞2 000 U/g；

木瓜蛋白酶（CAS 号：9001-73-4）：酶活力＞6 000 U/mg；

硫代硫酸钠（$Na_2S_2O_3\cdot 5H_2O$）。

3．试剂的配制

（1）淀粉指示剂（10 g/L）：称取 1 g 可溶性淀粉，加入约 5 mL 水使其呈糊状，在搅拌下将 95 mL 沸水加到糊状物中，再煮沸 1～2 min，冷却。临用现配。

（2）碘化钾饱和溶液：称取约 16 g 碘化钾，加入 10 mL 适量新煮沸冷却的水，摇匀后贮于棕色瓶中，盖塞，于避光处保存备用，应确保溶液中有饱和碘化钾结晶存在，若超过 4.2 中空白体积要求时应重新配制。

（3）硫代硫酸钠标准滴定溶液（0.1 mo1/L）：按照 GB/T 5009.1 要求进行配制和标定，或经国家认证并授予标准物质证书的标准滴定溶液。

（4）硫代硫酸钠标准滴定溶液（0.01 mol/L）：由 0.1 mol/L 硫代硫酸钠标准滴定溶液以新煮沸冷却的水稀释而成。临用现配。

（5）硫代硫酸钠标准滴定溶液（0.002 mol/L）：由 0.01 mo1/L 硫代硫酸钠标准滴定溶液以新煮沸冷却的水稀释而成。临用现配。

（6）三氯甲烷-冰乙酸溶液（2+3）：将三氯甲烷和冰乙酸按 2∶3 的体积比混合均匀。

4．分析步骤

4.1　试样制备

试样制备过程应避免强光，并尽可能避免带入空气。

1）动植物油脂。对液态样品，振摇装有试样的密闭容器，充分均匀后直接取样；对固态样品，选取有代表性的试样置于密闭容器中混匀后取样。

2）食用氢化油、起酥油、代可可脂。对液态样品，振摇装有试样的密闭容器，充分混匀后直接取样；对固态样品，选取有代表性的试样置于密闭容器中混匀后取样。如有必要，将盛有固态试样的密闭容器置于恒温干燥箱中，缓慢加温到刚好可以熔化，振摇混匀，趁试样为液态时立即取样测定。

3）人造奶油。将样品置于密闭容器中，于 60～70℃的恒温干燥箱中加热至融化，振摇混匀后，继续加热至破乳分层并将油层通过快速定性滤纸过滤到烧杯中，烧杯中滤液为待测试样。制备的待测试样应澄清。趁待测试样为液态时立即取样测定。

4）以小麦粉、谷物、坚果等植物性食品为原料，经油炸、膨化、烘烤、调制、炒制等加工工艺而制成的食品。从所取全部样品中取出有代表性样品的可食部分，在玻璃研钵中研碎，将粉碎的样品置于广口瓶中，加入 2～3 倍样品体积的石油醚，摇匀，充分混合后静置浸提 12 h 以上，经装有无水硫酸钠的漏斗过滤，取滤液，在低于 40℃的水浴中，用旋转蒸发仪减压蒸干石油醚，残留物即为待测试样。

5）以动物性食品为原料经速冻、干制、腌制等加工工艺而制成的食品。从所取全部样品中取出有代表性样品的可食部分，将其破碎并充分混匀后置于广口瓶中，加入 2～3 倍样品体积的石油醚，摇匀，充分混合后静置浸提 12 h 以上，经装有无水硫酸钠的漏斗过滤，取滤液，在低于 40℃的水浴中，用旋转蒸发仪减压蒸干石油醚，残留物即为待测试样。

4.2　试样的测定

应避免在阳光直射下进行试样测定。

称取 4.1 中制备的试样 2～3 g（精确至 0.001 g），于 250 mL 碘量瓶中，加入 30 mL 三氯甲烷-冰乙酸混合液，轻轻振摇使试样完全溶解。准确加入 1.00 mL 饱和碘化钾溶液，塞紧瓶盖，并轻轻振摇 0.5 min，在暗处放置 3 min。取出加 100 mL 水，摇匀后立即用硫代硫酸钠标准溶液（过氧化值估计值在 0.15 g/100 g 及以下时，用 0.002 mol/L 标准溶液；过氧化值估计值大于 0.15 g/100 g 时，用 0.01 mol/L 标准溶液）滴定析出的碘，滴定至淡黄色时，加 1 mL 淀粉指示剂，继续滴定并强烈振摇至溶液蓝色消失为终点，此时消耗的硫代硫酸钠标准溶液的体积为 V。同时进行空白试验。空白试验所消耗的硫代硫酸钠标准溶液体积 V_0 不得超过 0.1 mL。

5．分析结果的表述

（1）用过氧化物相当于碘的质量分数表示过氧化值时，按式（4-9）计算：

$$X_1 = \frac{(V - V_0) \times c \times 0.1269}{m} \times 100 \tag{4-9}$$

式中：X_1——过氧化值，g/100 g；

V——试样消耗的硫代硫酸钠标准溶液体积，mL；

V_0——空白试验消耗的硫代硫酸钠标准溶液体积，mL；

c——硫代硫酸钠标准溶液的浓度，mol/L；

0.126 9——与 1.00 mL 硫代硫酸钠标准滴定溶液［c（$Na_2S_2O_3$）=1.000 mol/L］相当的碘的质量；

m——试样质量，g；

100——换算系数。

计算结果以重复性条件下获得的两次独立测定结果的算术平均值表示，结果保留两位有效数字。

（2）用 1 kg 样品中活性氧的毫摩尔数表示过氧化值时，按式（4-10）计算：

$$X_2 = \frac{(V - V_0) \times c}{2 \times m} \times 1\,000 \tag{4-10}$$

式中：X_2——过氧化值，mmol/kg；

V——试样消耗的硫代硫酸钠标准溶液体积，mL；

V_0——空白试验消耗的硫代硫酸钠标准溶液体积，mL；

c——硫代硫酸钠标准溶液的浓度，mol/L；

m——试样质量，g；

1 000——换算系数。

计算结果以重复性条件下获得的两次独立测定结果的算术平均值表示，结果保留两位有效数字。在重复性条件下获得的两次独立测定结果的绝对差值不得超过算术平均值的10%。

任务 3　有机食用油溶剂残留量的测定

任务介绍

浸出油是植物油厂采用浸出工艺制得的油脂。我国采用以六碳烷烃为主要成分的“六号溶剂”作为浸出溶剂。有机食用油不得采用浸出方法制备油脂，要求溶剂不得检出。

任务解析

试剂和设备的准备→测定→结果计算

知识储备

油脂样品中存在的溶剂残留在密闭容器中会扩散到气相中，经过一定的时间后可达到气相/液相间浓度的动态平衡，用顶空气相色谱法检测上层气相中溶剂残留的含量，即可计算出待测样品中溶剂残留的实际含量。

任务操作

1．主要试剂和材料的准备

试剂和材料除非另有说明，本任务所用试剂均为分析纯，水为 GB/T 6682 规定的一级水。

1）*N,N*-二甲基乙酰胺[$CH_3C(O)N(CH_3)_2$]：纯度≥99%。

2）正庚烷（C_7H_{16}）：纯度≥99%。

3）正庚烷标准工作液：在 10 mL 容量瓶中准确加入 1 mL 正庚烷后，再迅速加入 *N,N*-二甲基乙酰胺，并定容至刻度。

4）溶剂残留标准品："六号溶剂"溶液，浓度为 10 mg/mL，溶剂为 *N,N*-二甲基乙酰胺，或经认证并授予标准物质证书的其他溶剂残留检测用标准物质。

5）对于植物油，称量 5.0 g（精确到 0.01 g）基体植物油 6 份于 20 mL 顶空进样瓶中。向每份基体植物油中迅速加入 5 μL 正庚烷标准工作液作为内标（内标含量 68 mg/kg），用手轻微摇匀后，再用微量注射器分别迅速加入 0 μL、5 μL、10 μL、25 μL、50 μL、100 μL 的"六号溶剂"标准品，密封后，得到浓度分别为 0 mg/kg、10 mg/kg、20 mg/kg、50 mg/kg、100 mg/kg、200 mg/kg 的基体植物油标准溶液。保持顶空进样瓶直立，并在水平桌面上做快速的圆周转动，使物质充分混合。转动过程中基体植物油不能接触到密封垫，如果有接触，需重新配制。

2．仪器和设备的准备

气相色谱仪（带氢火焰离子化检测器）；顶空瓶（20 mL），配备铝盖和不含烃类溶剂残留的丁基橡胶或硅树脂胶隔垫；分析天平（感量为 0.01 g）；微量注射器（容积分别为 10 μL、25 μL、50 μL、100 μL、250 μL、500 μL）；超声波振荡器；鼓风烘箱；恒温振荡器。

3．分析步骤

3.1　植物油样品制备

称取植物油样品 5 g（精确至 0.01 g）于 20 mL 顶空进样瓶中，向植物油样品中迅速加入 5 μL 正庚烷标准工作液作为内标，用手轻微摇匀后密封。保持顶空进样瓶直立，待分析。制备过程中植物油样品不能接触到密封垫，如果有接触，需重新制备。

3.2　仪器参考条件

（1）顶空进样器条件

1）平衡时间：30 min；

2）平衡温度：60℃；

3）平衡时振荡器转速：250 r/min；

4）进样体积：500 μL。

（2）气相色谱条件

1）色谱柱：含 5%苯基的甲基聚硅氧烷的毛细管柱，柱长 30 m，内径 0.25 mm，膜厚 0.25 μm，或相当者；

2）柱温度程序：50℃保持 3 min，以 1℃/min 的速度升温至 55℃保持 3 min，30℃/min 升温至 200℃保持 3 min；

3）进样口温度：250℃；

4）检测器温度：300℃；

5）进样模式：分流模式，分流比 100∶1；

6）载气氮气流速：1 mL/min；

7）氢气流速：25 mL/min；

8）空气流速：300 mL/min。

3.3 标准曲线的制作

对于植物油，本任务采用内标法定量。将配制好的标准溶液上机分析后，以标准溶液与内标物浓度比为横坐标，标准溶液总峰面积与内标物峰面积比为纵坐标绘制标准曲线。

3.4 样品测定

将制备好的植物油或粕类试样上机分析后，测得其峰面积，根据相应标准曲线，计算出试样中溶剂残留的含量。

4．分析结果的表述

试样中溶剂残留的含量按式（4-11）计算：

$$X=\rho \tag{4-11}$$

式中：X——试样中溶剂残留的含量，mg/kg；

ρ——由标准曲线得到的试样中溶剂残留的含量，mg/kg。

计算结果保留3位有效数字。在重复性条件下获得的两次独立测定结果的差值不得超过算术平均值的10%。本任务检出限和定量限：植物油和粕类检出限均为2 mg/kg，定量限均为10 mg/kg。

任务4 有机食用油中苯并[a]芘的测定

任务介绍

食用油中苯并[*a*]芘的测定依据《食品安全国家标准 食品中苯并[*a*]芘的测定》（GB 5009.27—2016）进行。有机食用油试样经过有机溶剂提取，中性氧化铝或分子印迹小柱净化，浓缩至干，乙腈溶解，反相液相色谱分离，荧光检测器检测，根据色谱峰的保留时间定性，外标法定量。本测定方法检出限为0.2 μg/kg，定量限为0.5 μg/kg。

任务解析

试剂和设备的准备→测定→结果计算

知识储备

苯并[*a*]芘是一种多环芳香族碳氢化合物（polycyclic aromatic hydrocarbons，PAHs），在环境中无处不在，如存在于空气、土壤、水及食物中。在工业过程及食品加工过程中，有机物被不完全燃烧或热解（在无氧情况下以热力进行化学分解）时可能会产生PAHs。值得注意的是，PAHs通常在350℃以上的高温下，才会大量产生；此温度以下，在食物中产生的PAHs甚少。某些食物配制方法，包括干燥（如透过直接接触燃烧产生的气体烘干食物）、烘焗、烟熏和烧烤，都是食物受苯并[*a*]芘污染的主要途径。

苯并[*a*]芘对人类基因有害，世界卫生组织的国际癌症研究机构将之列为第一组（令人类患癌）的物质。基于苯并[*a*]芘的基因毒性及致癌性，《食品安全国家标准 食品中污染物限量》（GB 2762—2022）中对苯并[*a*]芘的限量为10 μg/kg。为了降低相关的健康风险，居民应尽量减少摄入苯并[a]芘。

联合国粮食及农业组织/世界卫生组织食物添加剂联合专家委员会指出，植物油脂含有较高浓度的 PAHs，因此是膳食中摄入 PAHs 的主要来源之一。虽然烟熏及烧烤食物一般也含有较高浓度的 PAHs，但这些食物只占膳食中的小部分，因此它们并非对 PAHs 的摄入量有显著影响的食物。存在于环境中的苯并[a]芘可能会污染食物，包括用于生产植物油的谷物及植物。此外，在炼油前熏制和干燥原材料的过程中，油籽可能会接触到燃烧时的产物，也可能使植物油受到苯并[a]芘污染。

任务操作

1．主要试剂的准备

除非另有说明，本方法所用试剂均为分析纯，水为 GB/T 6682 规定的一级水。

甲苯（C_7H_8）：色谱纯；乙腈（CH_3CN）：色谱纯；

正己烷（C_6H_{14}）：色谱纯；

二氯甲烷（CH_2Cl_2）：色谱纯。

标准品

苯并[a]芘标准品（$C_{20}H_{12}$，CAS 号：50-32-8）：纯度≥99.0%，或经国家认证并授予标准物质证书的标准物质。

注：苯并[a]芘是一种已知的致癌物质，测定时应特别注意安全防护！测定应在通风柜中进行并戴手套，尽量减少暴露。如已污染了皮肤，应采用 10%次氯酸钠水溶液浸泡和洗刷，在紫外光下观察皮肤上有无蓝紫色斑点，一直洗到蓝色斑点消失为止。

苯并[a]芘标准储备液（100 μg/mL）：准确称取苯并[a]芘 1 mg（精确到 0.01 mg）于 10 mL 容量瓶中，用甲苯溶解，定容。避光保存在 0～5℃的冰箱中，保存期 1 年。

苯并[a]芘标准中间液（1.0 μg/mL）：吸取 0.10 mL 苯并[a]芘标准储备液（100 μg/mL），用乙腈定容到 10 mL。避光保存在 0～5℃的冰箱中，保存期 1 个月。

苯并[a]芘标准工作液：把苯并[a]芘标准中间液（1.0 μg/mL）用乙腈稀释得到 0.5 ng/mL、1.0 ng/mL、5.0 ng/mL、10.0 ng/mL、20.0 ng/mL 的校准曲线溶液，临用现配。

2．主要材料的准备

1）中性氧化铝柱：填料粒径 75～150 μm，质量 22 g，体积 60 mL。

注：空气中水分对其性能影响很大，打开柱子包装后应立即使用或密闭避光保存。由于不同品牌氧化铝活性存在差异，建议对质控样品进行测试，或做加标回收试验，以验证氧化铝活性是否满足回收率要求。

2）苯并[a]芘分子印迹柱：质量 500 mg，体积 6 mL。

注：由于不同品牌分子印迹柱质量存在差异，建议对质控样品进行测试，或做加标回收试验，以验证是否满足要求。

3）微孔滤膜：0.45 μm。

3．主要仪器和设备的准备

液相色谱仪（配有荧光检测器）；分析天平（感量为 0.01 mg 和 1 mg）；粉碎机；组织匀浆机；离心机（转速≥4 000 r/min）；涡旋振荡器；超声波振荡器；旋转蒸发器或氮气吹干装置；固相萃取装置。

4．分析步骤

4.1 试样制备、提取及净化

提取：称取 0.4 g（精确到 0.001 g）油脂试样，加入 5 mL 正己烷，涡旋混合 0.5 min，待净化。

注：若样品为人造黄油等含水油脂制品，则会出现乳化现象，需要 4 000 r/min 离心 5 min，转移出正己烷层待净化。

净化方法 1：采用中性氧化铝柱，用 30 mL 正己烷活化柱子，待液面降至柱床时，关闭底部旋塞。将待净化液转移进柱子，打开旋塞，以 1 mL/min 的速度收集净化液到茄形瓶，再转入 50 mL 正己烷洗脱，继续收集净化液。将净化液在 40℃下旋转蒸至约 1 mL，转移至色谱仪进样小瓶，在 40℃氮气流下浓缩至近干。用 1 mL 正己烷清洗茄形瓶，将洗涤液再次转移至色谱仪进样小瓶并浓缩至干。准确吸取 0.4 mL 乙腈到色谱仪进样小瓶，涡旋复溶 0.5 min，过微孔滤膜后供液相色谱测定。

净化方法 2：采用苯并[*a*]芘分子印迹柱，依次用 5 mL 二氯甲烷及 5 mL 正己烷活化柱子。将待净化液转移进柱子，待液面降至柱床时，用 6 mL 正己烷淋洗柱子，弃去流出液。用 6 mL 二氯甲烷洗脱并收集净化液到试管中。将净化液在 40℃下氮气吹干，准确吸取 0.4 mL 乙腈涡旋复溶 0.5 min，过微孔滤膜后供液相色谱测定。

试样制备时，不同试样的前处理需要同时做试样空白试验。

4.2 仪器参考条件

1）色谱柱：C18，柱长 250 mm，内径 4.6 mm，粒径 5 μm，或性能相当者；

2）流动相：乙腈+水=88+12；

3）流速：1.0 mL/min；

4）荧光检测器：激发波长 384 nm，发射波长 406 nm；

5）柱温：35℃；

6）进样量：20 μL。

4.3 标准曲线的制作

将标准系列工作液分别注入液相色谱中，测定相应的色谱峰，以标准系列工作液的浓度为横坐标，以峰面积为纵坐标，得到标准曲线回归方程。

苯并[*a*]芘标准溶液的液相色谱图见图 4-1。

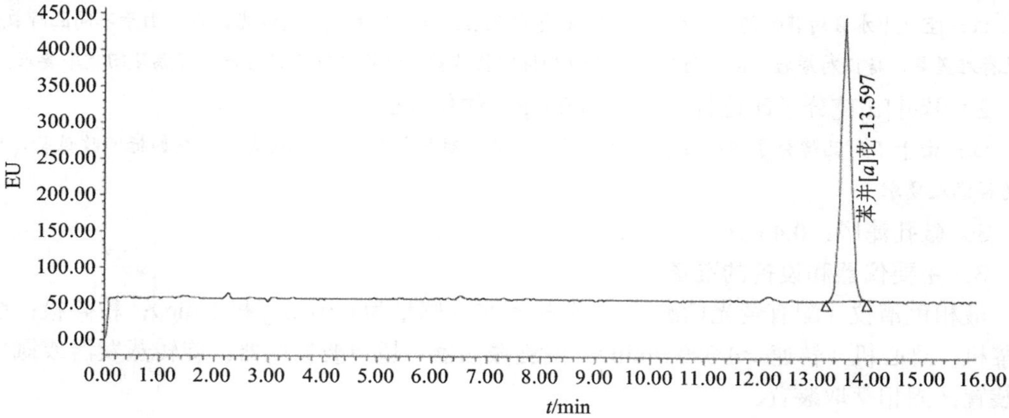

图 4-1 苯并[*a*]芘标准溶液的液相色谱图

4.4　试样溶液的测定

将待测液进样测定，得到苯并[a]芘色谱峰面积。根据标准曲线回归方程计算试样溶液中苯并[a]芘的浓度。

5．分析结果的表述

试样中苯并[a]芘的含量按式（4-12）计算：

$$X = \frac{V \times \rho}{m} \times \frac{1\,000}{1\,000} \tag{4-12}$$

式中：X——试样中苯并[a]芘含量，μg/kg；

ρ——由标准曲线得到的样品净化溶液浓度，ng/mL；

V——试样最终定容体积，mL；

m——试样质量，g；

1 000——由 ng/g 换算成μg/kg 的换算系数。

结果保留到小数点后一位。在重复性条件下获得的两次独立测试结果的绝对差值不得超过算术平均值的 20%。

知识考核

1．酸价测定，结果计算的时候，式（4-8）中 56.1 表示氢氧化钾的摩尔质量。如果在实际操作过程中用氢氧化钠滴定，是否需要将 56.1 改为 40？

2．酸价测定，热乙醇方法中，乙醇应该加热到什么情况？油脂是否要加热溶解到澄清才行？

3．辣椒油是红色的，若测酸价，如何判定终点？

4．测过氧化值时，能否用异辛烷代替三氯甲烷，能否用水浴锅代替旋转蒸发仪？

5．测过氧化值时，碘化钾溶液可以加 2 mL 吗？暗处理时间可否为 10 min？

6．怎样得出过氧化值估计值？

7．测过氧化值时，空白实验消耗的滴定液比较多是怎么回事？怎么处理？

8．测过氧化值时，计算公式中的 c 是什么？有效数字是几位？

项目四　有机杂粮检验

任务 1　有机小米质量检验

任务介绍

有机小米质量标准按照《小米》（GB/T 11766—2008）执行。有机小米的理化指标见表 4-5。

表 4-5　有机小米的理化指标

<table>
<tr><th rowspan="3">等级</th><th rowspan="3">加工精度%</th><th rowspan="3">不完善粒%</th><th colspan="3">杂质/%</th><th rowspan="3">碎米/%</th><th rowspan="3">水分/%</th><th rowspan="3">色泽</th></tr>
<tr><th rowspan="2">总量</th><th colspan="2">其中</th></tr>
<tr><th>粟粒</th><th>矿物质</th></tr>
<tr><td>1</td><td>≥95</td><td>≤1.0</td><td>≤0.5</td><td>≤0.3</td><td rowspan="3">≤0.02</td><td rowspan="3">≤4.0</td><td rowspan="3">≤13.0</td><td rowspan="3">正常</td></tr>
<tr><td>2</td><td>≥90</td><td>≤2.0</td><td>≤0.7</td><td>≤0.5</td></tr>
<tr><td>3</td><td>≥85</td><td>≤3.0</td><td>≤1</td><td>≤0.7</td></tr>
</table>

有机小米质量检验主要涉及加工精度、不完善粒、杂质、碎米。本任务介绍有机小米加工精度的检测（EMB 法）。

任务解析

试剂和设备的准备→测定→结果计算

知识储备

小米：由粟加工而成的成品粮，按粒质不同又分粳性小米和糯性小米两种。

加工精度：粟脱掉皮层的程度。以 100 粒小米中，粒面皮层基本去净的颗粒所占的百分数表示。

粳性小米：用粳粟制成的米，纯度达 95%及以上。

糯性小米：用糯粟制成的米，纯度达 95%及以上。

任务操作

1．仪器

天平（分度值 0.001 g）；烧杯（500 mL）；棕色细口瓶（500 mL）；玻璃皿；镊子。

2．主要试剂

亚甲基蓝；曙红 Y；甲醇和乙醇，均为分析纯试剂；实验用水，至少应符合 GB/T 6682 中三级水的要求；

亚甲基蓝甲醇溶液：将 312 mg 亚甲基蓝溶解于盛有 250 mL 甲醇的 500 mL 烧杯中，搅拌约 10 min，然后静置 20～25 min，使不溶解的颗粒全部沉淀下来；

曙红甲醇溶液：将 312 mg 曙红 Y 溶解于盛有 250 mL 甲醇的 500 mL 烧杯中，搅拌约 10 min，然后静置 20～25 min，使不溶解的颗粒全部沉淀下来；

曙红-亚甲基蓝甲醇溶液：将前述两种溶液一起倒入棕色细口瓶里，使之充分混合，即成为紫色染色剂，存放于避光处保存备用。

3．操作

从平均样品中分取小米约 20 g，不加挑选地取出整粒小米 100 粒，置于玻璃皿中，用清水洗 2～3 次，然后加入曙红-亚甲基蓝甲醇溶液浸没米粒，轻轻摇动玻璃皿，浸 2 min 后弃去溶液，用清水洗 2～3 次并沥干；再加入乙醇并轻轻摇动 1 min，弃去，立即用清水洗 2～3 次；最后将米粒置清水中或用滤纸吸干水分，观察米粒表面染色情况。

小米的胚乳呈粉红色，皮层和胚呈绿色，糊粉层呈蓝色。粒面呈粉红色达 2/3 及以上的颗粒，视为皮层基本去净的颗粒。数出粉红色达 2/3 及以上颗粒数（a），计算加工精度。

4．结果表述

加工精度按式（4-13）计算：

$$X=\frac{a}{100}\times 100\% \tag{4-13}$$

式中：X——加工精度，%；

a——皮层基本去净的颗粒数；

100——参与染色检验样品的颗粒数。

两次平行试验测定值的允许差不得超过 3%，取平均值作为检验结果，检验结果取整数。

任务 2　有机玉米质量检验

任务介绍

各类玉米质量要求见表 4-6。其中容重为定等指标，3 等为中等。

表 4-6　玉米质量指标

<table>
<tr><th>等级</th><th>容重/（g/L）</th><th>不完善粒含量/%</th><th>霉变粒含量/%</th><th>杂质含量/%</th><th>水分含量/%</th><th>色泽、气味</th></tr>
<tr><td>1</td><td>≥720</td><td>≤4.0</td><td rowspan="6">≤2.0</td><td rowspan="6">≤1.0</td><td rowspan="6">≤14.0</td><td rowspan="6">正常</td></tr>
<tr><td>2</td><td>≥690</td><td>≤6.0</td></tr>
<tr><td>3</td><td>≥660</td><td>≤8.0</td></tr>
<tr><td>4</td><td>≥630</td><td>≤10.0</td></tr>
<tr><td>5</td><td>≥600</td><td>≤15.0</td></tr>
<tr><td>等外</td><td>＜600</td><td>—</td></tr>
</table>

容重的检测是质量标准中最为重要的，本任务介绍有机玉米容重的测定。

任务解析

设备的准备→试样制备→测定→结果计算

知识储备

容重：粮食籽粒在单位容积内的质量，用克/升（g/L）表示。它是与孔隙度密切相关的物理量，容重与孔隙度成反比。在我国，许多粮食，如小麦、玉米等现行质量标准中都以容重作为定等基础指标。世界各小麦主产国如美国、加拿大、澳大利亚等国小麦质量标准中，容重也被列为质量标准的首位。容重的大小是籽粒大小、质量、形状、整齐度、腹沟深浅、胚乳质地、出粉率等性状和特征的综合反映。检测方法参考《粮油检验 容重测定》（GB/T 5498—2013）。

任务操作

1. 仪器和用具的准备

谷物容重器：HGT-1000 型或 GHCS-1000 型。其中，谷物筒漏斗口直径：测定玉米容重为 40 mm，测定其他粮食容重为 30 mm 或按相关标准规定。

谷物选筛：具有筛孔孔径 1.5～12 mm 的筛层，并带有筛底和筛盖。电动或手动均可。

分样器或分样板。

2. 试样制备

按 GB/T 5491 要求，从平均样品中分出两份各约 1 000 g。按 GB/T 5498 附录 B 规定的筛层分 4 次进行筛选，每次筛选数量约 250 g，拣出上层筛上的大型杂质并弃除下层筛筛下物，合并上、下层筛上的粮食籽粒，混匀作为测定容重的试样。

3. 操作步骤

使用 HGT-1000 型谷物容重器，操作如下：

称量器具安装：打开箱盖，取出所有部件，盖好箱盖。在箱盖的插座（或单独的插座）上安装支撑立柱，将横梁支架安装在立柱上，并用螺丝固定，再将不等臂式横梁安装在支架上。

调零：将放有排气砣的容量筒挂在吊钩上，并将横梁上的大、小游码移至零刻度处，检查空载时的平衡点，如横梁上的指针不指在零位，则调整平衡砣位置使横梁上的指针指在零位。

测定：取下容量筒，倒出排气砣，将容量筒安装在铁板座上，插上插片，并将排气砣放在插片上，套上中间筒。关闭谷物筒下部的漏斗开关，将制备好的试样倒入谷物筒内，装满后用板刮平。再将谷物筒套在中间筒上，打开漏斗开关，待试样全部落入中间筒后关闭漏斗开关。握住谷物筒与中间筒接合处，平稳迅速地抽出插片，使试样与排气砣一同落入容量筒内，再将插片准确、快速地插入容量筒豁口槽中，依次取下谷物筒，拿起中间筒和容量筒，倒净插片上多余的试样，取下中间筒，抽出容量筒上的插片。

称量：将容量筒（含筒内试样）挂在容重器的吊钩上称量，称量的质量即试样容重（g/L）。

平行试验：从平均样品分出的两份试样按上述步骤分别进行测定。

4. 结果表示

两次测定结果的允许差不超过 3 g/L，求其平均数即为测定结果，测定结果取整数。

任务 3　有机豆类质量检验

任务介绍

有机大豆质量要求依据国家标准《大豆》（GB 1352—2023）。指标主要有完整粒率、损伤粒率、热损伤粒率、杂质。另外，有机豆类的污染物和农残检测依据《有机产品认证（蔬菜类）抽样检测项目指南（试行）》对必检项目进行检测。

任务解析

试剂和设备的准备→测定→结果计算

知识储备

完整粒：色泽正常、籽粒完好的颗粒。

未熟粒：籽粒不饱满，瘪缩达粒面 1/2 及以上或子叶青色部分达 1/2 及以上（青仁大豆除外）的、与正常粒显著不同的颗粒。

破碎粒：子叶破碎达本颗粒体积 1/4 及以上的颗粒。

损伤粒：受到虫蚀、细菌损伤、霉菌损伤、生芽、冻伤、热损伤或其他原因损伤的大豆颗粒。

热损伤粒：受热而引起子叶显著变色和损伤的颗粒。

任务操作

1. 主要仪器和用具

天平，感量 0.01 g；谷物选筛；分样器、分样板；分析盘、小皿、镊子等。

2. 操作方法

按 GB/T 5491 分取 500 g（m_1）试样，按 GB/T 5494 规定的方法分两次筛选，然后拣出筛上大型杂质和筛下物合并称量（m_2）。从检验过大样杂质的试样中，称取试样 100 g（m_3），倒入分析盘中，分别拣出杂质、损伤粒、未熟粒和破碎粒并称量（m_4、m_5、m_6），其中热损伤粒单独拣出（必要时剥开皮层，观察子叶是否发生了颜色变化），称量（m_7）。

3. 结果计算

1）完整粒率按式（4-14）计算：

$$X_1=(1-\frac{m_2}{m_1})\times(\frac{m_2-m_4-m_5-m_6}{m_3})\times 100\% \tag{4-14}$$

2）损伤粒率按式（4-15）计算：

$$X_2=(1-\frac{m_2}{m_1})\times(\frac{m_5}{m_3})\times 100\% \tag{4-15}$$

3）热损伤粒率按式（4-16）计算：

$$X_3=(1-\frac{m_2}{m_1})\times(\frac{m_7}{m_3})\times100\% \tag{4-16}$$

式中：X_1——完整粒率，%；

X_2——损伤粒率，%；

X_3——热损伤粒率，%；

m_1——大样质量，g；

m_2——大样中杂质质量，g；

m_3——小样质量，g；

m_4——小样中杂质质量，g；

m_5——损伤粒质量，g；

m_6——未熟粒和破碎粒质量，g；

m_7——热损伤粒质量，g。

注：X_1 双试验结果允许差不超过 1.0%，求其平均值，即为检验结果，检验结果取小数点后一位。X_2 双试验结果允许差不超过 0.5%，求其平均值，即检验结果，检验结果取小数点后一位。X_3 双试验结果允许差不超过 0.2%，求其平均值，即为检验结果，检验结果取小数点后一位。

知识考核

1．容重的含义是什么？测定容重有什么意义？

2．哪些粮食需要测定容重？

3．不完善粒的含义是什么？不同籽粒的不完善粒是否一样？若不一样请举例说明。

4．试阐述大豆的损伤粒率、热损伤粒率的联系与区别。

项目五　有机粮油制品检验

任务 1　有机挂面质量检验

任务介绍

有机挂面执行国家标准《挂面》（GB/T 40636—2021），挂面的质量标准要求见表 4-7。

表 4-7　挂面的理化指标要求

项目	指标
水分含量/%	14.5
酸度/（mL/10 g）	4.0
自然断条率/%	5.0
熟断条率/%	5.0
烹调损失率/%	10.0

本任务介绍自然断条率、熟断条率、烹调损失率的测定方法。

任务解析

试剂和设备的准备→测定→结果计算

知识储备

挂面：以小麦粉为原料，以水、食用盐（或不添加）、碳酸钠（或不添加）为辅料，经过和面、压片、切条、悬挂干燥等工序加工而成的产品。

自然断条率：一定质量的挂面样品中，长度不足平均长度 2/3 的部分占样品的质量分数。

熟断条率：一定根数的挂面样品在规定条件下煮熟后，被煮断的根数占样品根数的百分数。

烹调损失率：一定质量的挂面样品在规定条件下煮熟后，流失在面汤中的干物质占样品的质量分数。

任务操作

1. 自然断条率的测定

1.1 主要仪器

天平：感量 0.1 g。

1.2 测定与结果计算

平均长度测定：随机抽取完整的 10 根挂面，测量取平均值。

自然断条率测定：随机抽取独立包装的样品 1.0 kg 左右称重（G），将长度不足平均长度 2/3 的挂面检出称量（M_z）。

结果计算：按式（4-17）计算自然断条率。

$$Z = \frac{M_z}{G} \times 100\% \quad (4\text{-}17)$$

式中：Z——自然断条率，以质量分数计，%；

M_z——不足平均长度 2/3 的面条质量，g；

G——样品质量，g。

2. 熟断条率及烹调损失率的测定

2.1 主要仪器

烘箱；可调式电炉（1 000 W）；秒表；天平（感量 0.1 g）；烧杯或锅（1 000 mL）；烧杯（250 mL）；容量瓶（500 mL）；移液管（50 mL）；玻璃板 2 块（100 mm×50 mm）。

2.2 测定步骤

（1）烹调时间测定

用可调式电炉加热盛有样品质量 50 倍沸水的 1 000 mL 烧杯或锅，保持水的微沸状态。随机抽取挂面 40 根，放入沸水中，用秒表开始计时。从 2 min 开始取样，然后每隔半分钟取样一次，每次取一根，用两块玻璃板压扁，观察挂面内部白硬心线，白硬心线消失时所记录的时间即为烹调时间。

（2）熟断条率测定

用可调式电炉加热盛有样品质量 50 倍沸水的 1 000 mL 烧杯或锅，保持水的微沸状态。随机抽取挂面 40 根，放入沸水中，用秒表开始计时。达到前面（1）所测烹调时间后，用竹筷将面条轻轻挑出，数取完整的面条根数，按式（4-18）计算熟断条率：

$$S = \frac{40 - N}{40} \times 100\% \quad (4\text{-}18)$$

式中：S——熟断条率，以数量分数计，%；

N——完整面条根数；

40——试样面条根数。

（3）烹调损失率测定

挂面水分含量测定：按 GB 5009.3 执行。

烹调损失率测定：称取约 10 g 样品，精确至 0.1 g，放入盛有 500 mL 沸水（蒸馏水）的烧杯中，用可调式电炉加热，保持水的微沸状态，按（1）测定的烹调时间煮熟后，用筷子挑出挂面。面汤放至常温后，转入 500 mL 容量瓶中定容、混匀，取 50 mL 面汤倒入恒质的 250 mL 烧杯中，放在可调式电炉上蒸发掉大部分水分后，再加入面汤 50 mL 继续蒸发至近干，放入 105℃烘箱内烘至恒量。按式（4-19）计算烹调损失率：

$$P=\frac{5M}{G\times(1-W)}\times 100\% \qquad (4\text{-}19)$$

式中：P——烹调损失率，以质量分数计，%；

M——100 mL 面汤中干物质质量，g；

W——挂面水分含量；

G——样品质量，g。

任务 2　有机面包质量检验

依据国家标准《食品安全国家标准　糕点、面包》（GB 7099—2015），有机面包的质量检测项目见表 4-8～表 4-10。

表 4-8　有机面包的感官指标

项目	要求	检验方法
色泽	具有产品应有的正常色泽	将样品置于白瓷盘中，在自然光下观察色泽和状态，检查有无异物；闻其气味，用温开水漱口后品其滋味
滋味、气味	具有产品应有的气味和滋味，无异味	
状态	无霉变、无生虫及其他正常视力可见的外来异物	

表 4-9　有机面包的理化指标

项目	指标	检验方法
酸价（以脂肪计）（KOH）/（mg/g）	5	GB 5009.229
过氧化值（以脂肪计）/（g/100 g）	0.25	GB 5009.227

注：酸价和过氧化值指标仅适用于配料中添加油脂的产品。

表 4-10　有机面包的微生物指标

项目	采样方案[a]及限量				检验方法
	n	c	m	M	
菌落总数[b]/（CFU/g）	5	2	10^4	10^5	GB 4789.2
大肠菌群[b]/（CFU/g）	5	2	10	10^2	GB 4789.3 平板计数法
霉菌[c]/（CFU/g）	150				GB 4789.15

注：a 样品的采集及处理按 GB 4789.1 执行。

b 菌落总数和大肠菌群的要求不适用于现制现售的产品，以及含有未熟制的发酵配料或新鲜水果蔬菜的产品。

c 不适用于添加了霉菌成熟干酪的产品。

任务解析

本任务主要让学生了解有机面包的检测项目和相应的限定值，因为酸价和过氧化值在前述任务已经介绍，所以本任务不再赘述。检验流程：采样→感官检测→酸价、过氧化值检测→微生物指标检测→结果分析。

知识储备

面包：以小麦粉、酵母、水等为主要原料，添加或不添加其他原料，经搅拌、发酵、整形、醒发、熟制等工艺制成的食品，以及熟制前或熟制后在产品表面或内部添加奶油、蛋白、可可、果酱等的食品。

菌落总数：食品检样经过处理，在一定条件下（如培养基、培养温度和培养时间等）培养后，所得 1 g（mL）检样中形成的微生物菌落总数。

采样方案及限量：有机面包微生物检测时，根据检验目的、食品特点、批量、检验方法、微生物的危害程度等确定采样方案。采样方案分为二级和三级采样方案。二级采样方案设有 n、c 和 m 值，三级采样方案设有 n、c、m 和 M 值。n 为同一批次产品应采集的样品件数；c 为最大可允许超出 m 值的样品数；m 为微生物指标可接受水平限量值（三级采样方案）或最高安全限量值（二级采样方案）；M 为微生物指标的最高安全限量值。有机面包采用三级采样方案。

按照二级采样方案设定的指标，在 n 个样品中，允许有 $<c$ 个样品其相应微生物指标检验值大于 m 值。按照三级采样方案设定的指标，在 n 个样品中，允许全部样品中相应微生物指标检验值小于或等于 m 值；允许有 $<c$ 个样品其相应微生物指标检验值在 m 值和 M 值之间；不允许有样品相应微生物指标检验值大于 M 值。

例如，n=5，c=2，m=100 CFU/g，M=1 000 CFU/g。含义是从一批产品中采集 5 个样品，若 5 个样品的检验结果均小于或等于 m 值（≤100 CFU/g），则这种情况是允许的；若≤2 个样品的结果（X）位于 m 值和 M 值之间（100 CFU/g<X≤1 000 CFU/g），则这种情况也是允许的；若有 3 个及以上样品的检验结果位于 m 值和 M 值之间，则这种情况是不允许的；若有任一样品的检验结果大于 M 值（>1 000 CFU/g），则这种情况也是不允许的。

任务 3　有机饼干质量检验

任务介绍

依据国家标准《食品安全国家标准　饼干》（GB 7100—2015），有机饼干的质量检测项目见表 4-11～表 4-13。

表 4-11　有机饼干的感官指标

项目	要求	检验方法
色泽	具有产品应有的正常色泽	将样品置于白瓷盘中，在自然光下观察色泽和状态，检查有无异物；闻其气味，用温开水漱口后品其滋味
滋味、气味	具有产品应有的气味和滋味，无异味	
状态	无霉变、无生虫及其他正常视力可见的外来异物	

表 4-12　有机饼干的理化指标

项目	指标	检验方法
酸价（以脂肪计）(KOH)/(mg/g)	5	GB 5009.229
过氧化值（以脂肪计）/(g/100 g)	0.25	GB 5009.227

注：酸价和过氧化值指标仅适用于配料中添加油脂的产品。

表 4-13　有机饼干的微生物指标

项目	采样方案[a]及限量				检验方法
	n	*c*	*m*	*M*	
菌落总数/(CFU/g)	5	2	10^4	10^5	GB 4789.2
大肠菌群/(CFU/g)	5	2	10	10^2	GB 4789.3 平板计数法
霉菌/(CFU/g)	50				GB 4789.15

注：a 样品的采集及处理按 GB 4789.1 执行。

任务解析

本任务主要让学生了解有机饼干的检测项目和相应的限定值，因为其检测项目与面包类似，所以本任务不赘述。检验流程：采样→感官检测→酸价、过氧化值检测→微生物指标检测→结果分析。

知识储备

饼干：以谷类粉（和/或豆类、薯类粉）等为主要原料，添加或不添加糖、油脂及其他原料，经调粉（或调浆）、成型、烘烤（或煎烤）等工艺制成的食品，以及熟制前或熟制后在产品之间（或表面、或内部）添加奶油、蛋白、可可、巧克力等的食品。

污染物限量应符合 GB 2762 的规定。污染物指食品在从生产（包括农作物种植、动物饲养和兽医用药）、加工、包装、贮存、运输、销售，直至食用等过程中产生的或由环境污染带入的、非有意加入的化学性危害物质。污染物具体可包括除农药残留、兽药残留、生物毒素和放射性物质以外的污染物。GB 2762 规定了食品中污染物铅、镉、汞、砷、锡、镍、铬、亚硝酸盐、硝酸盐、苯并[*a*]芘、*N*-二甲基亚硝胺、多联苯、3-氯-1,2-丙二醇的限量指标。

有机饼干致病菌限量应符合 GB 29921 中熟制粮食制品（含焙烤类）的规定。主要是规定沙门氏菌、金黄色葡萄球菌的限量，前者限量 n=5，c=0，m=0；后者是 n=5，c=1，m=100 CFU/g，M=1000 CFU/g。

任务 4　有机粮油制品中丙酸钠、丙酸钙的测定

任务介绍

有机粮油制品中丙酸钠、丙酸钙的测定依据国家标准 GB 5009.120—2016。此标准规定了豆类制品、生湿面制品、面包、糕点、醋、酱油中丙酸钠、丙酸钙的测定方法。标准

中采用液相色谱法或者气相色谱法，本任务介绍液相色谱法。

任务解析

试剂和设备的准备→测定→结果计算

知识储备

丙酸钠、丙酸钙是酸性食品防腐剂，其抑菌作用受环境 pH 的影响，在酸性介质中对各类霉菌、革兰阴性杆菌或好氧芽孢杆菌有较强的抑制作用，对防止黄曲霉菌素的产生有特效，对酵母几乎无效。在食品工业中，可用于面包、糕点的保存，使用量为 2.5 g/kg（以丙酸计）。有机食品中不允许使用丙酸钠、丙酸钙。

测定原理：试样中的丙酸盐通过酸化转化为丙酸，经超声波水浴提取或水蒸气蒸馏，收集后调 pH，经高效液相色谱测定，外标法定量其中丙酸的含量。样品中的丙酸钠和丙酸钙以丙酸计，需要时可根据相应参数分别计算丙酸钠和丙酸钙的含量。

任务操作

1. 主要试剂与材料的准备

除非另有说明，本任务所用试剂均为分析纯，水为 GB/T 6682 规定的一级水；

丙酸标准品（$C_3H_6O_2$）：CAS 号：79-09-4，纯度≥97.0%；

丙酸标准贮备液（10 mg/mL）：精确称取 250.0 mg 丙酸标准品于 25 mL 容量瓶中，加水至刻度，4℃冰箱中保存，有效期为 6 个月。

2. 主要仪器和设备的准备

高效液相色谱（HPLC）仪（配有紫外检测器或二极管阵列检测器）；天平（感量 0.000 1 g 和 0.01 g）；超声波水浴；离心机（转速不低于 4 000 r/min）；组织捣碎机；具塞塑料离心管（50 mL）；水蒸气蒸馏装置（500 mL）；鼓风干燥箱；pH 计。

3. 分析步骤

3.1 样品制备

固体样品经组织捣碎机捣碎混匀后备用（面包样品需运用鼓风干燥箱，37℃下干燥 2～3 h 进行风干，置于组织捣碎机中磨碎）；液体样品摇匀后备用。

3.2 试样处理

1）蒸馏法（适用于豆类制品、生湿面制品等样品）：样品均质后，准确称取 25 g（精确至 0.01 g），置于 500 mL 蒸馏瓶中，加入 100 mL 水，再用 50 mL 水冲洗容器，转移到蒸馏瓶中，加 1 mol/L 磷酸溶液 20 mL，2～3 滴硅油，进行水蒸气蒸馏，将 250 mL 容量瓶置于冰浴中作为吸收液装置，待蒸馏至约 240 mL 时取出，在室温下放置 30 min，用 1 mol/L 磷酸溶液调 pH 为 3 左右，加水定容至刻度，摇匀，经 0.45 μm 微孔滤膜过滤后，待液相色谱测定。

2）直接浸提法（适用于面包、糕点等样品）：准确称取 5 g（精确至 0.01 g）试样至 100 mL 烧杯中，加水 20 mL，加入 1 mol/L 磷酸溶液 0.5 mL，混匀，经超声浸提 10 min 后，用 1 mol/L 磷酸溶液调 pH 为 3 左右，转移试样至 50 mL 容量瓶中，用水定容至刻度，摇匀。将试样全部转移至 50 mL 具塞塑料离心管中，以不低于 4 000 r/min 离心 10 min，取上清液，经 0.45 μm 微孔滤膜过滤后，待液相色谱测定。

4．仪器参考条件

色谱柱：C18 柱，4.6 mm×250 mm，5 μm 或等效色谱柱。

流动相：1.5 g/L 磷酸氢二铵溶液，用 1 mol/L 磷酸溶液调 pH 为 2.7～3.5（使用时配制）；经 0.45 μm 微孔滤膜过滤。

流速：1.0 mL/min。

柱温：25℃。

进样量：20 μL。

波长：214 nm。

色谱柱清洗参考条件：实验结束后，用 10%甲醇清洗 1 h，再用 100%甲醇清洗 1 h。

5．标准曲线绘制

1）蒸馏法：准确吸取标准储备液 0.5 mL、1.0 mL、2.5 mL、5.0 mL、7.5 mL、10.0 mL、12.5 mL 分别置于 7 个 500 mL 蒸馏瓶中，其他操作同前述蒸馏法中样品前处理，其丙酸标准溶液的最终浓度分别为 0.02 mg/mL、0.04 mg/mL、0.1 mg/mL、0.2 mg/mL、0.3 mg/mL、0.4 mg/mL、0.5 mg/mL，经 0.45 μm 微孔滤膜过滤，浓度由低到高进样，以浓度为横坐标，以峰面积为纵坐标，绘制标准曲线。

2）直接浸提法：准确吸取 5.0 mL 标准储备液于 50 mL 容量瓶中，用水稀释至刻度，配制成浓度为 1.0 mg/mL 标准工作液。再准确吸取标准工作液 0.2 mL、0.5 mL、1.0 mL、2.0 mL、3.0 mL、4.0 mL、5.0 mL 分别置于 7 个 10 mL 容量瓶中，分别加入 1 mol/L 磷酸 0.2 mL，用水定容至 10 mL，混匀。其丙酸标准溶液的最终浓度分别为 0.02 mg/mL、0.05 mg/mL、0.1 mg/mL、0.2 mg/mL、0.3 mg/mL、0.4 mg/mL、0.5 mg/mL，经 0.45 μm 微孔滤膜过滤，浓度由低到高进样，以浓度为横坐标，以峰面积为纵坐标，绘制标准曲线。

6．试样溶液的测定

处理后的样液同标准系列同样进机测试。根据标准曲线计算样品中的丙酸浓度。待测样液中丙酸响应值应在标准曲线线性范围内，超出浓度线性范围则应稀释后再进样分析。

7．分析结果的表述

样品中丙酸钠（钙）含量（以丙酸计）按式（4-20）计算：

$$X=\frac{c\times V\times 1000}{m\times 1000}\times f \tag{4-20}$$

式中：X——样品中丙酸钠（钙）含量（以丙酸计），g/kg；

c——由标准曲线得出的样液中丙酸的浓度，mg/mL；

V——样液最后定容体积，mL；

m——样品质量，g；

f——稀释倍数。

试样中测得的丙酸含量乘以换算系数 1.296 7，即得丙酸钠的含量；试样中测得的丙酸含量乘以换算系数 1.256 9，即得丙酸钙含量。计算结果保留 3 位有效数字。

在重复性条件下获得的两次独立测定结果的绝对差值不得超过算术平均值的 10%。其他说明：取样为 25 g，定容体积为 250 mL 时，丙酸的检出限为 0.03 g/kg，定量限为 0.10 g/kg。

任务5 有机粮油制品中BHA、BHT、TBHQ的测定

任务介绍

抗氧化剂的测定依据GB 5009.32—2016进行。标准中采用5种方法测定，本任务主要介绍气相色谱法测定2,6-二叔丁基对甲基苯酚（BHT）、叔丁基对羟基茴香醚（BHA）、特丁基对苯二酚（TBHQ）的含量。样品中的抗氧化剂用有机溶剂提取、凝胶渗透色谱（GPC）净化后，用气相色谱氢火焰离子化检测器检测，采用保留时间定性，外标法定量。

任务解析

试剂和设备的准备→测定→结果计算

知识储备

普通粮油制品中为了防止脂质氧化，降低过氧化值，会使用抗氧化剂。常见的合成类抗氧化剂有没食子酸丙酯（PG）、BHA、BHT、TBHQ。作为食品添加剂，此类抗氧化剂已在美国、中国等20多个国家使用，用于油脂及含油脂食品、干鱼制品、饼干、速煮面、含油脂罐头食品、腌制肉食制品等。普通粮油食品使用范围参考GB 2760，有机粮油制品中不允许使用抗氧化剂。

任务操作

1. 主要试剂和材料的准备

除非另有说明，本任务所用试剂均为色谱纯，水为GB/T 6682规定的一级水。

（1）试剂

环己烷；乙酸乙酯；石油醚（沸程30～60℃）；乙腈；丙酮；乙酸乙酯和环己烷混合溶液（1+1）。

（2）标准品

BHA标准品：纯度≥99.0%。BHT标准品：纯度≥99.3%。TBHQ标准品：纯度≥99.0%。

BHA、BHT、TBHQ标准储备液：准确称取BHA、BHT、TBHQ标准品各50 mg（精确至0.1 mg），用乙酸乙酯和环己烷混合溶液定容至50 mL，配制成1 mg/mL的储备液，于4℃冰箱中避光保存。

BHA、BHT、TBHQ标准使用液：分别吸取标准储备液0.1 mL、0.5 mL、1.0 mL、2.0 mL、3.0 mL、4.0 mL、5.0 mL于7个10 mL容量瓶中，用乙酸乙酯和环己烷混合溶液定容，此标准系列的浓度为0.01 mg/mL、0.05 mg/mL、0.1 mg/mL、0.2 mg/mL、0.3 mg/mL、0.4 mg/mL、0.5 mg/mL，现用现配。

（3）材料有机系滤膜：孔径0.45 μm。

2. 主要仪器和设备的准备

气相色谱仪（GC）［配氢火焰离子化检测器（FID）］；凝胶渗透色谱仪（GPC），或可

进行脱脂的等效分离装置；分析天平（感量为 0.01 g 和 0.1 mg）；旋转蒸发仪；涡旋振荡器；粉碎机。

3．分析步骤

3.1　试样制备

固体或半固体样品粉碎混匀，然后用对角线法取 1/2 或 1/3，或根据试样情况取有代表性试样，密封保存；液体样品混合均匀，取有代表性试样，密封保存。

3.2　试样处理

（1）油脂样品

混合均匀的油脂样品，过 0.45 μm 滤膜后，准确称取 0.5 g（精确至 0.1 mg），用乙酸乙酯和环己烷的混合溶液准确定容至 10.0 mL，混合均匀待净化。

1）油脂含量较高或中等的样品（油脂含量 15%以上的样品）

根据样品中油脂的实际含量，称取 5 g 混合均匀的样品，置于 250 mL 具塞锥形瓶中，加入适量石油醚，使样品完全浸没，放置过夜，用快速滤纸过滤后，旋转蒸发回收溶剂，得到的油脂用乙酸乙酯和环己烷混合溶液准确定容至 10.0 mL，混合均匀待净化。

2）油脂含量少的试样（油脂含量 15%以下的样品）和不含油脂的样品：称取 1 g（精确至 0.01 g）试样于 50 mL 离心管中，加入 5 mL 乙腈饱和的正己烷溶液，涡旋 1 min 充分混匀，浸泡 10 min。加入 5 mL 饱和氯化钠溶液，用 5 mL 正己烷饱和的乙腈溶液涡旋 2 min，3 000 r/min 离心 5 min，收集乙腈层于试管中，再重复使用 5 mL 正己烷饱和的乙腈溶液提取 2 次，合并 3 次提取液，加 10%甲酸溶液调节 pH=4，待净化。同时做空白试验。

（2）净化和跑气相

前述样品处理过程中处理得到的试样经凝胶渗透色谱装置净化。

凝胶渗透色谱净化参考条件如下：

1）凝胶渗透色谱柱：300 mm×20 mm 玻璃柱，BioBeads（S-X3），40～75 μm；

2）柱分离度：玉米油与抗氧化剂（PG、THBP、TBHQ、OG、BHA、Ionox-100、BHT、DG、NDGA）的分离度＞85%；

3）流动相：乙酸乙酯∶环己烷=1∶1（体积比）；

4）流速：5 mL/min；

5）进样量：2 mL；

6）流出液收集时间：7～17.5 min；

7）紫外检测器波长：280 nm。

收集流出液蒸发浓缩至近干，用乙酸乙酯和环己烷混合溶液定容至 2 mL，进气相色谱仪分析。不同试样的前处理需要同时做试样空白试验。

（3）气相色谱参考条件

1）色谱柱：5%苯基-甲基聚硅氧烷毛细管柱，柱长 30 m，内径 0.25 mm，膜厚 0.25 μm，或等效色谱柱；

2）进样口温度：230℃；

3）升温程序：初始柱温 80℃，保持 1 min，以 10℃/min 升温至 250℃，保持 5 min；

4）检测器温度：250℃；

5）进样量：1 μL；

6）进样方式：不分流进样；

7）载气：氮气，纯度≥99.999%，流速 1 mL/min。

（4）标准曲线的制作

将标准系列工作液分别注入气相色谱仪中，测定相应的抗氧化剂，以标准工作液的浓度为横坐标，以响应值（如峰面积、峰高、吸收值等）为纵坐标，绘制标准曲线。BHA、BHT、TBHQ 3 种抗氧化剂标准溶液气相色谱图见图 4-2。

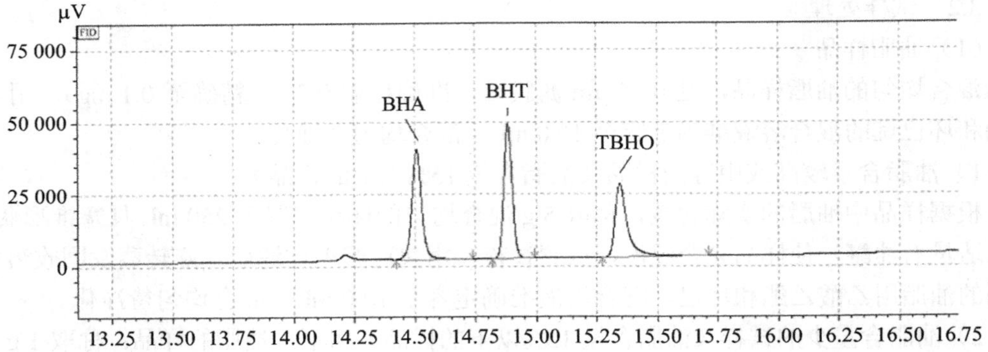

图 4-2 食品中 BHA、BHT、TBHQ 3 种抗氧化剂标准溶液气相色谱图

（5）试样溶液的测定

将试样溶液注入气相色谱仪中，得到相应抗氧化剂的响应值，根据标准曲线得到待测液中相应抗氧化剂的浓度。

（6）分析结果的表述

试样中抗氧化剂含量按式（4-21）计算：

$$X = \rho \times \frac{V}{m} \tag{4-21}$$

式中：X——试样中抗氧化剂含量，μg/g；

ρ——从标准曲线上得到的抗氧化剂溶液浓度，μg/mL；

V——样液最终定容体积，mL；

m——称取的试样质量，g。

结果保留 3 位有效数字（或保留到小数点后 2 位）。

在重复性条件下获得的两次独立测定结果的绝对差值不得超过算术平均值的 10%。本方法的检出限：TBHQ 为 5 mg/kg，BHA 为 2 mg/kg，BHT 为 2 mg/kg，定量限均为 5 mg/kg。

知识考核

1．挂面的水分限量标准是什么？

2．简述熟断条率测定的过程。

3．解释微生物指标 n、c、m、M 的含义，并举例说明。

4．有机面包的感官指标包括哪些？如何检测？

5．简述气相色谱和液相色谱的异同。

模块五
有机果蔬及其制品的检测

本模块介绍了有机果蔬及其制品的检测项目，包括感官检验、行业常规检测项目以及农残、重金属等检测标准及方法。感官检验是基本的检测步骤，包括对果蔬的外观、颜色、气味等方面的评估，以确保产品的新鲜度和质量。行业常规检测项目主要包括硬度、可滴定酸度、可溶性固形物、维生素等项目检测，以保证果蔬及其制品的营养价值和食用品质。

由于有机果蔬生产应在没有受到污染的土壤和水源中进行，要求生产区域远离工业污染和重金属污染，确保土壤和水质的纯净。同时，有机果蔬的生产过程中须严格禁止使用化学合成农药、化肥和生长调节剂。这是确保产品保持有机的基本要求，有机果蔬制品在加工过程中严格按照有机产品加工标准及要求进行。有机产品认证不仅涉及对生产过程的严格控制，还包括对最终产品的综合评估。因此检测果蔬及其制品中农药残留和重金属残留是保证产品符合有机标准的关键环节。认证过程中，对果蔬及其制品的要求尤为严格，包括确保产品来源的自然性、生产过程中严禁使用化学合成物质以及符合环境保护标准等。这些要求保证了有机果蔬及其制品的纯净性和高品质，为消费者提供健康、安全的食品选择。通过学习这些检测标准和方法，相关从业人员可以更好地理解和执行有机产品的生产和认证流程。

项目一　有机果蔬及其制品抽样与感官检验

任务 1　有机果蔬及其制品抽样规则

任务介绍

有机果蔬是指在整个生产过程中按照有机农业的生产方式进行，严格遵循有机果蔬生产规范生产的水果和蔬菜。有机果蔬制品就是利用有机食品加工方式处理新鲜果品、蔬菜而制成的产品。有机果蔬及其制品是重要的有机产品，其质量评价与安全监督管理是进一步做好有机果蔬及其制品质量安全管理的重要方面。有机果蔬及其制品抽样方法是开展诸如有机产品认证、监督抽查、产品质量检测的重要前提。合理的抽样数量、抽样方式、抽样部位、抽样程序和方法等要求和规范，对确保有机果蔬及其制品的检验结果的科学性、准确性、有效性和真实性方面具有重要的意义。

任务解析

对有机生产基地、仓储及流通区域的有机果蔬及制品进行抽样。

知识储备

有机果蔬及其制品的取样参考《食品抽样检验通用导则》（GB/T 30642—2014）、《蔬菜抽样技术规范》（NY/T 2103—2011）、《无公害食品　产品抽样规范　第 4 部分：水果》（NY/T 5344.4—2006）等进行，适用于生产地、生产企业和市场有机果蔬及其制品的抽样。

1．组批规则

1）合同货物。以指定合同或货运清单为准发送或接收的货物数量，可以由一批或多批货物组成。

2）批量货物。数量确定、品质均匀一致（同一品种或同一种类，成熟度相同，包装一致等）的货物，属于合同货物中的某一批。

3）抽检货物。从批量货物中的不同位置和不同层次随机抽取的多个抽检货物，取样量应大致相同。

4）混合样品。将多个抽检货物混合后得到的样品。如果条件适宜，可以从一批特定的批量货物中抽取抽检货物混合获得。

5）缩分样品。混合样品经缩分而获得对该批量货物具有代表性的样品。

6）实验室样品。送往实验室进行分析或其他测试的，从混合样品或缩分样品中获得的一定量的、能够代表批量货物的样品。

2. 抽样原则

1）随机性：抽出的用以评定整批产品的样品，应是不加任何选择的，按随机原则抽取。

2）代表性：抽样所得的样品应具有足够的代表性，应是以从整批产品中所取出的全部个别样品（份样）集成大样来代表整批产品，不应以个别样品（份样）或单株或单个个体来代表整批。生产地抽样时，应避开病虫害等非正常植株。

3）可行性：抽样的方法、使用的工具及样品数量应是合理可行、切合实际的，符合样品检验的要求，应在确保随机性、代表性的基础上做到快速、经济和可操作性强。

4）公正性：抽样工作应在承担任务的机构主持下完成，抽样人员应亲自到现场抽样。受检单位人员可陪同抽样，但不应干扰已定抽样方案的实施。

任务操作

1. 抽样方法

1.1 生产基地

1）有机蔬菜：当蔬菜种植面积小于 10 hm^2 时，每 1～3 hm^2 设为一个抽样批次；当蔬菜种植面积大于 10 hm^2 时，每 3～5 hm^2 设为一个抽样批次。在蔬菜大棚中抽样，每个大棚为一个抽样批次。每个抽样批次内根据实际情况按对角线法、梅花点法、棋盘法、蛇形法等方法采取样品，每个抽样批次内抽样点不应少于 5 个。个体较大的样品（如大白菜、结球甘蓝），每个抽样点采样量不应超过 2 个个体，个体较小的样品（如番茄），每个抽样点采样量 0.5～0.7 kg。若采样总量达不到规定的要求，可适当增加抽样点。每个抽样点面积为 1 m^2 左右，随机抽取该范围内同一生产方式、同一成熟度的蔬菜作为检测用样品。根据不同蔬菜品种在其种植区域的成熟期来确定，抽样应安排在蔬菜成熟期或蔬菜即将上市前进行。在喷施农药安全间隔期内的样品不要抽取。抽样时间应选在 9：00—11：00 或者 15：00—17：00。下雨天不宜抽样，设施栽培的蔬菜可酌情处理。

2）有机水果：同一产地、同一品种或种类、同一生产技术方式、同期采收或同一成熟度的水果产品为一个抽样单元。根据生产抽样对象的规模、布局、地形、地势及作物的分布情况合理布设抽样点，抽样点应不少于 5 个。在每个抽样点内，根据果园的实际情况，按对角线法、棋盘法或蛇形法随机多点采样。每个抽样点的抽样量一般按生产基地每公顷产量的一定比例抽取，如生产基地产量小于 7 500 kg/hm^2，抽样量为 150 kg；产量大于 7 500 kg/hm^2，小于 15 000 kg/hm^2，抽样量为 300 kg；产量大于 15 000 kg/hm^2，抽样量按每公顷产量的 2%比例抽取。乔木果树，在每株果树的树冠外围中部的迎风面和背风面各取一组果实；灌木、藤蔓和草本果树，在树体中部采取一组果实，果实的着生部位、果个大小和成熟度应尽量保持一致。抽样时间要根据不同品种水果在其种植区域的成熟期来确定，一般选择在全面采收之前 3～5 天进行，抽样时间应选择在晴天的 9：00—11：00 或者 15：00—17：00。

1.2 仓储及流通区域

（1）生产企业

从样品库中随机抽取同一生产（收获）日期的样品为一个抽样批次。

（2）批发市场

散装样品：视情况分层分方向结合或只分层或只分方向抽取样品为一个抽样批次。

包装产品：堆垛取样时，在堆垛两侧的不同部位上、中、下及四角抽取相应数量的样品为一个抽样批次。

（3）农贸市场和超市

从同一摊位抽取的同一产地、同一种类水果、蔬菜样品为一个批次。

2．抽样准备及抽样量

2.1　批量货物的取样准备

批量货物取样要及时，每批货物要单独取样。如果在运输过程中发生损坏，则其损坏部分（盒子、袋子等）必须与完整部分隔离，并进行单独取样。如果认为货物不均匀，除贸易双方另行磋商外，应当把正常部分单独分出来，并从每一批中取样鉴定。

2.2　抽检货物的取样准备

抽检货物要从批量货物的不同位置和不同层次进行随机取样。

（1）包装产品

对有包装的产品（木箱、纸箱、袋装等），按照表 5-1 进行随机取样。

表 5-1　包装产品抽检货物的取样件数　　单位：件

批量货物中同类货物件数	抽检货物的取样件数
≤100	5
101～300	7
301～500	9
501～1 000	10
＞1 000	15（最低限度）

（2）散装产品

与货物的总量相适应，每批货物至少取 5 个抽检货物。散装产品抽检货物总量或货物包装的总件数按照表 5-2 抽取。在蔬菜或水果个体较大情况下（大于 2 kg/个），抽检货物至少由 5 个个体组成。

表 5-2　散装产品抽检货物的取样量

批量货物的总量/kg 或总件数/件	抽检货物总量/kg 或总件数/件
≤200	10
201～500	20
501～1 000	30
1 001～5 000	60
＞5 000	100（最低限度）

（3）混合样品或缩分样品的制备

混合样品必须集合所有抽检货物样品，尽可能将样品混合均匀；缩分样品通过缩分混合品获得。对混合样品或缩分样品，应当现场检测。为了避免受检样品的性状发生某种变化，取样之后应当尽快完成检验工作。

（4）实验室样品的数量

实验室样品的取样量根据实验室检测和合同要求执行，其最低取样量见表 5-3。

表 5-3　实验室样品的取样量

产品名称	取样量
小型水果如蓝莓、树莓、无花果等；小型蔬菜如毛豆、豌豆等；坚果如核桃、榛子、扁桃、板栗、松子等	
樱桃、李子、荔枝、龙眼、红毛丹等	
杏、香蕉、木瓜、柑橘类水果、桃、苹果、梨、葡萄、鳄梨、大蒜、茄子、甜菜、黄瓜、块根类蔬菜、洋葱、甜椒、番茄等	3 kg 且不少于5个个体
西瓜、甜瓜、菠萝、木菠萝、榴莲、椰子、芒果、南瓜、冬瓜等	
大白菜、花椰菜、莴苣、结球甘蓝、紫甘蓝等	

注：可食部分少的蔬菜和水果如鲜食玉米、山竹等，最低取样量为 3 kg 且不少于 10 个个体。

（5）实验室样品的包装和处理

1）包装。不能现场检测的实验室样品，应进行很好的包装，以确保样品的完好性状，同时盛装实验室样品的容器应该密封好。

2）标识。转送实验室检验的样品必须做好标识（标签），标识要牢固、字迹要清楚。标识要包括以下内容：产品名称、种类、品种、质量等级；发货人姓名；取样地点；取样日期；对易腐烂产品，要另注明取样时间；样品的识别标记或批号（成批货物或样品要有发货记录、车辆号、起运仓库）；取样报告号；取样人姓名和签字；要求检测的项目。

3）发货和储存。包装好的实验室样品应该在规定的时限内尽快发货并运送到目的地。实验室样品的储存和运输条件应避免产品发生任何变化。取样后，实验室样品在送到检测实验室后应尽快开始检验。

（6）取样报告

取样报告需编号，并应附在样品包装容器内或随同样品一起转运。

任务 2　有机果蔬及其制品感官检验

任务介绍

有机果蔬及其制品质量的优劣最直接的表现是它的感官性状，通过感官指标来鉴别有机果蔬产品的优劣和真伪，不仅简便易行、快速、经济，而且灵敏度较高，不损坏商品，成本较低，直观而实用，使用较广泛。它是有机果蔬产品生产、销售、管理人员所必须掌握的一门技能。因此，应用感官手段来鉴别有机果蔬产品的质量有着非常重要的意义。

任务解析

有机果蔬及其制品→实验方案设计→感官品评

知识储备

1. 有机果品及其制品类感官鉴别原则

有机果品及其制品类的感官鉴别方法主要是目测、鼻嗅和口尝。其中目测包括三个方面的内容：

1）看果品的成熟度和是否具有该品种应有的色泽及形态特征；

2）看果型是否端正，个头大小是否基本一致；

3）看果品表面是否清洁新鲜，有无病虫害和机械损伤等。

鼻嗅则是辨别果品是否带有本品种所特有的芳香味，有时候果品的变质可以通过其气体的不良改变直接鉴别出来，如坚果的哈喇味和西瓜的馊味等，都是很好的例证。

口尝不但能感知果品的滋味是否正常，还能感觉到果肉的质地是否良好，它也是很重要的一个感官指标。

干果品虽然较鲜果的含水量低或是经过了干制，但其感官鉴别的原则与指标基本上和前述三项大同小异。

2. 有机蔬菜及其制品类感官鉴别原则

蔬菜有种植和野生两大类，其品种繁多而形态各异。我国主要蔬菜种类有 80 多种，按照蔬菜食用部分的器官形态，可以将其分为根菜类、茎菜类、叶菜类、花菜类、果菜类和食用菌类六大类型。

从蔬菜色泽看各种蔬菜应具有本品种固有的颜色，大多数有发亮的光泽以此显示蔬菜的成熟度及鲜嫩程度。除杂交品种外，别的品种都不能有其他因素造成的异常色泽及色泽改变。从蔬菜气味看，多数蔬菜具有清新、甘辛香、甜酸香等气味，可以凭嗅觉识别不同品种的质量，不允许有腐烂变质的亚硝酸盐味和其他异常气味。从蔬菜滋味看，因品种不同而异，多数蔬菜滋味甘淡甜酸、清爽鲜美，少数具有辛酸、苦涩等特殊风味以刺激食欲。如果失去本种原有的滋味即为异常，但改良品种应该除外。例如，大蒜的新品种就没有“蒜臭”气味或该气味极淡。从蔬菜的形态看，主要描述由于客观因素而造成的蔬菜的非正常、不新鲜状态，如蔫萎、枯塌、损伤、病变、虫害浸染等引起形态异常，并以此作为鉴别蔬菜品质优劣的依据之一。

有机果蔬及其制品种类繁多，本任务以有机鲜苹果感官检验为例介绍，有机鲜苹果的感官检验参照《鲜苹果》（GB/T 10651—2008）进行。

任务操作

1. 品评方案设计

1.1 评价方法

定量描述检验法。

1.2 实验设计

对学生进行分组，一组设定为备样员，另一组设定为品评员。首先，老师向品评员介绍实验样品的特性及其生产用途，然后提供一个典型样品让大家进行品评。在老师的引导下，选定 4～8 个能描述出该类产品的特征名词，并确定强度等级范围，通过品评后统一学生对特征名词的认识。在完成上述工作后，分组进行独立感官检验，之后双方互换工作任务。

1.3 用具准备

白瓷盘、水果刀、果板（或卡尺）、不同等级的鲜苹果若干个等。

2．品评步骤

2.1 定量描述分析检验

在实验开始前 10 min 将样品取出，每种苹果样品用一个白瓷盘盛放，并用 3 位随机数字编号，同打分表一并随机呈送给品评员。品评员单独鉴别苹果样品，对每种样品就各种感官指标打分。实验重复 2 次进行。

2.2 确定描述性词汇及代表分值

根据各品质指标对感官评价的重要性确定感官品质指标最大分值为：果个大小 5 分、果面颜色 3 分、果肉质地 4 分、风味 4 分、汁液 2 分、香气 2 分，6 个感官品质总分为 20 分，表 5-4 是感官评价描述性词汇及相应代表分值。

表 5-4 感官评价描述性词汇及相应代表分值

果个大小		果面颜色		果肉质地		风味		汁液		香气	
特大	5 分	鲜红	3 分	硬脆	4 分	酸甜适度	4 分	多	2 分	浓	2 分
大	4 分	粉红	3 分	松脆	3.5 分	酸甜（风味较淡）	3.8 分	中	1 分	淡	1 分
中	3 分	浓红	3 分	硬	3 分	甜酸	3.5 分	少	0 分	无	0 分
小	2 分	75%	2.5 分	疏软	2.5 分	甘甜	3 分				
特小	1 分	50%	2 分	绵软	2 分	甜	2.5 分				
		25%	1.5 分	松软	1 分	淡甜	2 分				
		绿色	1 分			酸	1.5 分				
		绿色果锈	0.5 分			极酸	1 分				

2.3 分项检验

1）果形及果个。将样品放于白瓷盘中，对着自然光，观察其是否具有该产品应有的果形，是否有缺点，是否有畸形。用果板或卡尺测量最大横切面直径，得到果径大小。

2）果面色泽。将样品放于白瓷盘中，对着自然光，观察其是否具有该品种成熟时应有的颜色，并查看其着色比例。

3）香气。将样品放于白瓷盘中，一手端盘，另一手扇动，用鼻嗅其气味，反复数次鉴别其香气，是否具有本身果香，有无其他异味。

4）质地风味。将样品放于白瓷盘中，用水果刀切开，取一定量样品于口中，咀嚼鉴别质地硬脆程度，风味是否鲜美、酸甜是否适口，有无异味和其他不良滋味。

5）汁液。将样品放于白瓷盘中，用水果刀切开，取一定量样品于口中，咀嚼鉴别汁液的多少程度。

2.4 结果记录

每组小组长将本小组品评员的记录表汇总后，解释含义，统计出各个样品的评定结果。按照感觉顺序，用同一标度测定每种特性强度、余味、滞留度及综合印象，记录评价结果。

3．品评结果分析及优化

检验结束，按照相关知识点中所述步骤，定量描述检验的结果，根据要求以表格曲线、图的形式进行报告，也可利用各特性的评价结果做样品的差异性分析。

项目二　有机果蔬及其制品行业检测项目

对于果蔬产品来说，其成熟度、酸度和可溶性固形物是影响果蔬风味和市场价值的关键因素。同时果蔬是人体中维生素的重要来源之一，对维持人体健康起着重要的作用。本项目主要介绍了果实硬度、可溶性固形物、可滴定酸度以及几种维生素的测定方法。这些指标是评价果蔬及其制品品质的重要标准，在品质鉴定中发挥着关键作用。硬度直接影响果蔬的口感和贮藏寿命。一般来说，随着果实成熟，其硬度会逐渐降低。通过测定硬度，可以准确判断果蔬的成熟度，从而确保在最佳成熟期采摘和销售。硬度还是判断果蔬抗储运能力的重要指标。硬度较高的果蔬通常更耐储存和运输，不易在过程中受损。

果蔬中的可溶性固形物是指能够溶于水的物质，主要包括糖类、有机酸、维生素和矿物质等。其中，糖类是果蔬可溶性固形物的主要组成部分。可溶性固形物的变化可以反映果蔬的成熟过程。在成熟期间，果蔬中的糖分会逐渐增加，从而提高可溶性固形物值。因此，可溶性固形物测定对于监控果蔬的成熟进度和品质非常有用。

可滴定酸度的测定对于评估果蔬的风味平衡至关重要。果蔬的风味受到甜味和酸味的共同影响。可滴定酸度的测定有助于评估果蔬的整体风味平衡，确保甜味和酸味之间的适当比例。与可溶性固形物类似，可滴定酸度也是监测果蔬成熟度的重要指标。在成熟过程中，果蔬的酸度通常会降低，通过测定可滴定酸度，可以有效监控果蔬的成熟程度。

维生素在水果、蔬菜中含量极为丰富，是人体维生素的重要来源之一，包括维生素 A、维生素 B_1、维生素 B_2、维生素 C、维生素 D、维生素 P 等，其中，维生素 A、维生素 C 是最主要的。据报道，人体所需维生素 C 的 98%、维生素 A 的 57%左右来自果蔬。维生素 A 在化学结构上与胡萝卜素有关，人们的视觉需要维生素 A，缺乏会引起夜盲症与眼干燥症。维生素 C 是一种水溶性维生素，又称抗坏血酸，由于其易氧化还原，因而能参与多种体内的新陈代谢过程。水果、蔬菜在储藏、烧煮时，维生素 C 极易被破坏，在酶的作用下易氧化分解，因此应当掌握好果蔬的储藏条件，使维生素 C 的损失减少到最低。另外，人体缺乏维生素 B 可导致脚气病；缺乏维生素 D 可引起佝偻病。因此，测定果蔬中维生素的含量在评价果蔬的营养价值、指导人们选择合理的加工工艺及储存条件方案、监督维生素强化食品的强化剂量等方面，具有十分重要的作用。

在实际应用中，这些指标通常结合使用，以评估果蔬及其制品的品质。硬度、可溶性固形物、可滴定酸度和维生素的综合分析有助于理解果蔬的成熟度、口感、风味、营养价值和储藏效果。此外，通过持续监测这些指标，可以对果蔬的生长环境、成熟过程和储存条件进行优化，从而提高最终产品的品质。

任务1 有机果蔬硬度的测定

任务介绍

质地是果蔬产品重要的属性之一，不仅与产品的食品品质密切相关，而且是判断许多果蔬产品储藏性与储藏效果的重要指标，果蔬的硬度是判断质地的主要指标，也是判断果实成熟度的重要指标之一。在有机果蔬的生产与加工中，可通过测定果实的硬度，了解果实的成熟程度或后熟软化程度，从而确定果实的品质变化特点，以正确指导果蔬的储藏时间。

任务解析

样品处理→硬度计测定果实的硬度

知识储备

果实硬度是指果实单位面积所能承受测力弹簧的压力，单位为 N/cm^2 或 kg/cm^2。以硬度计测头对水果果肉组织垂直施压，果肉所能承受的压力即为水果硬度。压力越强则果实硬度越大，果实也越耐储藏。所测得的数值与硬度计探头截面直径有关。常用 GY-B 型果实硬度计测定苹果、梨等果实硬度。

任务操作

1. 仪器

根据水果的大小和硬度的不同，选用适宜类型和量程的水果专用手持硬度计，测量的硬度值应该在所选硬度计的全量程值10%～90%范围内，测头直径的选择如表5-5所示。

表5-5 不同种类水果所需适宜的硬度计测头直径

水果种类	参考测头直径/mm
苹果	11.0
梨、桃、李、杏、草莓、杧果、猕猴桃	8.0
樱桃	3.0

2. 测定步骤

1）从同一批次、代表性的水果中，随机选取20～30个清洁、无病害、无伤痕的水果样品。冷藏水果，应先将水果放在室温下，待果温与室温一致时测量。

2）测量前，手压硬度计测头2～3次，以释放仪器内部弹簧压力，然后将仪器调整至初始位置（零位），测定硬度大于10 kg/cm^2 的果实时，应将手持硬度计装在支架上测量。

3）大型果（苹果、梨、桃、杧果、猕猴桃），于每个果实从花萼至梗端中部在相对面或阴阳面上，各选1个测试部位，用削皮器在选定的位置削去一薄层果皮，测试面要平整，削去的果皮厚度不宜过大，尽可能少地损及果肉，削皮面积略大于所使用硬度计测头面积。

4）小型果（李、杏、樱桃、草莓），于每个果实从花萼至梗端中部在果肉厚实的地方选 1 个测试部位，削去一薄层果皮，削皮面积略大于所使用硬度计测头面积（草莓果实无须削皮）。

5）测量时，一只手握水果（或放置在坚硬的平台上），另一只手握硬度计，硬度计测头垂直果面，均匀、缓慢用力，插入硬度计测头，不得转动压入，测头进入水果的深度应与测头上的标示一致，记录读数，保留两位小数。

3. 结果计算和表述

1）同一批次水果硬度值以平均值表示，按式（5-1）计算，并应标明硬度计型号和测头直径（mm）：

$$F=\frac{\sum_{i=1}^{n} f_i}{N} \tag{5-1}$$

式中：F——以重量表示的水果硬度，保留至小数点后两位，g 或 kg；

f_i——每次测定的水果硬度计读数值，g 或 kg；

N——测定次数。

2）使用不同测头直径（平头）硬度计测定苹果硬度，进行数据比较时，宜统一单位，单位换算按式（5-2）进行：

$$P=\frac{F}{\pi \times r^2} \tag{5-2}$$

式中：P——水果硬度，kg/cm^2；

F——以重量表示的水果硬度，kg；

π——3.14；

r——硬度计测头半径，cm。

采用本方法，在重复性条件下获得的两次独立测试结果的绝对差值不得超过算术平均值的 10%。

任务 2　有机果蔬及其制品中可溶性固形物的测定

任务介绍

可溶性固形物是指食品中所有溶解于水的化合物的总称，主要指可溶性糖类物质或其他可溶性物质，是果实风味的重要组成部分。由于有机果蔬的栽培过程中不允许施用人工合成的农药、肥料、除草剂、生长调节剂等，生长过程中遵循自然规律和生态学原理，有机种植果蔬较常规种植果蔬通常含有更高含量的可溶性固形物。

任务解析

样品处理→折射仪测定果实的可溶性固形物含量

知识储备

各种果蔬产品都具有一定的物质构成，不同的果蔬产品其折射率不同，通过测定折射率可鉴别果蔬产品的组成及品质，在一定条件下，果蔬中的可溶性固形物含量与折射率呈正相关，固形物含量越高，折射率也越高。用折射仪测定样液的折射率，从显示器或刻度尺上读出样液的可溶性固形物含量，以蔗糖的质量百分数表示。

任务操作

1. 仪器

手持折射仪、高速组织捣碎机（转速 10 000～12 000 r/min）、天平。

2. 测定步骤

1）样液制备：待测有机水果和蔬菜洗净、擦干，取可食部分切碎、混匀，称取适量试样（含水量高的试样一般称取 250 g；含水量低的试样一般称取 125 g，加入适量蒸馏水），放入高速组织捣碎机中捣碎，用两层擦镜纸或四层纱布挤出匀浆汁液测定。

2）仪器校准：在 20℃条件下，用蒸馏水校准折射仪，将可溶性固形物含量读数调整至 0。环境温度不足 20℃时，按表 5-6 中的校正值进行校准。

表 5-6 可溶性固形物含量温度校正值

测定温度/℃	可溶性固形物含量读数/%									
	0	5	10	15	20	25	30	35	40	45
10	0.50	0.54	0.58	0.61	0.64	0.66	0.68	0.70	0.72	0.73
11	0.46	0.46	0.53	0.55	0.58	0.60	0.62	0.64	0.65	0.66
12	0.42	0.45	0.48	0.50	0.52	0.54	0.56	0.57	0.58	0.59
13	0.37	0.40	0.42	0.44	0.46	0.48	0.49	0.50	0.51	0.52
14	0.33	0.35	0.37	0.39	0.40	0.41	0.42	0.43	0.44	0.45
15	0.27	0.29	0.31	0.33	0.34	0.34	0.35	0.36	0.37	0.37
16	0.22	0.24	0.25	0.26	0.27	0.28	0.28	0.29	0.30	0.30
17	0.17	0.18	0.19	0.20	0.21	0.21	0.24	0.22	0.22	0.23
18	0.12	0.13	0.13	0.14	0.14	0.14	0.14	0.15	0.15	0.15
19	0.06	0.06	0.06	0.07	0.07	0.07	0.07	0.08	0.08	0.08
21	0.06	0.07	0.07	0.07	0.07	0.08	0.08	0.08	0.08	0.08
22	0.13	0.13	0.14	0.14	0.15	0.15	0.15	0.15	0.15	0.16
23	0.19	0.20	0.21	0.22	0.22	0.23	0.23	0.23	0.23	0.24
24	0.26	0.27	0.28	0.29	0.30	0.30	0.31	0.31	0.31	0.31
25	0.33	0.35	0.36	0.37	0.38	0.38	0.39	0.40	0.40	0.40
26	0.40	0.42	0.43	0.44	0.45	0.46	0.47	0.48	0.48	0.48
27	0.48	0.50	0.52	0.53	0.54	0.55	0.55	0.56	0.56	0.56
28	0.56	0.57	0.60	0.61	0.62	0.63	0.63	0.64	0.64	0.64
29	0.64	0.66	0.68	0.69	0.71	0.72	0.72	0.73	0.73	0.73
30	0.72	0.74	0.77	0.78	0.79	0.80	0.80	0.81	0.81	0.81

注：未经稀释过的试样，测定温度低于 20℃时，真实值等于读数减去校正值；测定温度高于 20℃时，真实值等于读数加上校正值。

3）样液测定保持测定温度稳定，变幅不超过±0.5℃。用擦镜纸（或柔软绒布）擦净棱镜表面，滴加 2～3 滴待测样液，使样液均匀分布于整个棱镜表面，对准光源（非数显折射仪应转动消色调节旋钮，使视野分成明、暗两部分，再转动棱镜旋钮，使明暗分界线定在物镜的十字交叉点上），记录折射仪读数。无温度自动补偿功能的折射仪，记录测定温度。

注：测定时应避开强光干扰。

3. 结果计算和表述

（1）有温度自动补偿功能的折射仪

未经稀释的试样，折射仪读数即为试样可溶性固形物含量。加蒸馏水稀释过的试样，其可溶性固形物含量按式（5-3）计算：

$$X = P + \frac{m_0 + m_1}{m_0} \tag{5-3}$$

式中：X——样品可溶性固形物含量，%；

P——样液可溶性固形物含量，%；

m_0——试样质量，g；

m_1——试样中加入蒸馏水的质量，g。

注：常温下蒸馏水的质量按每毫升按 1 g 进行计算。

（2）无温度自动补偿功能的折射仪

根据记录的测定温度，从表 5-6 查出校正值。未经稀释过的试样，测定温度低于 20℃时，折射仪读数减去校正值即为试样可溶性固形物含量；测定温度高于 20℃时，折射仪读数加上校正值即为试样可溶性固形物含量。加蒸馏水稀释过的试样，其可溶性固形物含量按式（5-3）计算。

以两次平行测定结果的算术平均值表示，保留一位小数。

同一试样两次平行测定结果的最大允许绝对差，未经稀释的试样为 0.5%，稀释过的试样为 0.5%乘以稀释倍数（试样和所加蒸馏水的总质量与试样质量的比值）。

任务 3　有机果蔬及其制品中总酸度的测定

任务介绍

果实中有机酸的含量对其风味有很大影响，随着水果的成熟，果实中的可溶性固形物含量升高而酸的含量减少，果实风味得到较大提升，因此，常用可溶性固形物和可滴定酸含量的比值（以下简称固酸比）来评价果实风味和成熟程度。由于有机果蔬在种植过程中不施用化肥和农药，收获后生理成熟度较高，其口感通常比常规种植生产的产品口感好。有机种植蔬菜中可滴定酸含量通常都高于常规种植蔬菜。

任务解析

试剂配制→样品处理→酸碱滴定法测定有机果蔬的总酸度

知识储备

果蔬产品中的酸性物质包括有机酸、无机酸、酸式盐以及某些酸性有机化合物（如单宁、蛋白质分解产物等）。这些酸有些是果蔬本身固有的，如苹果酸、酒石酸、草酸等有机酸；有些是在加工过程中添加的，如某些果蔬产品中的柠檬酸；还可能是发酵产生的酸，如乳酸、醋酸等。不同果蔬所含有机酸种类也不同，见表 5-7。

表 5-7　果蔬中有机酸种类

果蔬	有机酸的种类	果蔬	有机酸的种类
苹果	苹果酸、少量柠檬酸	桃	苹果酸、柠檬酸、奎宁酸
梨	苹果酸、果心有柠檬酸	葡萄	酒石酸、苹果酸
樱桃	苹果酸	杏	苹果酸、柠檬酸
梅	柠檬酸、苹果酸、草酸	柠檬	柠檬酸、苹果酸
菠萝	柠檬酸、苹果酸	甜瓜	柠檬酸
番茄	柠檬酸、苹果酸	菠菜	草酸、柠檬酸、苹果酸
甘蓝	柠檬酸、苹果酸、草酸	笋	草酸、酒石酸、乳酸、柠檬酸
莴苣	苹果酸、柠檬酸、草酸	甘薯	草酸
温州蜜橘	柠檬酸、苹果酸	芦笋	柠檬酸、苹果酸

酸度可分为总酸度、有效酸度、挥发酸度。总酸度是指果蔬产品中所有酸性物质的总量，包括离解的和未离解的 H^+的总和，常用标准碱液进行滴定，并以样品中主要代表酸的百分含量来计算，所以总酸度又称可滴定酸度；有效酸度是指果蔬产品中呈游离状态的 H^+的浓度（或活度），常用 pH 来表示，可用 pH 计（酸度计）测量；挥发酸度是指容易挥发的有机酸，如醋酸、甲酸及丁酸等，可以通过蒸馏法分离，再用标准碱液进行滴定。

果蔬中总酸度的测定，根据酸碱中和原理，用碱液滴定试液中的酸，以酚酞为指示剂确定滴定至溶液呈微红色，30 s 不褪色为终点（pH=8.2），根据等物质的量反应原则，按标准碱液的消耗量计算食品中的总酸含量。其反应式如下：

$$RCOOH + NaOH \longrightarrow RCOONa + H_2O$$

任务操作

1. 试剂

试验用水应是不含二氧化碳的或中性蒸馏水，可在使用前将蒸馏水煮沸、放冷，或加入酚酞指示剂用氢氧化钠标准溶液中和至出现微红色。

1）氢氧化钠（NaOH）标准溶液：称取 120 g 氢氧化钠于 250 mL 烧杯中，加入 100 mL 蒸馏水，摇振使其溶解成饱和溶液，冷却后置于聚乙烯塑料瓶中，密封放置澄清后，取上清液 5.6 mL，加新煮沸过的并已冷却的蒸馏水至 1 000 mL，摇匀。

标定：准确称取 0.4～0.6 g（准确至 0.000 1 g）在 105～110℃干燥至恒重的基准邻苯二甲酸氢钾于 250 mL 锥形瓶中，加 80 mL 新煮沸冷却的蒸馏水，使之尽量溶解，加 2 滴酚酞指示剂，用配制的氢氧化钠标准溶液滴定到溶液呈微红色，30 s 不褪色。同时做空白实验。

计算：氢氧化钠标准滴定溶液的浓度按式（5-4）计算。

$$C=\frac{m\times 1\,000}{(V_1-V_2)\times 204.2} \tag{5-4}$$

式中：C——氢氧化钠标准滴定溶液的浓度，mol/L；

m——基准邻苯二甲酸氢钾的质量，g；

V_1——氢氧化钠标准溶液用量，mL；

V_2——空白试验中氢氧化钠标准溶液用量，mL；

204.2——基准邻苯二甲酸氢钾的摩尔质量，g/mol；

1 000——换算系数。

2）酚酞溶液：称取 0.5 g 酚酞溶于 75 mL 体积分数为 95%的乙醇中，并加入 20 mL 水，然后滴加氢氧化钠溶液至微红色，再加入水定容至 100 mL。

2．仪器

分析天平、碱式滴定管、水浴锅、锥形瓶、高速组织捣碎机、中速定性滤纸、移液管、量筒、玻璃漏斗和漏斗架。

3．测定

3.1 样品制备

1）液体制品（如果汁、罐藏水果糖液、腌渍液、发酵液等）：将试样充分摇匀，用移液管吸取 50 mL，放入 250 mL 容量瓶中，加水稀释至刻度，摇匀待测。如溶液浑浊可通过滤纸过滤。

注：含碳酸的液体制品需减压摇动 3～4 min，以去除二氧化碳。

2）酱体制品（如果酱、菜泥、果冻等）：将试样搅匀，分取一部分放入高速组织捣碎机内捣碎，称取捣碎的试样 10～20 g，精确至 0.01 g，用 80～90℃热水洗入 250 mL 容量瓶，并加热水约至 200 mL，放置 30 min，冷却至室温，加水稀释至刻度，摇匀，通过滤纸过滤。

3）新鲜果蔬、整果或切块罐藏、冷冻制品：剔除试样的非可食部分（冷冻制品预先在加盖的容器中解冻），用四分法分取可食部分切碎混匀，称取 250 g，精确至 0.1 g，放入高速组织捣碎机内，加入等量水，捣碎 1～2 min。每 2 g 匀浆折算为 1 g 试样，称取匀浆 50～100 g，精确至 0.1 g，用 100 mL 水洗入 250 mL 容器瓶，置 75～80℃水浴上预热 30 min，其间摇动数次，取出冷却，加水至刻度，摇匀过滤。

4）干制品：取试样的可食部分切碎混匀，称取 50 g，精确至 0.1 g，放入高速组织捣碎机内，加入 450 g 水，捣碎 2～3 min。每 10 g 匀浆折算为 1 g 试样，称取试样匀浆 50～100 g，精确至 0.1 g，用 100 mL 水洗入 250 mL 容器瓶，置 75～80℃水浴上预热 30 min，其间摇动数次，取出冷却，加水定容，摇匀过滤。

3.2 测定步骤

根据预测酸度，用移液管吸取 50 mL 或 100 mL 样液，加入酚酞指示剂 5～10 滴，用氢氧化钠标准溶液滴定，至出现微红色 30 s 内不褪色为终点，记下所消耗的体积。同一被测样品须测定 3 次。

注：有些果蔬样液滴定至接近终点时出现黄褐色，这时可加入样液体积 1 ~ 2 倍的热水稀释，加入酚酞指示剂 0.5～1 mL，再继续滴定，使酚酞变色易于观察。

空白试验：用水代替试液。以下按上述条件操作，记录消耗氢氧化钠标准滴定溶液的毫升数。

4．计算

总酸度以每 100 g 样品中主要酸的克数表示，按式（5-5）计算：

$$X = \frac{C \times V \times K}{m} \times \frac{V_0}{V_1} \times 100 \qquad (5\text{-}5)$$

式中：C——氢氧化钠标准滴定溶液的浓度，mol/L；

V——消耗氢氧化钠标准溶液的体积，mL；

V_0——样品稀释液总体积，mL；

V_1——滴定时吸取的样液的体积，mL；

m——样品质量或体积，g 或 mL；

K——酸的换算系数：苹果酸为 0.067，酒石酸为 0.075，乙酸为 0.060，草酸为 0.045，乳酸为 0.090，柠檬酸为 0.064，柠檬酸（含 1 分子结晶水）为 0.070，磷酸为 0.033。

以重复性条件下获得的两次独立测定结果的算术平均值表示，结果保留 3 位有效数字。在重复性条件下获得的两次独立测定结果的绝对差值不得超过算术平均值的 10%。

任务 4　维生素 C 的测定

任务介绍

维生素 C 又名抗坏血酸，广泛存在于植物组织中，新鲜的水果、蔬菜中含量较丰富。自然界存在的有 L-型、D-型两种，D-型的生物活性仅为 L-型的 1/10。维生素 C 具有较强的还原性，对光敏感，氧化后的产物称为脱氢抗坏血酸，仍然具有生理活性，进一步水解则生成 2,3-二酮古乐糖酸，失去生理作用。维生素 C 具有重要的生理作用，可作为评价果蔬营养成分的指标。

任务解析

试剂配制→样品处理→维生素 C 的含量测量

知识储备

维生素 C 的常用方法有高效液相色谱法、荧光法和 2,6-二氯靛酚滴定法。高效液相色谱法可同时测定 L（+）-抗坏血酸、D（-）-抗坏血酸和 L（+）-抗坏血酸总量，具有干扰少、准确度高、重现性好、灵敏、简便、快速等优点；荧光法测得的 L（+）-抗坏血酸总量，受干扰较小，准确度较高；2,6-二氯靛酚滴定法测定的是 L（+）-抗坏血酸，该方法简便，也较灵敏，但特异性差，样品中的其他还原性物质（如 Fe^{2+}、Sn^{2+}、Cu^{+}等）会干扰测定，使测定结果偏高。本任务以高效液相色谱法为例进行介绍，荧光法和 2,6-二氯靛酚滴定法可微信扫描二维码学习。

荧光法测定维生素 C　　　2,6-二氯靛酚滴定法测定维生素 C

任务操作

1. 原理

试样中的抗坏血酸用偏磷酸溶解超声提取后，以离子对试剂为流动相，经反相色谱柱分离，其中 L（+）-抗坏血酸和 D（-）-抗坏血酸直接用配有紫外检测器的液相色谱仪（波长 245 nm）测定；试样中的 L（+）-脱氢抗坏血酸经 L-半胱氨酸溶液进行还原后，用紫外检测器（波长 245 nm）测定 L（+）-抗坏血酸总量，或减去原样品中测得的 L（+）-抗坏血酸含量而获得 L（+）-脱氢抗坏血酸的含量。以色谱峰的保留时间定性，外标法定量。

2. 仪器与试剂

（1）仪器与设备

液相色谱仪（配有二极管阵列检测器或紫外检测器）；超声波清洗器；离心机；pH 计；均质机；滤膜（0.45 μm 水相膜）；振荡器。

（2）主要试剂

除非另有说明，本任务所用试剂均为分析纯，水为 GB/T 6682 规定的一级水；

偏磷酸：含量（以 HPO_3 计）≥38%；十二水磷酸三钠；磷酸二氢钾；磷酸：85%；L-半胱氨酸（$C_3H_7NO_2S$）：优级纯；十六烷基三甲基溴化铵（$C_{19}H_{42}BrN$）：色谱纯；甲醇：色谱纯；

L（+）-抗坏血酸标准品（$C_6H_8O_6$）纯度≥99%；

D（+）-抗坏血酸（异抗坏血酸）标准品（$C_6H_8O_6$）纯度≥99%；

L（+）-抗坏血酸标准储备溶液（1.000 mg/mL）：准确称取 L（+）-抗坏血酸标准品 0.01 g（精确至 0.01 mg），用 20 g/L 的偏磷酸溶液定容至 10 mL。该储备液在 2～8℃避光条件下可保存一周；

D（+）-抗坏血酸标准储备溶液（1.000 mg/mL）：准确称取 D（+）-抗坏血酸标准品 0.01 g（精确至 0.01 mg），用 20 g/L 偏磷酸溶液定容至 10 mL。2～8℃避光可保存一周；

抗坏血酸混合标准系列工作液：分别吸取 L（+）-抗坏血酸和 D（+）-抗坏血酸标准储备液 0.00 mL、0.05 mL、0.50 mL、1.00 mL、2.50 mL、5.00 mL，用 20 g/L 的偏磷酸溶液定容至 100 mL。标准系列工作液中 L(+)-抗坏血酸和 D(+)-抗坏血酸的浓度分别为 0.00 μg/mL、0.50 μg/mL、5.00 μg/mL、10.00 μg/mL、25.00 μg/mL、50.00 μg/mL。用前配制。

3. 测定

（1）试样制备

1）液体或固体粉末样品：混合均匀后，应立即用于检测。

2）水果、蔬菜及其制品或其他固体样品：取 100 g 左右样品加入等质量 20 g/L 的偏磷酸溶液，经均质机均质并混合均匀后，应立即测定。

（2）试样溶液的制备

称取相对于样品 0.5～2 g（精确至 0.001 g）混合均匀的固体试样或匀浆试样，或吸取 2～10 mL 液体试样[使所取试样含 L（+）-抗坏血酸 0.03～6 mg]于 50 mL 烧杯中，用 20 g/L 的偏磷酸溶液将试样转移至 50 mL 容量瓶中，震摇溶解并定容。摇匀，全部转移至 50 mL 离心管中，超声提取 5 min 后，于 4 000 r/min 离心 5 min，取上清液过 0.45 μm 水相滤膜，滤液待测［由此试液可同时分别测定试样中 L（+）-抗坏血酸和 D（-）-抗坏血酸的含量］。

（3）试样溶液的还原

准确吸取 20 mL 上述离心后的上清液于 50 mL 离心管中，加入 10 mL 40 g/L 的 L-半胱氨酸溶液，用 100 g/L 磷酸三钠溶液调节 pH 至 7.0～7.2，以 200 次/min 振荡 5 min。再用磷酸调节 pH 至 2.5～2.8，用水将试液全部转移至 50 mL 容量瓶中，并定容至刻度。混匀后取此试液过 0.45 μm 水相滤膜后待测[由此试液可测定试样中包括脱氢型的 L（+）-抗坏血酸总量]。

若试样含有增稠剂，可准确吸取 4 mL 经 L-半胱氨酸溶液还原的试液，再准确加入 1 mL 甲醇，混匀后过 0.45 μm 水相滤膜后待测。

（4）仪器参考条件

色谱柱：C18 柱（柱长 250 mm，内径 4.6 mm，粒径 5 μm）或同等性能的色谱柱。检测器：二极管阵列检测器或紫外检测器。流动相：A：6.8 g 磷酸二氢钾和 0.91 g 十六烷基三甲基溴化铵，用水溶解并定容至 1 L（用磷酸调 pH 至 2.5～2.8）；B：100%甲醇。按 A∶B=98∶2 混合，过 0.45 μm 滤膜，超声脱气。流速：0.7 mL/min。检测波长：245 nm。柱温：25℃。进样量：20 μL。

（5）标准曲线制作

分别对抗坏血酸混合标准系列工作溶液进行测定，以 L（+）-抗坏血酸［或 D（-）-抗坏血酸］标准溶液的质量浓度（μg/mL）为横坐标，以 L（+）-抗坏血酸［或 D（-）-抗坏血酸］的峰高或峰面积为纵坐标，绘制标准曲线或计算回归方程。

（6）试样溶液的测定

对试样溶液进行测定，根据标准曲线得到测定液中 L（+）-抗坏血酸[或 D（-）-抗坏血酸]的浓度（μg/mL）。

L（+）-抗坏血酸、D（-）-抗坏血酸标准色谱图参见图 5-1。

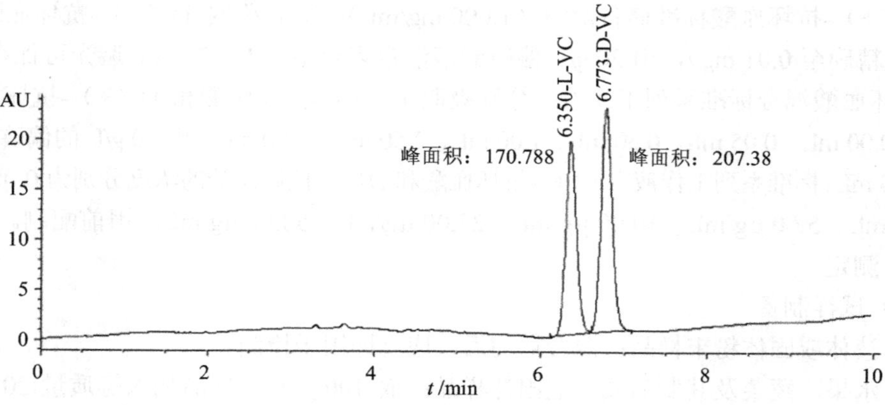

图 5-1 L（+）-抗坏血酸、D（-）-抗坏血酸标准色谱图

（7）空白试验

空白试验系指除不加试样外，采用完全相同的分析步骤、试剂和用量，进行平行操作。

4．分析结果的表述

试样中 L（+）-抗坏血酸[或 D（-）-抗坏血酸]的含量和 L（+）-抗坏血酸总量以毫克每百克表示，按式（5-6）计算：

$$X=\frac{(c_1-c_0)\times V}{m\times 1\,000}\times F\times K\times 100 \tag{5-6}$$

式中：X——试样中 L（+）-抗坏血酸［或 D（-）-抗坏血酸、L（+）-抗坏血酸总量］的含量，mg/100 g；

c_1——样液中 L（+）-抗坏血酸[或 D（-）-抗坏血酸]的质量浓度，μg/mL；

c_0——样品空白液中 L（+）-抗坏血酸[或 D（-）-抗坏血酸]的质量浓度，μg/mL；

V——试样的最后定容体积，mL；

m——实际检测试样质量，g；

1 000——由 μg/mL 换算成 mg/mL 的换算系数；

F——稀释倍数（若使用还原步骤时，为 2.5）；

K——若使用试样还原甲醇沉淀步骤时，为 1.25；

100——由 mg/g 换算成 mg/100 g 的换算系数。

计算结果以重复性条件下获得的两次独立测定结果的算术平均值表示，结果保留 3 位有效数字。

5．方法说明与注意事项

1）本方法适用于有机乳粉、谷物、蔬菜、水果及其制品、肉制品、维生素类补充剂、果冻、胶基糖果、八宝粥、葡萄酒中的 L（+）-抗坏血酸、D（-）-抗坏血酸和 L（+）-抗坏血酸总量的测定。固体样品取样量为 2 g 时，L（+）-抗坏血酸和 D（-）-抗坏血酸的检出限均为 0.5 mg/100 g，定量限均为 2.0 mg/100 g。液体样品取样量为 10 g（或 10 mL）时，L（+）-抗坏血酸和 D（-）-抗坏血酸的检出限均为 0.1 mg/100 g（或 0.1 mg/100 mL），定量限均为 0.4 mg/100 g（或 0.4 mg/100 mL）。

2）整个检测过程尽可能在避光条件下进行。

维生素 A 及维生素 E 的测定、胡萝卜素的测定可微信扫描二维码学习。

维生素 A 及维生素 E 的测定　　胡萝卜素的测定

项目三　有机产品认证果蔬及其制品农药残留必测项目

农药是指用于预防、消灭或者控制危害农业、林业的病、虫、草及其他有害生物以及有目的地调节植物、昆虫生长的药物的通称。农药按用途可分为杀虫剂、杀菌剂、除草剂、杀螨剂、植物生长调节剂和杀鼠药等；按化学成分可分为有机磷类、氨基甲酸酯类、有机氯类、拟除虫菊酯类、苯氧乙酸类、有机锡类等；按药剂作用方式可分为触杀剂、胃毒剂、熏蒸剂、内吸剂、引诱剂、驱避剂、拒食剂、不育剂等；按其毒性可分为高毒、中毒、低毒三类；按杀虫效率可分为高效、中效、低效三类；按农药在植物体内残留时间的长短可分为高残留、中残留和低残留三类。

农药残留是指由于农药的施用（包括主动和被动施用）而残留在农产品、食品、动物饲料、药材中的农药及其有毒理学意义的降解代谢产物。农药再残留是指一些已禁用的残留持久性强的农药通过环境污染再次在农产品、食品、动物饲料、药材中形成的残留。一般来讲，农药残留量是指农药本体物及其代谢物的残留量的总和，单位为 mg/kg。农药最大残留限量（MRL）是指在生产或保护商品的过程中，按照农药使用的良好农业规范（GAP）使用后，允许农药在各种食品和饲料中或其表面残留的最大浓度。

在有机果蔬的生产过程中，不采用基因工程获得的生物及其产物，不施用化学合成的农药、化肥、生长调节剂、饲料添加剂等物质；病虫草害防治的基本原则应从农业生态系统出发，综合运用各种防治措施，创造不利于病虫草害孳生和有利于各类天敌繁衍的环境条件，保持农业生态系统的平衡和生物多样化，减少各类病虫草害所造成的损失。应优先采用农业措施，通过选用抗病抗虫品种、非化学药剂种子处理、培育壮苗、加强栽培管理、中耕除草、耕翻晒垡、清洁田园、轮作倒茬、间作套种等一系列措施起到防治病虫草害的作用。尽量利用灯光、色彩诱杀害虫，机械捕捉害虫，机械或人工除草等措施，防治病虫草害。当以上方法不能有效控制病虫草害时，可使用《有机产品　生产、加工、标识与管理体系要求》（GB/T 19630—2019）规定的有机植物生产中允许使用的植物保护产品。

本项目根据《有机产品认证（蔬菜类）抽样检测项目指南（试行）》和《有机产品认证（水果类）抽样检测项目指南（试行）》中必测农残项目，选取其中部分检测指标进行介绍。

任务1　利用气相色谱-质谱法测定水果和蔬菜中农药及相关化学品残留量

任务介绍

气相色谱-质谱分析法既具有气相色谱高分离效能，又具有质谱准确鉴定化合物结构的特点，可达到同时准确快速测定食品中微量的多种农药残留及代谢物的效果而被广泛应用于农药残留检测中。

任务解析

试剂配制→样品处理→气相色谱-质谱仪测定

知识储备

测定有机果蔬及其制品中农药及相关化学品残留量的气相色谱-质谱法参照 GB 23200.8—2016 的规定执行，标准中规定了苹果、柑橘、葡萄、甘蓝、芹菜、西红柿中 500 种农药及相关化学品残留量气相色谱-质谱测定方法。标准适用于苹果、柑橘、葡萄、甘蓝、芹菜、西红柿中 500 种农药及相关化学品残留量的测定，其他蔬菜和水果可参照执行，本任务以杀菌剂腐霉利为例，介绍有机果蔬中农药及相关化学品残留量的气相色谱-质谱分析流程。

试样用乙腈匀浆提取，盐析离心后，取上清液，经固相萃取柱净化，用乙腈-甲苯溶液（3+1）洗脱农药及相关化学品，溶剂交换后用气相色谱-质谱仪检测。

任务操作

1．主要试剂和材料

（1）试剂

乙腈（CH_3CN，CAS 号：75-05-8，色谱纯）；氯化钠（NaCl，CAS 号：7647-14-5，优级纯）；无水硫酸钠（Na_2SO_4，CAS 号：7757-82-6，分析纯）；甲苯（C_7H_8，CAS 号：108-88-3，优级纯）；丙酮（CH_3COCH_3，CAS 号：67-64-1，分析纯，重蒸馏）；二氯甲烷（CH_2Cl_2，CAS 号：75-09-2，色谱纯）；正己烷（C_6H_{14}，CAS 号：110-54-3，分析纯，重蒸馏）。

腐霉利标准品、环氧七氯标准品：纯度≥95%。

（2）腐霉利标准储备溶液

准确称取 2.5 mg（精确至 0.1 mg）腐霉利标准品于 10 mL 容量瓶中，用甲苯溶解并定容至刻度，标准储备溶液避光 4℃保存，保存期为一年。

（3）腐霉利标准溶液

根据腐霉利在仪器上的响应灵敏度，确定其标准溶液浓度，移取一定量的腐霉利标准储备溶液于 100 mL 容量瓶中，用甲苯定容至刻度，推荐标准溶液浓度为 2.5 mg/L，避光 4℃保存，保存期为一个月。

（4）内标溶液

准确称取 3.5 mg 环氧七氯于 100 mL 容量瓶中，用甲苯定容至刻度。

（5）基质标准工作溶液

分别移取 40 μL 内标溶液和 50 μL 腐霉利标准溶液加到 1.0 mL 的样品空白基质提取液中，混匀，配成基质标准工作溶液。基质标准工作溶液应现用现配。

（6）材料

Envi-18 柱：12 mL，2.0 g 或相当者。

Envi-Carb 活性炭柱：6 mL，0.5 g 或相当者。

Sep-Pak 氨丙基固相萃取柱：3 mL，0.5 g 或相当者。

2．主要仪器和设备

配有电子轰击源（EI）的气相色谱-质谱仪、分析天平、均质器、鸡心瓶、移液器、氮气吹干仪。

3．测定

3.1　试样制备

水果、蔬菜样品取样部位按 GB 2763 执行，将样品切碎混匀制成匀浆，制备好的试样均分成两份，装入洁净的盛样容器内，密封并做好标记。将试样于−18℃冷冻保存。

3.2　提取

称取 20 g 试样（精确至 0.01 g）于 80 mL 离心管中，加入 40 mL 乙腈，用均质器在 15 000 r/min 匀浆提取 1 min，加入 5 g 氯化钠，再匀浆提取 1 min，将离心管放入离心机，在 3 000 r/min 离心 5 min，取上清液 20 mL（相当于 10 g 试样量），待净化。

3.3　净化

将 Envi-18 柱放在固定架上，加样前先用 10 mL 乙腈预洗柱，下接鸡心瓶，移入上述 20 mL 提取液，并用 15 mL 乙腈洗涤柱，将收集的提取液和洗涤液在 40℃水浴中旋转浓缩至约 1 mL，备用。

在 Envi-Carb 活性炭柱中加入约 2 cm 高无水硫酸钠，将该柱连接在 Sep-Pak 氨丙基固相萃取柱顶部，将串联柱下接鸡心瓶放在固定架上。加样前先用 4 mL 乙腈-甲苯溶液（3+1）预洗柱，当液面到达硫酸钠的顶部时，迅速将样品浓缩液转移至净化柱上，再每次用 2 mL 乙腈-甲苯溶液（3+1）三次洗涤样液瓶，并将洗涤液移入柱中。在串联柱上加上 50 mL 贮液器，用 25 mL 乙腈-甲苯溶液（3+1）洗涤串联柱，收集所有流出物于鸡心瓶中，并在 40℃水浴中旋转浓缩至约 0.5 mL。每次加入 5 mL 正己烷在 40℃水浴中旋转蒸发，进行溶剂交换 2 次，最后使样液体积约为 1 mL，加入 40 μL 内标溶液，混匀，用于气相色谱-质谱测定。

3.4　测定

气相色谱-质谱参考条件：

1）色谱柱：DB-1701（30 m×0.25 mm×0.25 μm）石英毛细管柱或相当者；

2）色谱柱温度程序：40℃保持 1 min，然后以 30℃/min 程序升温至 130℃，再以 5℃/min 升温至 250℃，最后以 10℃/min 升温至 300℃，保持 5 min；

3）载气：氦气，纯度≥99.999%，流速：1.2 mL/min；

4）进样口温度：290℃；

5）进样量：1 μL；

6）进样方式：无分流进样，1.5 min 后打开分流阀和隔垫吹扫阀；

7）电子轰击源：70 eV；

8）离子源温度：230℃；

9）GC-MS 接口温度：280℃；

10）检测：腐霉利及内标化合物的保留时间、定量离子、定性离子及定量离子与定性离子的比值见表 5-8。

表 5-8　腐霉利及内标化合物的保留时间、定量离子、定性离子及定量离子与定性离子的比值

项目	保留时间/min	定量离子	定性离子 1	定性离子 2
环氧七氯	22.10	353（100）	355（79）	351（52）
腐霉利	24.36	283（100）	285（70）	255（15）

注：定量离子与定性离子括号外的数值为质核比，括号内的数值为定量离子与定性离子的比值，也就是相对丰度。

3.5　定性测定

进行样品测定时，如果检出的色谱峰的保留时间与标准样品相一致，并且在扣除背景后的样品质谱图中，所选择的离子均出现，而且所选择的离子丰度比与标准样品的离子丰度比相一致（相对丰度＞50%，允许±10%偏差；相对丰度为 20%～50%，允许±15%偏差；相对丰度为 10%～20%，允许±20%偏差；相对丰度≤10%，允许±50%偏差），则可判断样品中存在腐霉利。如果不能确证，应重新进样，以扫描方式（有足够灵敏度）或采用增加其他确证离子的方式或用其他灵敏度更高的分析仪器来确证。

3.6　定量测定

本方法采用内标法单离子定量测定。内标物为环氧七氯。为减少基质的影响，定量用标准溶液应采用基质标准工作溶液。标准溶液的浓度应与待测化合物的浓度相近。

3.7　平衡试验

按以上步骤对同一试样进行平行测定。

3.8　空白试验

除不称取试样外，均按上述步骤进行。

4．结果计算和表述

气相色谱-质谱测定结果可由计算机按内标法自动计算，也可按式（5-7）计算：

$$X = C_s \times \frac{A}{A_s} \times \frac{C_i}{C_{si}} \times \frac{A_{si}}{A_i} \times \frac{V}{m} \times \frac{1\,000}{1\,000} \tag{5-7}$$

式中：X——试样中被测物残留量，mg/kg；

C_s——基质标准工作溶液中被测物的浓度，μg/mL；

A——试样溶液中被测物的色谱峰面积；

A_s——基质标准工作溶液中被测物的色谱峰面积；

C_i——试样溶液中内标物的浓度，μg/mL；

C_{si}——基质标准工作溶液中内标物的浓度，μg/mL；

A_{si}——基质标准工作溶液中内标物的色谱峰面积；

A_i——试样溶液中内标物的色谱峰面积；

V——样液最终定容体积，mL；

m——试样溶液所代表试样的质量，g。

计算结果应扣除空白值，测定结果用平行测定的算术平均值表示，保留两位有效数字。

注意事项：

1）在重复性条件下获得的两次独立测定结果的绝对差值与其算术平均值的比值（百分率），应符合表5-9的要求。

表5-9 实验室内重复性要求

被测组分含量/（mg/kg）	精密度/%
≤0.001	36
0.001～0.01（含）	32
0.01～0.1（含）	22
0.1～1（含）	18
>1	14

2）在再现性条件下获得的两次独立测定结果的绝对差值与其算术平均值的比值（百分率），应符合表5-10的要求。

表5-10 实验室内再现性要求

被测组分含量/（mg/kg）	精密度/%
≤0.001	54
0.001～0.01（含）	46
0.01～0.1（含）	34
0.1～1（含）	25
>1	19

3）方法的定量限为0.012 6 mg/kg。

任务2 利用液相色谱-串联质谱法测定水果和蔬菜中农药及相关化学品残留量

任务介绍

液相色谱-串联质谱法测定农药及相关化学品残留量是综合了液相色谱的分离能力以及串联质谱可以得到选择离子的碎片离子的能力而形成的检测技术。液相色谱作为串联质谱的特殊进样器，利用其分离功能将混合物分离成各个单一组分后按时间顺序依次进入质谱离子源。在质谱离子源中离子化后形成的离子由于质荷比不同，经质量分析器分离后到达质谱检测器，信号被检测放大。由于液相色谱对于非挥发性、热不稳定性的农药及相关化学品分离、鉴定具有不可替代的特点，因此可以与气相色谱测定农药及相关化学品互补。

任务解析

试剂配制→样品处理→液相色谱-串联质谱仪测定

知识储备

测定有机果蔬及其制品中农药及相关化学品残留量的液相色谱-串联质谱法参照 GB/T 20769—2008 的规定执行，标准规定了苹果、橙子、结球甘蓝、芹菜、西红柿中 450 种农药及相关化学品残留量液相色谱-串联质谱测定方法。该方法适用于苹果、橙子、结球甘蓝、芹菜、西红柿中 450 种农药及相关化学品残留的定性鉴别，381 种农药及相关化学品残留量的定量测定。标准定量测定的 381 种农药及相关化学品方法检出限为 0.606～14 mg/kg。本任务以杀虫剂克百威为例，介绍有机果蔬中农药及相关化学品残留量的液相色谱-串联质谱分析流程。

试样用乙腈匀浆提取，盐析离心，经固相萃取柱净化，用乙腈+甲苯（3+1）洗脱农药及相关化学品，液相色谱-串联质谱仪测定，外标法定量。

任务操作

1. 主要试剂和材料

（1）试剂

乙腈；正己烷；异辛烷；甲苯；丙酮；二氯甲烷；甲醇；氯化钠；

微孔过滤膜（尼龙）：13 mm×0.2 μm；

Sep-Pak Vac 氨基固相萃取柱：1 g，6 mL 或相当者；

乙腈∶甲苯（3∶1，体积比）；

乙腈∶水（3∶2，体积比）；

0.05%甲酸溶液（体积分数）；

5 mmol/L 乙酸铵溶液：称取 0.375 g 乙酸铵加水稀释至 1 000 mL；

无水硫酸钠：分析纯。用前在 650℃灼烧 4 h，贮于干燥器中，冷却后备用。

（2）标准品

克百威标准物质：纯度≥95%。

（3）克百威标准储备液

称取 5～10 mg（精确至 0.1 mg）克百威标准品于 10 mL 容量瓶中，用甲醇溶解并定容至刻度，标准储备溶液避光 0～4℃保存，可使用一年。

（4）克百威标准溶液

根据克百威在仪器上的响应灵敏度，确定其标准溶液的浓度。移取一定量的克百威标准储备溶液于 100 mL 容量瓶中，用甲醇定容至刻度，推荐克百威标准溶液浓度为 1.31 μg/mL。克百威标准溶液避光于 0～4℃保存，可使用一个月。

（5）克百威标准工作溶液

用空白样品基质溶液配置不同浓度的克百威标准工作溶液，用于绘制标准工作曲线，标准工作溶液应现用现配。

2．主要仪器和设备

配有电喷雾离子源（ESI）的液相色谱-串联质谱仪；分析天平；高速组织捣碎机；离心管；离心机；旋转蒸发仪；鸡心瓶；移液器；样品瓶；氮气吹干仪。

3．测定

3.1 样品制备

样品取可食部分切碎，混匀，密封，作为试样，做好标记。将试样置于0～4℃冷藏保存。

3.2 提取

称取20 g试样（精确至0.01 g）于80 mL离心管中，加入40 mL乙腈，用高速组织捣碎机在15 000 r/min转速下匀浆提取1 min，加入5 g氯化钠，再匀浆提取1 min，在3 800 r/min离心5 min，取上清液20 mL（相当于10 g试样量），在40℃水浴中旋转浓缩至约1 mL，待净化。

3.3 净化

在Sep-Pak Vac氨基固相萃取柱中加入约2 cm高无水硫酸钠，并放在下接鸡心瓶的固定架上。加样前先用4 mL乙腈+甲苯（3+1）预洗柱，当液面到达硫酸钠的顶部时，迅速将样品浓缩液转移至净化柱上，并更换新鸡心瓶接收。再每次用2 mL乙腈+甲苯（3+1）洗涤样液瓶3次，并将洗涤液移入柱中。在柱上加上50 mL贮液器，用25 mL乙腈+甲苯（3+1）洗脱农药及相关化学品，合并于鸡心瓶中，并在40℃水浴中旋转浓缩至约0.5 mL。将浓缩液置于氮气吹干仪上吹干，迅速加入1 mL的乙腈+水（3+2），混匀，经0.2 μm滤膜过滤后进行液相色谱-串联质谱测定。

3.4 液相色谱-串联质谱的测定

液相色谱-串联质谱测定条件：

1）色谱柱：Atlantis T3，3 μm，150 mm×2.1 mm（内径）或相当者；

2）流动相及梯度洗脱条件见表5-11；

表5-11 流动相及梯度洗脱条件

时间/min	流速/（μL/min）	流动相A（0.05%甲酸-水）含量/%	流动相B（乙腈）含量/%
0.00	200	90.0	10.0
4.00	200	50.0	50.0
15.00	200	40.0	60.0
23.00	200	20.0	80.0
30.00	200	5.0	95.0
35.00	200	5.0	95.0
35.01	200	90.0	10.0
50.00	200	90.0	10.0

3）柱温：40℃；

4）进样量：20 μL；

5）离子源：ESI；

6）扫描方式：正离子扫描；

7）检测方式：多反应监测（MRM）；

8）电喷雾电压：5 000 V；

9）雾化气压力：0.483 MPa；

10）气帘气压力：0.138 MPa；

11）辅助加热气压力：0.379 MPa；

12）离子源温度：725℃；

13）监测离子对、碰撞气能量、去簇电压和保留时间见表 5-12。

表 5-12 克百威监测离子对、碰撞气能量、去簇电压和保留时间

项目	保留时间/min	定量离子	定性离子	去簇电压/V	碰撞气能量/V	碰撞室出口电压/V
克百威	13.20	222.3/165.1	222.3/165.1；222.3/123.1	44	16；30	2；3

3.5 定性测定

在相同实验条件下进行样品测定时，如果检出的色谱峰的保留时间与标准样品相一致，并且在扣除背景后的样品质谱图中，所选择的离子均出现，而且所选择的离子丰度比与标准样品的离子丰度比相一致（相对丰度＞50%，允许±20%偏差；相对丰度为 20%～50%，允许±25%偏差；相对丰度为 10%～20%，允许±30%偏差；相对丰度≤10%，允许 50%偏差），则可判断样品中存在克百威。

3.6 定量测定

液相色谱-串联质谱采用外标-标准曲线法定量测定。为减少基质对定量测定的影响，定量用标准溶液应采用基质混合标准工作溶液绘制标准曲线，并且保证所测样品中农药及相关化学品的响应值均在仪器的线性范围内。

3.7 平衡试验

按以上步骤对同一试样进行平行测定。

3.8 空白试验

除不称取试样外，均按上述步骤进行。

多反应监测（MRM）色谱图参见图 5-2。

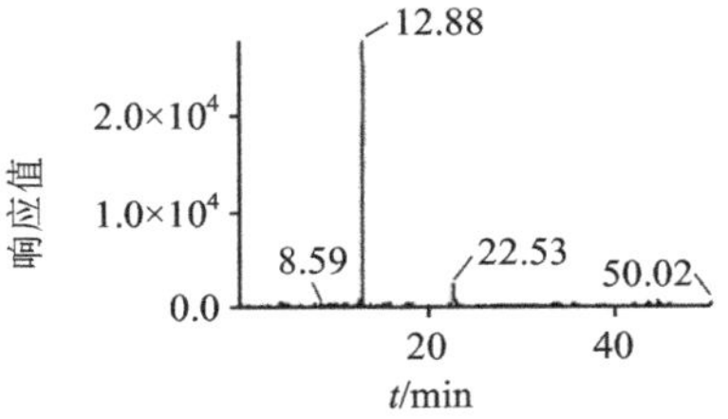

图 5-2 克百威多反应监测（MRM）色谱图

4．结果计算和表述

液相色谱-串联质谱测定采用外标-标准曲线法定量，标准曲线法定量结果按式（5-8）计算：

$$X_i = c_i \times \frac{V}{m} \quad (5\text{-}8)$$

式中：X_i——试样中被测组分含量，μg/g；

c_i——从标准工作曲线得到的试样溶液中被测组分的浓度，μg/mL；

V——试样溶液定容体积，mL；

m——试样溶液所代表试样的质量，g。

计算结果应扣除空白值。

项目四　有机产品认证果蔬及其制品污染物必测项目

果蔬中的污染物主要有农药、兽药、微生物、生物毒素、重金属以及持久性有机污染物等。其中，重金属通常以单质或化合物的形式广泛存在于地壳中，自然界中原本存在的重金属对环境的影响较小。但现代人类对重金属的违规开采加工、工矿企业污水的任意排放、生活垃圾的不当处理及农药化肥的大量使用等，导致重金属等进入大气、土壤、水体中，最终通过食物链进入农产品中，对食品安全构成重大威胁。有机果蔬产品的生产需要在适宜的环境条件下进行，生产基地应远离城区、工矿区、交通主干线、工业污染源、生活垃圾填埋场等，并宜持续改善产地环境。有机果蔬在生产过程中对产地的环境质量有严格的要求，在栽培过程中使用的投入品应符合《有机产品　生产、加工、标识与管理体系要求》（GB/T 19630—2019）有机植物生产中允许使用的投入品。本项目根据《有机产品认证（水果类）抽样检测项目指南（试行）》规定的有机认证中必测污染物，对重金属铅、镉的检测方法进行了介绍。

任务 1　有机果蔬及其制品中铅的测定

任务介绍

铅不是人体必需的元素，是一种具有蓄积性的有害元素，可通过消化道及呼吸道等进入人体并在体内蓄积，由于机体不能全部排泄，从而产生铅中毒。铅中毒最后会引起血管病、脑出血及肾炎，还可引起骨骼病变。在有机产品认证抽样检验中，铅为不得检出。因此，必须对有机果蔬及其制品中铅的含量进行测定。

任务解析

试剂配制→样品处理→石墨炉原子吸收光谱法测定铅含量

知识储备

铅的相对密度为 11.364，熔点 327.4℃，沸点 1 619℃，一旦加热至 400℃以上即有大量铅逸出。它可溶解于热浓硝酸、热沸的盐酸及硫酸中。铅能与许多有机试剂生成有色的化合物，因此可利用这一特性对铅进行比色测定。检测方法参照《食品安全国家标准　食品中铅的测定》（GB 5009.12—2023），该标准适用于各类食品中铅含量测定，包括石墨炉原子吸收光谱法、电感耦合等离子体质谱法、火焰原子吸收光谱法。

原子吸收光谱法测定铅含量，不受其他元素的干扰，操作比较简单。因此，出于实用目的，通常采用这种方法，本任务主要介绍石墨炉原子吸收光谱法。试样消解处理后，经石墨炉原子化，在 283.3 nm 处测定吸光度。在一定浓度范围内铅的吸光度值与铅含量成正比，与标准系列比较定量。

任务操作

1. 主要试剂

（1）试剂

除非另有规定，本方法所用试剂均为分析纯，水为 GB/T 6682 规定的三级水。

硝酸（HNO_3）；高氯酸（$HClO_4$）；磷酸二氢铵（$NH_4H_2PO_4$）；硝酸钯[$Pd(NO_3)_2$]。

（2）溶液的配制

1）硝酸溶液（5+95）：量取 50 mL 硝酸，加入 950 mL 水，混匀。

2）硝酸溶液（1+9）：量取 50 mL 硝酸，与 450 mL 水混合均匀。

3）磷酸二氢铵-硝酸钯溶液：称取 0.02 g 硝酸钯，加少量硝酸溶液（1+9）溶解后，再加入 2 g 磷酸二氢铵，溶解后用硝酸溶液（5 + 95）定容至 100 mL，混匀。

（3）标准品

硝酸铅[$Pb(NO_3)_2$，CAS 号：10099-74-8]标准品：纯度＞99.99%，或经国家认证并授予标准物质证书的一定浓度的铅标准溶液。

（4）标准溶液的配制

1）铅标准储备液（1 000 mg/L）：准确称取 1.598 5 g（精确至 0.000 1 g）硝酸铅，用少量硝酸溶液（1+9）溶解，移入 1 000 mL 容量瓶，加水至刻度，混匀。

2）铅标准中间液（10.0 mg/L）：准确吸取铅标准储备液（1 000 mg/L）1.00 mL 于 100 mL 容量瓶中，加硝酸溶液（5+95）至刻度，混匀。

3）铅标准使用液（1.00 mg/L）：准确吸取铅标准储备液（10.0 mg/L）10.00 mL 于 100 mL 容量瓶中，加硝酸溶液（5+95）至刻度，混匀。

4）铅标准系列溶液：分别吸取铅标准使用液（1.00 mg/L）0 mL、0.2 mL、0.5 mL、1.0 mL、2.0 mL 和 4.0 mL 于 6 个 100 mL 容量瓶中，加硝酸溶液（5+95）至刻度，混匀。此铅标准系列溶液的质量浓度分别为 0 μg/L、2.0 μg/L、5.0 μg/L、10.0 μg/L、20.0 μg/L 和 40.0 μg/L。

注：可根据仪器的灵敏度及样品中铅的实际含量确定标准系列溶液中铅的质量浓度。

2. 主要仪器设备

原子吸收光谱仪：配石墨炉原子化器，附铅空心阴极灯；分析天平：感量 0.1 mg 和 1 mg；可调式电热炉和电热板；微波消解系统：配聚四氟乙烯消解内罐；恒温干燥箱；压力消解罐：配聚四氟乙烯消解内罐。

3. 分析步骤

3.1 试样制备

（1）试样预处理

1）粮食、豆类、坚果类样品：样品去除杂物后，粉碎，储于塑料瓶中。

2）蔬菜、水果、肉类、鱼类及蛋类等样品：样品用水洗净，晾干，取可食部分，制成匀浆，储于塑料瓶中。

3）饮料、酒、醋、酱油、食用植物油、液态乳等液体样品：将样品摇匀。

（2）试样消解

1）湿法消解。称取固体试样 0.2～3 g（精确至 0.001 g）或准确移取液体试样 0.50～5.00 mL 于带刻度消化管中，加入 10 mL 硝酸和 0.5 mL 高氯酸，在可调式电热炉上消解[参考条件：120℃（0.5～1 h），升至 180℃（2～4 h），升至 200～220℃（时间根据消化液颜色判断）]。若消化液呈棕褐色，再加少量硝酸，消解至冒白烟，消化液呈无色透明或略带黄色，取出消化管，冷却后用水定容至 10 mL，混匀备用。同时做试剂空白试验。也可采用锥形瓶，于可调式电热板上，按上述操作方法进行湿法消解。

2）微波消解。称取固体试样 0.2～0.8 g（精确至 0.001 g）或准确移取液体试样 0.50～3.00 mL 于微波消解罐中，加入 5～10 mL 硝酸，按照微波消解的操作步骤消解试样，消解条件参考表 5-13。冷却后取出消解罐，在可调式电热板上于 140～160℃赶酸至近干。消解罐放冷后，将消化液转移至 10 mL 容量瓶中，用少量水洗涤消解罐 2～3 次，合并洗涤液于容量瓶中并用水定容至刻度，混匀备用。同时做试剂空白实验。

表 5-13 微波消解参考条件

步骤	设定温度/℃	升温时间/min	恒温时间/min
1	120	5	5
2	160	5	10
3	180	5	10

3）压力消解罐消解。称取固体试样 0.2～1 g（精确至 0.001 g）或准确移取液体试样 0.50～5.00 mL 于消解内罐中，加入 5～10 mL 硝酸。盖好内盖，旋紧不锈钢外套，放入恒温干燥箱，于 140～160℃下保持 4～5 h。冷却后缓慢旋松外罐，取出消解内罐，放在可调式电热板上于 140～160℃赶酸至 1 mL 左右。冷却后将消化液转移至 10 mL 容量瓶中，用少量水洗涤内罐和内盖 2～3 次，合并洗涤液于容量瓶中并用水定容至刻度，混匀备用。同时做试剂空白试验。

3.2 测定仪器参考条件

波长：283.3 nm；狭缝 0.5 nm；灯电流 8～12 mA；85～120℃干燥 40～50 s；750℃灰化 20～30 s；2 300℃原子化 4～5 s。

3.3 标准曲线制作

按质量浓度由低到高的顺序分别将 10 μL 铅标准系列溶液和 5 μL 磷酸二氢铵-硝酸钯溶液（可根据所使用的仪器确定最佳进样量）同时注入石墨炉，原子化后测其吸光度值，以质量浓度为横坐标，吸光度值为纵坐标，制作标准曲线。

3.4 试样测定

在与测定标准溶液相同的实验条件下，将 10 μL 空白溶液或试样溶液与 5 μL 磷酸二氢铵-硝酸钯溶液（可根据所使用的仪器确定最佳进样量）同时注入石墨炉，原子化后测其吸光度值，与标准系列比较定量。

4．分析结果的表述

试样中铅的含量按式（5-9）计算：

$$X=\frac{(\rho-\rho_0)\times V}{m\times 1\,000} \tag{5-9}$$

式中：X——试样中铅的含量，mg/kg 或 mg/L；

ρ——试样溶液中铅的质量浓度，μg/L；

ρ_0——空白溶液中铅的质量浓度，μg/L；

V——试样消化液的定容体积，mL；

m——试样称取质量或移取体积，g 或 mL；

1 000——换算系数。

当铅含量≥10.0 mg/kg（或 mg/L）时，计算结果保留 3 位有效数字；当铅含量＜10.0 mg/kg（或 mg/L）时，计算结果保留 2 位有效数字。

重复性条件下获得的两次独立测定结果的绝对差值不得超过算术平均值的 20%。

当称样量为 0.5 g（或 0.5 mL），定容体积为 10 mL 时，方法的检出限为 0.02 mg/kg（或 0.02 mg/L），定量限为 0.04 mg/kg（或 0.04 mg/L）。

注意事项与说明：

1）所有玻璃器皿及聚四氟乙烯消解内罐均需用硝酸溶液（1+5）浸泡过夜，用自来水反复冲洗，最后用去离子水冲洗干净；

2）可根据仪器的灵敏度及样品中铅的实际含量确定标准系列溶液中铅的质量浓度；

3）采样和试样制备过程中，应避免试样污染。

任务 2　有机果蔬及其制品中镉的测定

任务介绍

镉是一种相对稀有、毒性很强的金属元素，在自然界中的含量很少。镉在工农业生产中应用广泛，主要用于制造焊条、白炽灯、光电池、蓄电池以及医药等，但镉的广泛使用造成了对生物环境的污染。生活用水中的镉含量还因镀锌或塑料管中镉的污染而增高，被污染的水、土壤又为植物、鱼虾所富集。

镉不是人体所必需的元素，且在人体内有蓄积性，危害较大。镉从受污染的食物、水、空气等经消化道和呼吸道进入人体并积累。人体摄取过量被镉污染的食物和水等容易引起镉中毒，慢性中毒可导致肾功能衰退、肝损害等。在食品污染物中，镉排在黄曲霉毒素和砷之后，列第三位。在有机产品认证抽样检验中，镉为不得检出，对有机果蔬及其制品中铅的含量进行测定，对保障产品质量以及对保护人类健康具有重要意义。

任务解析

试剂配制→样品处理→电感耦合等离子体质谱法测定镉含量

知识储备

镉含量测定方法参照《食品安全国家标准　食品中多元素的测定》（GB 5009.268—2016）、《食品安全国家标准　食品中镉的测定》（GB 5009.15—2023）规定的方法测定。食品中镉含量测定的方法包括石墨炉原子吸收光谱法与电感耦合等离子体质谱法，其中石墨炉原子吸收光谱法检测步骤与铅的测定类似，本任务不再赘述，这里主要介绍电感耦合等离子体质谱法。试样经消解后，由电感耦合等离子体质谱仪测定，以元素特定质量数（质荷比，m/z）定性，采用外标法，以待测元素质谱信号与内标元素质谱信号的强度比同待测元素的浓度成正比进行定量分析。

任务操作

1. 主要试剂

（1）试剂

除非另有规定，本任务所用试剂均为优级纯，水为 GB/T 6682 规定的一级水。

硝酸（HNO_3）；氩气（Ar，纯度≥99.995%或液氩）；氦气（He，纯度≥99.995%）。

（2）试剂配制

硝酸溶液（5+95）：取 50 mL 硝酸，缓慢加入 950 mL 水中，混匀。

（3）标准品

1）镉元素贮备液（1 000 mg/L 或 100 mg/L）：采用经国家认证并授予标准物质证书的单元素标准贮备液。

2）内标元素贮备液（1 000 mg/L）：铟、铑等采用经国家认证并授予标准物质证书的单元素或多元素内标标准贮备液。

（4）标准溶液配制

1）标准工作溶液：吸取适量镉元素标准贮备液，用硝酸溶液（5+95）逐级稀释配成标准工作溶液系列：0 μg/L、1.00 μg/L、5.0 μg/L、10.0 μg/L、30.0 μg/L 和 50.0 μg/L（可依据样品消解溶液中元素质量浓度水平，适当调整标准系列中各元素质量浓度范围）。

2）内标使用液：取适量内标单元素贮备液或内标多元素标准贮备液，用硝酸溶液（5+95）配制合适浓度的内标使用液（内标溶液既可在配制混合标准工作溶液和样品消化液中手动定量加入，也可由仪器在线加入，由于不同仪器采用的蠕动泵管内径有所不同，当在线加入内标溶液时，需考虑内标元素在样液中的浓度）。内标元素参考浓度范围为 25～100 μg/L，低质量数元素可以适当提高使用液浓度。

2. 主要仪器设备

电感耦合等离子体质谱仪（ICP-MS）；天平：感量为 0.1 mg 和 1 mg；微波消解仪：配有聚四氟乙烯消解内罐；压力消解罐：配有聚四氟乙烯消解内罐；恒温干燥箱；控温电热板；超声水浴箱；样品粉碎设备：匀浆机、高速粉碎机。

3. 分析步骤

3.1　试样制备

（1）试样预处理

1）干样：豆类、谷物、菌类、茶叶、干制水果、焙烤食品等低含水量样品，取可食部分，必要时经高速粉碎机粉碎均匀；对于固体乳制品、蛋白粉、面粉等呈均匀状的粉状样品，摇匀即可。

2）鲜（湿）试样：蔬菜、水果、水产品等高含水量样品必要时洗净，晾干，取可食部分匀浆均匀；对于肉类、蛋类等样品取可食部分匀浆均匀。

3）速冻及罐头食品：经解冻的速冻食品及罐头样品，取可食部分匀浆均匀。

4）液态试样：软饮料、调味品等样品摇匀。

5）半固体样品：搅拌均匀。

（2）试样消解

1）微波消解法。称取固体样品 0.2～0.5 g（精确至 0.001 g，含水分较多的样品可适当增加取样量至 1 g）或准确移取液体试样 1.00～3.00 mL 于微波消解内罐中，含乙醇或二氧化碳的样品先在电热板上低温加热除去乙醇或二氧化碳，加入 5～10 mL 硝酸，加盖放置 1 h 或过夜，旋紧罐盖，按照微波消解仪标准操作步骤进行消解，消解参考条件见表 5-14。冷却后取出，缓慢打开罐盖排气，用少量水冲洗内盖，将消解罐放在控温电热板上或超声水浴箱中，于 100℃加热 30 min 或超声脱气 2～5 min，用水定容至 25 mL 或 50 mL，混匀备用，同时做空白试验。

表 5-14 微波消解参考条件

步骤	设定温度/℃	升温时间/min	恒温时间/min
1	120	5	5
2	150	5	10
3	190	5	20

2）压力罐消解法。称取固体干样 0.2～1 g（精确至 0.001 g，含水分较多的样品可适当增加取样量至 2 g）或准确移取液体试样 1.00～5.00 mL 于消解内罐中，含乙醇或二氧化碳的样品先在电热板上低温加热除去乙醇或二氧化碳，加入 5 mL 硝酸，放置 1 h 或过夜，旋紧不锈钢外套，放入压力罐消解，消解参考条件见表 5-15，冷却后，缓慢旋松不锈钢外套，将消解内罐取出，在控温电热板上或超声水浴箱中，于 100℃加热 30 min 或超声脱气 2～5 min，用水定容至 25 mL 或 50 mL，混匀备用，同时做空白试验。

表 5-15 压力罐消解参考条件

步骤	设定温度/℃	恒温时间/h
1	80	2
2	120	2
3	160～170	4

3.2 仪器参考条件

（1）仪器操作条件

仪器操作条件见表 5-16。元素分析模式选择碰撞反应池，对没有合适消除干扰模式的仪器，需采用干扰校正方程对测定结果进行校正。

表 5-16　电感耦合等离子体质谱仪操作参考条件

参数名称	参数	参数名称	参数
射频功率	1 500 W	雾化器	高盐/同心雾化器
等离子体气流量	15 L/min	采样深度	镍/铂锥
载气流量	0.80 L/min	采样锥/截取锥	8～10 mm
辅助气流量	0.40 L/min	采集模式	跳峰（spectrum）
氦气流量	4～5 mL/min	检测方式	自动
雾化室温度	2℃	每峰测定点数	1～3
样品提升速率	0.3 r/s	重复次数	1～3

（2）测定参考条件

在调谐仪器达到测定要求后，编辑测定方法，根据镉元素的性质选择相应的内标元素，镉元素的 m/z 为 111，内标元素选择 $^{103}Rh/^{115}In$。

3.3　标准曲线的制作

将混合标准溶液注入电感耦合等离子体质谱仪中，测定待测元素和内标元素的信号响应值，以待测元素的浓度为横坐标，待测元素与所选内标元素响应信号值的比值为纵坐标，绘制标准曲线。

3.4　试样溶液的测定

将空白溶液和试样溶液分别注入电感耦合等离子体质谱仪中，测定待测元素和内标元素的信号响应值，根据标准曲线得到消解液中待测元素的浓度。

4．分析结果的表述

试样中镉的含量按式（5-10）计算：

$$X=\frac{(\rho-\rho_0)\times V}{m\times 1000} \tag{5-10}$$

式中：X——试样中镉元素含量，mg/kg 或 mg/L；

ρ——试样溶液中被测元素质量浓度，μg/L；

ρ_0——试样空白液中被测元素质量浓度，μg/L；

V——试样消化液定容体积，mL；

m——试样称取质量或移取体积，g 或 mL；

1 000——换算系数。

计算结果保留 3 位有效数字。

在重复性条件下获得的两次独立测定结果的绝对差值不得超过算术平均值的 20%。

固体样品以 0.5 g 定容体积至 50 mL，液体样品以 2 mL 定容体积至 50 mL 计算，本方法镉元素的检出限为 0.002 mg/kg（或 0.000 5 mg/L），定量限为 0.005 mg/kg（或 0.002 mg/L）。

注意：所用玻璃仪器均需以硝酸（1+5）浸泡过夜，用水反复冲洗后用去离子水洗净。

知识考核

1. 有机果蔬在生产过程中禁止使用化学合成农药和肥料，这对它们的感官品质可能会产生何种影响？

2. 简述有机果蔬检测中农残检测方法及其原理。

3. 分析在有机果蔬及其制品的检测中，测定可溶性固形物的意义，并简述其测定方法。

模块六

有机乳及乳制品的检测

本模块主要介绍了有机乳及乳制品的行业检测项目、有机认证必测项目和微生物的测定，重点对认证中抗生素、商业无菌等检测项目的技术方法进行了阐述。通过学习，了解有机乳及乳制品抽样技术规范，掌握有机乳及乳制品中杂质度、非脂乳固体等常规行业检测项目的检测方法及原理；掌握有机认证乳及乳制品中抗生素、硝酸盐及亚硝酸盐等必检项目的检测方法；掌握有机认证乳及乳制品中微生物的测定方法及原理。

项目一　有机乳及乳制品行业检测项目

我国乳制品消费的主要品种是液态乳、酸乳和乳粉，此外还有少量的干酪、奶油、冰淇淋、雪糕、炼乳等乳制品。乳制品行业指标的检测具有重要的意义。

1）严格控制原辅料质量，保证食品质量与安全。原辅料质量好坏直接影响生产和产品质量。要保证原辅料质量符合生产要求，除了经验判断外，必须从原辅料中抽取具有代表性的样品进行分析检验，以保证生产的正常进行和产品质量的安全性。

2）掌握生产过程情况和决定工艺条件的依据。生产是否正常，工艺条件是否合适，往往要由分析检验的数据来确定。

3）控制产品质量，把好出口关。各类产品都有相应的国家质量标准，产品是否符合质量要求，必须通过分析测定。产品质量的高低，也是一个生产企业技术水平、工艺过程、设备条件好坏的综合标志之一。

4）进行经济核算的依据。原辅料的利用率、制酸奶时乳糖的转化率等的计算都直接或间接地需要分析检验的数据。

5）进行科学研究工作的手段。为了不断发展产品，探讨新工艺和提高产品质量，生产中需要进行经常性的科学实验，分析检验工作是科学实验中必不可少的手段。通过分析检验，判断产品质量提高的情况，评价新工艺、新设备的使用效果，为新产品的开发提供依据。

任务 1　乳品采样及保存

按照新版《有机产品认证目录》划分标准，有机加工产品分为 30 个种类，其中有机乳制品分为三大类：液体乳（包括巴氏杀菌乳、调制乳、灭菌乳和发酵乳）、乳粉（包括全脂乳粉、脱脂乳粉、部分脱脂乳粉、调制乳粉、牛初乳粉、基粉）、其他乳制品［包括炼乳、奶油、稀奶油、无水奶油、干酪、再制干酪、乳清粉（液）、乳糖、黄油、酪蛋白、乳铁蛋白、乳清蛋白析出液、乳清蛋白粉］。中国食品农产品认证信息系统数据统计显示，2021 年，我国经过认证的有机乳制品总量为 104.68 万 t，较 2020 年增长了 28.8%；巴氏杀菌乳、调制乳、发酵乳认证产量分别为 6.41 万 t、2.68 万 t 和 2.39 万 t。为了保证产品的质量，原料和产品的检验至关重要。采集乳样是检测工作中非常重要的一步。采集的乳样必须能代表整批样品的特点，否则，即使以后的样品处理及检测再严格和精确，也不能反映被分析乳制品内在的质量品质。采样过程应为无菌操作，采样方法和采样数量应根据具体产品的特点和产品标准要求执行。

任务介绍

食品样品的采集、制备与保存等是确保食品检验结果准确、客观的关键性因素。为确保样品能够满足检验的要求，充分反映出产品的质量特性和可塑性，降低检验风险，必须对食品样品的采集过程、样品的制备、样品的编号、样品的保存等进行严格的管理，以确保样品的客观性、真实性和可靠性。

任务解析

采样准备→样品采集→样品编号→样品保存

知识储备

1. 采样方案

1）根据检验目的、乳制品特点、批量、检测项目、检验方法等确定每次的采样方案。

2）根据确定的检测项目采集足量的样品，采样量不应少于检验需要量的 5 倍。

3）散装样品每份不少于 500 g；预包装样品每份不少于 250 g；食品安全国家标准对采样量有特别规定的，依照其规定采样。

4）对于均匀性较好的样品，应当现场分为三份，一份检验，两份作复检、备查或仲裁留样；对于均匀性不好的样品，采样量应当满足实验室处理分样的需要，由实验室将采取的样本分为三份，一份检验，两份留样，并做好分样操作记录。仅检测微生物指标时不需要进行复检。

2. 采样原则

1）代表性原则。采集的样品能真正反映被采样本的总体水平。

2）典型性原则。采集能充分说明监测目的的典型样本，如污染或怀疑污染、掺假或怀疑掺假、中毒或怀疑中毒的乳制品等。

3）适量性原则。样品采集数量应既符合检验要求、产品确认及复检需要，又不造成浪费。

4）原样（状）性原则。所采集样品应尽可能保持乳制品原有的品质及包装形态。所采集的样品不得受样品以外的任何物质污染。

5）无菌性原则。对于需要进行微生物项目检测的样品，采样应符合无菌操作的要求，一件采样器具只能盛装一个样品，防止交叉污染。注意样品的冷藏运输与保存。

6）规范性原则。采样、送检、留样和出具报告均按规定的程序进行，各阶段均应有完整的手续记录，交接清楚。

7）及时性原则。为避免样品随时间发生变化而影响结论的正确性，应尽快采样送检。

8）均匀性原则。采集的样品分布或分配在各部分的数量与比例相同。

9）同一性原则。采集样品时，检测及留样、复检或仲裁所需样品应保证同一性，即同一品种、同一单位、同一品牌、同一规格、同一生产日期、同一批号等。

10）完整性原则。采取的样品在检测前，应确保数量不少、封装完好、标记清晰。

3. 采样注意事项

1）采样所用工具都应做到清洁、干燥、无异味，不能将有害物质带入样品中。供微生物检验的样品，采样时必须按照无菌操作规程进行，避免取样染菌，造成假染菌现象；检测微量或超微量元素时，要对容器进行预处理，防止容器对检验的干扰。

2）要保证样品原有微生物状况和理化指标不变，检测前不得出现污染和成分变化。

3）采样后要尽快送到实验室进行分析检验，以能保持原有的理化、微生物、有害物质等存在状况，检测前也不能出现污染、变质、成分变化等现象。

4）装样品的器具上要贴上标签，注明样品名称、取样点、日期、批号、方法、数量、分析项目、采样人等基本信息。

任务操作

1. 采样准备

1.1　采样工具

采样工具应使用不锈钢或其他强度适当的材料，表面光滑，无缝隙，边角圆润。采样工具应清洗和灭菌，使用前保持干燥。采样工具包括搅拌器具、采样勺、匙、切割丝、刀具、采样钻等。

1.2　样品容器

样品容器的材料（如玻璃、不锈钢、塑料等）和结构应能充分保证样品的原有状态。容器和盖子应清洁、无菌、干燥。样品容器应有足够的体积，使样品可在测试前充分混匀。样品容器包括采样袋、采样管、采样瓶等。

1.3　其他用品

包括温度计、铝箔、封口膜、记号笔、采样登记表等。

1.4　实验室检验用品

常规检验用品按 GB 4789.1 执行。微生物指标菌检验按 GB 4789.2、GB 4789.3 和 GB 4789.15 执行。致病菌检验按 GB 4789.4、GB 4789.10、GB 4789.30 和 GB 4789.40 执行。双歧杆菌和乳酸菌检验分别按 GB 4789.34 和 GB 4789.35 执行。

2. 采样

2.1　生乳的采样

（1）养殖场采样

从混合奶中采样，取样量不少于 200 mL。

（2）储奶罐采样

对于生鲜乳收购站、加工企业的储奶罐，采样前，首先启动机械式搅拌装置搅拌至少 5 min，保证样品混合均匀，用取样工具从储奶罐的表面、中部、底部三点采样，每个点采集 1 000 mL，将三点采集到的样品混合至洁净容器中备用。

（3）生鲜乳运输车奶罐采样

如果奶罐内配有搅拌器，采样前应打开搅拌器搅拌 5 min，如果没有搅拌器，采样前先用人工搅拌器探入罐底，采取从下至上的方式搅拌 30 次以上。样品充分混匀后，用液态乳铲斗从表面、中部、底部三点采样，每个点采集 1 000 mL。将三点采集到的样品混合至 4 L 塑料容器中，充分混合均匀备用。

2.2　液态乳制品的采样

适用于巴氏杀菌乳、发酵乳、灭菌乳、调制乳等。取相同批次最小零售原包装，满足测定需求。

2.3 半固态乳制品的采样

（1）炼乳的采样

适用于淡炼乳、加糖炼乳、调制炼乳等。

1）原包装小于或等于 500 g（mL）的制品：取相同批次的最小零售原包装，每批至少取 5 件。采样量不小于 5 倍或以上检验单位的样品。

2）原包装大于 500 g（mL）的制品（再加工产品，进出口产品）：采样前应摇动或使用搅拌器搅拌，使其达到均匀后采样。如果样品无法进行均匀混合，就从样品容器中的各个部位取代表性样。采样量不小于 5 倍或以上检验单位的样品。

（2）奶油及其制品的采样

适用于稀奶油、奶油、无水奶油等。

1）原包装小于或等于 1 000 g（mL）的制品：取相同批次的最小零售原包装，采样量不小于 5 倍或以上检验单位的样品。

2）原包装大于 1 000 g（mL）的制品：采样前应摇动或使用搅拌器搅拌，使其达到均匀后采样。对于固态制品，用无菌抹刀除去表层产品，厚度不少于 5 mm。将洁净、干燥的采样钻沿包装容器切口方向往下，匀速穿入底部。当采样钻到达容器底部时，将采样钻旋转 180°，抽出采样钻并将采集的样品转入样品容器。采样量不小于 5 倍或以上检验单位的样品。

2.4 固态乳制品采样

固态乳制品采样适用于干酪、再制干酪、乳粉、乳清粉、乳糖和酪乳粉等。

（1）干酪与再制干酪的采样

1）原包装小于或等于 500 g 的制品：取相同批次的最小零售原包装，采样量不小于 5 倍或以上检验单位的样品。

2）原包装大于 500 g 的制品：根据干酪的形状和类型，可分别使用下列方法。

①在距边缘不小于 10 cm 处，把取样器向干酪中心斜插到一个平表面，操作一次或几次。

②把取样器垂直插入一个面，并穿过干酪中心到对面。

③从两个平面之间，将取样器水平插入干酪的竖直面，插向干酪中心。

④若干酪是装在桶、箱或其他大容器中，或是将干酪制成压紧的大块时，将取样器从容器顶斜穿到底进行采样。采样量不小于 5 倍或以上检验单位的样品。

（2）乳粉、乳清粉、乳糖、酪乳粉的采样

1）原包装小于或等于 500 g 的制品：取相同批次的最小零售原包装，采样量不小于 5 倍或以上检验单位的样品。

2）原包装大于 500 g 的制品：将洁净、干燥的采样钻沿包装容器切口方向往下，匀速穿入底部。当采样钻到达容器底部时，将采样钻旋转 180°，抽出采样钻并将采集的样品转入样品容器。采样量不小于 5 倍或以上检验单位的样品。

3．样品编号

样品编号是样品唯一标识，具有唯一性。采用字母、数字或奶站名称、运输车辆车牌号均可，每检查抽样一次须重新进行编号；检验单位样品登记记录可以流水号的形式编号，年度更换，如河北环境工程学院食品检测中心样品登记号排序：HUEE20110216001，其中 HUEE 即河北环境工程学院，20110216 代表取样日期，001 为样品编号，以此类推，要易于识别。每份样品的 3 个分样的编号一致。

4．乳品保存

样品在保存和运输的过程中，应采取必要的措施防止样品中原有微生物的数量发生变化，保持样品的原有状态。生鲜乳样品采集后用保温箱、内加冷媒运输，运输过程保持保温箱温度不超过 4℃，24 h 内抵达送检单位。如不能保证 24 h 抵达，应利用当地冰柜、冰箱等设备冻存。

采取的乳样如不能立即进行检查，必须放入冰箱中保存或加入适当的防腐剂（做细菌学检验时不加防腐剂），以防止微生物的生长和繁殖。

（1）低温保存法

乳样采取后，如果只需保存 1～2 d，则可在 0～5℃的冰箱中快速冷却保存。

（2）添加防腐剂保存法

1）铬酸盐保存法。用 20%的重铬酸钾或 10%重铬酸钠溶液，在冬季每 100 mL 乳中加入 0.5 mL，在夏季每 100 mL 乳中加入 0.75 mL，即可保存 3～12 d。

2）甲醛保存法。用市售福尔马林（含甲醛 37%～40%），每 100 mL 乳中加入 1～2 滴，即可保存 10～15 d。

3）过氧化氢保存法。用过氧化氢（30%～33%），每 100 mL 乳中加入 2～3 滴，密闭，即可保存 6～10 d。

任务 2　有机乳及乳制品中杂质度的测定

任务介绍

杂质度是乳制品的重要理化指标。杂质度是根据规定方法测得的 500 mL 液体乳样品或 62.5 g 乳粉样品中，不溶于 40℃热水、残留于过滤板上的可见带色杂质的数量。测定方法参考《食品安全国家标准　乳和乳制品杂质度的测定》（GB 5413.30—2016）。该法适用于生鲜乳、巴氏杀菌乳、灭菌乳、炼乳及乳粉杂质度的测定，不适用于添加影响过滤的物质及不溶性有色物质的乳和乳制品。

任务解析

试剂和设备的准备→杂质度参考标准板的制备→样品测定→结果分析

知识储备

杂质度是乳制品的重要理化指标，杂质度的高低直接影响着乳与乳制品质量的好坏。原料乳在运输、贮存和加工过程中有时会由于外界因素和加工工艺不当而混入一些杂质，这些杂质可能用肉眼看不出来，但对感官、溶解度等指标有着重要的作用。因此，对杂质度的检测是不可缺少的。

团体标准《有机牦牛乳粉》（T/CXDYJ 0002—2019）中规定：全脂有机牦牛乳粉、脱脂有机牦牛乳粉以及调制有机牦牛乳粉的杂质度≤16 mg/kg。

任务操作

1. 主要仪器与材料

1.1 过滤设备

杂质度过滤机或抽滤瓶，可采用正压或负压的方式实现快速过滤（每升水的过滤时间为 10～15 s）。安放杂质度过滤板后的有效过滤直径为（28.6±0.1）mm。

1.2 杂质度过滤板

直径 32 mm、质量（135±15）mg、厚度 0.8～1.0 mm 的白色棉质板，应符合检验要求。

1.3 杂质度参考标准板

（1）试剂与材料

1）试剂。

阿拉伯胶：生化试剂；蔗糖；牛粪和焦粉：分别收集牛粪和焦粉，粉碎后（100±1）℃恒温干燥箱中烘干。

阿拉伯胶溶液（0.75%）：称取 1.875 g 阿拉伯胶于 100 mL 烧杯中，加入 20 mL 水并加热溶解后，冷却。用水转移至 250 mL 容量瓶并定容，过滤。

蔗糖溶液（50%）：称取 1 000 g 蔗糖于 1 000 mL 烧杯中，加入 500 mL 水溶解，用水转移至 2 000 mL 容量瓶并定容，过滤。

2）材料制备。

牛粪：

A：用标准筛收集颗粒大小为 0.150～0.200 mm 的牛粪，备用；B：用标准筛收集颗粒大小为 0.125～0.150 mm 的牛粪，备用；C：用标准筛收集颗粒大小为 0.106～0.125 mm 的牛粪，备用。

焦粉：

D：用标准筛收集颗粒大小为 0.300～0.450 mm 的焦粉，备用；E：用标准筛收集颗粒大小为 0.200～0.300 mm 的焦粉，备用；F：用标准筛收集颗粒大小为 0.150～0.200 mm 的焦粉，备用。

（2）液体乳参考标准杂质板制作步骤

1）液体乳杂质参考标准液的配制。分别准确称取 500.0 mg 牛粪 A、B、C 于 3 个 100 mL 烧杯中。加水 2 mL，加阿拉伯胶溶液 23 mL，充分混匀后；用蔗糖溶液转入 500 mL 容量瓶中并定容，充分混匀直到杂质均匀分布，得到浓度为 1.0 mg/mL 的牛粪杂质参考标准液 a_0、b_0、c_0。用蔗糖溶液稀释，得到浓度为 0.02 mg/mL 的牛粪杂质参考标准工作液 a_2、b_2、c_2。

2）液体乳参考标准杂质板的制作。

量取 100 mL 蔗糖溶液，在已放置好杂质度过滤板的过滤设备上过滤，用 100 mL（40±2）℃的水分多次清洗过滤板，晾干，此杂质板为液体乳中杂质相对含量为 0 mg/kg 的杂质度参考标准板 A_1。

准确吸取 6.25 mL 牛粪杂质参考标准工作液 c_2 于 100 mL 容量瓶中，用蔗糖溶液稀释并定容，混匀后在已放置好杂质度过滤板的过滤设备上过滤，用水洗净容量瓶，洗液一并过滤。再用 100 mL（40±2）℃的水分多次清洗过滤板，晾干，此杂质板为液体乳中杂质相对含量为 2 mg/8 L 的杂质度参考标准板 A_2。

准确吸取 12.5 mL 牛粪杂质参考标准工作液 b_2，重复以上操作得到液体乳中杂质相对含量为 4 mg/8 L 的杂质度参考标准板 A_3。

准确吸取 18.75 mL 牛粪杂质参考标准工作液 a_2，重复以上操作得到液体乳中杂质相对含量为 6 mg/8 L 的杂质度参考标准板 A_4。

3）以 500 mL 液体乳为取样量，按表 6-1 制备液体乳杂质度参考标准板。

表 6-1　液体乳杂质度参考标准板比对

参考标准板号	A_1	A_2	A_3	A_4
杂质液浓度/（mg/mL）	0	0.02	0.02	0.02
取杂质液体积/mL	0	6.25	12.5	18.75
杂质绝对含量/（mg/500 mL）	0	0.125	0.250	0.375
杂质相对含量/（mg/8 L）	0	2	4	6

（3）乳粉杂质度参考标准板制作步骤

1）乳粉杂质参考标准液的配制。分别准确称取 500.0 mg 焦粉 D、E、F 于 3 个 100 mL 烧杯中。加水 2 mL，加阿拉伯胶溶液 23 mL，充分混匀后，用蔗糖溶液转入 500 mL 容量瓶中并定容，充分混匀直到杂质均匀分布，得到浓度为 1.0 mg/mL 的焦粉杂质参考标准液 d_0、e_0、f_0。用蔗糖溶液稀释，得到浓度为 0.2 mg/mL 的焦粉杂质参考标准工作液 d_1、e_1、f_1。

2）乳粉参考标准杂质板的制作。

准确吸取 2.5 mL 焦粉杂质参考标准工作液 f_1 于 100 mL 容量瓶中，用蔗糖溶液稀释并定容，混匀后在已放置好杂质度过滤板的过滤设备上过滤，用水洗净容量瓶，洗液一并过滤。再用 100 mL（40±2）℃的水分多次清洗过滤板，晾干，此杂质板为乳粉中杂质相对含量为 8 mg/kg 的杂质度参考标准板 B_1。

准确吸取 3.75 mL 焦粉杂质参考标准工作液 e_1，重复以上操作得到乳粉中杂质相对含量为 12 mg/kg 的杂质度参考标准板 B_2。

准确吸取 5.0 mL 焦粉杂质参考标准工作液 d_1，重复以上操作得到乳粉中杂质相对含量为 16 mg/kg 的杂质度参考标准板 B_3。

准确吸取 3.75 mL 焦粉杂质参考标准工作液 d_1 和 2.5 mL 焦粉杂质参考标准工作液 e_1，重复以上操作得到乳粉中杂质相对含量为 20 mg/kg 的杂质度参考标准板 B_4。

以 62.5 g 乳粉为取样量，按表 6-2 制备乳粉杂质度参考标准板。

表 6-2　乳粉杂质度参考标准板比对

参考标准板号	B_1	B_2	B_3	B_4
杂质液浓度/（mg/mL）	0.2	0.2	0.2	0.2
取杂质液体积/mL	2.5	3.75	5.0	6.25
杂质绝对含量/（mg/62.5 g）	0.500	0.750	1.000	1.250
杂质相对含量/（mg/kg）	8	12	16	20

2．分析步骤

2.1　样品溶液的测定

液体乳：充分混匀后，用量筒量取 500 mL 立即测定。

乳粉：准确称取（62.5±0.1）g 乳粉样品于 1 000 mL 烧杯中，加入 500 mL（40±2）℃的水，充分搅拌溶解后，立即测定。

2.2 测定

将杂质度过滤板放置在过滤设备上，将制备的样品溶液倒入过滤设备的漏斗中，但不得溢出漏斗，过滤。用水多次洗净烧杯，并将洗液转入漏斗过滤。分次用洗瓶洗净漏斗过滤，滤干后取出杂质度过滤板，与杂质度标准板比对即得样品杂质度。

3. 分析结果的表述

过滤后的杂质度过滤板与杂质度参考标准板比对得出的结果，即为该样品的杂质度。

当杂质度过滤板上的杂质量介于两个级别之间时，应判定为杂质量较多的级别。如出现纤维等外来异物，判定杂质度超过最大值。

4. 注意事项

1）称量要准确。

2）水温必须在（40±2）℃。

3）当过滤板上杂质的含量介于两个级别之间时，判定为杂质含量较多的级别。

4）同方法同一样品所做的两次重复测定，其结果应一致，否则应重复测定两次。

5）抽滤过程中，用搅拌棒引流，避免待测样从过滤板边缘缝隙中流失。

任务 3 有机乳及乳制品中非脂乳固体的测定

任务介绍

非脂乳固体可作为判断牛奶中营养价值的指标。非脂乳固体是牛乳中除了脂肪和水分之外的物质总称。测定方法参考《食品安全国家标准 乳和乳制品中非脂乳固体的测定》（GB 5413.39—2010）。该方法适用于生乳、巴氏杀菌乳、灭菌乳、调制乳、发酵乳中非脂乳固体的测定。

任务解析

试剂和设备的准备→总固体的测定→脂肪的测定→蔗糖的测定→结果计算

知识储备

非脂乳固体是牛乳中除了脂肪和水分之外的物质总称，其主要组成为蛋白质、碳水化合物、维生素、矿物质等。

团体标准《巴氏杀菌有机牦牛乳、灭菌有机牦牛乳》（T/CXDYJ 0004—2020）中规定：全脂、部分脱脂、脱脂巴氏杀菌有机牦牛乳、灭菌有机牦牛乳中非脂乳固体含量≥9.0 g/100 g；团体标准《发酵有机牦牛乳》（T/CXDYJ 0003—2019）中规定有机牦牛发酵乳非脂乳固体含量≥9.0 g/100 g。

任务操作

1. 试剂与材料

除非另有规定，本任务所用试剂均为分析纯，水为 GB/T 6682 规定的三级水；

平底皿盒：高 20～25 mm、直径 50～70 mm 的带盖不锈钢或铝皿盒，或玻璃称量皿；

短玻璃棒：适合于皿盒的直径，可斜放在皿盒内，不影响盖盖；

石英砂或海砂：可通过 500 μm 孔径的筛子，不能通过 180 μm 孔径的筛子，并通过下列适用性测试：将约 20 g 的海砂同短玻棒一起放于一皿盒中，然后敞盖在（100±2）℃的干燥箱中至少烘 2 h。把皿盒盖盖后放入干燥器中冷却至室温后称量，准确至 0.1 mg。用 5 mL 水将海砂润湿，用短玻棒混合海砂和水，将其再次放入干燥箱中干燥 4 h。把皿盒盖盖后放入干燥器中冷却至室温后称重，精确至 0.1 mg，两次称量的差不应超过 0.5 mg。如果两次称量的质量差超过了 0.5 mg，则需对海砂进行下面的处理后，才能使用：

将海砂在体积分数为 25%的盐酸溶液中浸泡 3 d，经常搅拌。尽可能地倾出上清液，用水洗涤海砂，直到中性。在 160℃条件下加热海砂 4 h。然后重复进行适用性测试。

2. 分析步骤

2.1　总固体的测定

在平底皿盒中加入 20 g 石英砂或海砂，在（100±2）℃的干燥箱中干燥 2 h，于干燥器冷却 0.5 h，称量，并反复干燥至恒重。称取 5.0 g（精确至 0.000 1 g）试样于恒重的皿内，置水浴上蒸干，擦去皿外的水渍，于（100±2）℃干燥箱中干燥 3 h，取出放入干燥器中冷却 0.5 h，称量，再于（100±2）℃干燥箱中干燥 1 h，取出冷却后称量，至前后两次质量相差不超过 1.0 mg。试样中总固体的含量按式（6-1）计算：

$$X = \frac{m_1 - m_2}{m} \times 100 \tag{6-1}$$

式中：X——试样中总固体的含量，g/100 g；

m_1——皿盒、石英砂（或海砂）加试样干燥后的质量，g；

m_2——皿盒、石英砂（或海砂）的质量，g；

m——试样的质量，g。

2.2　脂肪的测定

按 GB 5009.6 规定的方法测定。

2.3　蔗糖的测定

按 GB 5009.8 中规定的方法测定。

3. 结果分析

结果分析按式（6-2）计算

$$X_{NFT} = X - X_1 - X_2 \tag{6-2}$$

式中：X_{NFT}——试样中非脂乳固体的含量，g/100 g；

X——试样中总固体的含量，g/100 g；

X_1——试样中脂肪的含量，g/100 g；

X_2——试样中蔗糖的含量，g/100 g。

以重复性条件下获得的两次独立测定结果的算术平均值表示，结果保留 3 位有效数字。

任务4 有机乳粉溶解性的测定

任务介绍

溶解性是乳粉重要的质量指标。乳粉的溶解性由溶解度或不溶度指数来衡量。测定方法参考《食品安全国家标准 婴幼儿食品和乳品溶解性的测定》(GB 5413.29—2010)。其中乳粉溶解度适用于婴幼儿食品和乳粉的溶解性测定，乳粉的不溶度指数适用于不含大豆成分乳粉溶解性测定。

任务解析

试剂及设备的准备→溶解度和不溶度指数的测定→结果分析

知识储备

乳粉溶解度是指每百克样品经规定的溶解过程后，全部溶解的质量。乳粉溶解度测定原理：样品按规定的方法用水溶解后，称取不溶物的质量，换算成可溶解的质量。

乳粉的不溶度指数是指在规定的条件下，将乳粉或乳粉制品复原，并进行离心，所得到沉淀物的体积毫升数。测定原理：将样品加入 24℃的水中或 50℃的水中，然后用特殊的搅拌器使之复原，静置一段时间后（有规定），使一定体积的复原乳在刻度离心管中离心，去除上层液体，加入与复原温度相同的水，使沉淀物重新悬浮，再次离心后，记录所得沉淀物的体积。

注：喷雾干燥产品复原时使用温度为24℃的水，部分滚筒干燥产品复原时使用温度为50℃的水。

原料乳的质量、加工方法、操作条件、成品水分含量、成品包装情况及成品的贮存条件都会成为影响乳粉溶解性的因素。

团体标准《有机牦牛乳粉》(T/CXDYJ 0002—2019）中规定：有机牦牛乳粉中不溶度指数≤1.0 mL。

任务操作

1. 乳粉溶解度的测定

1.1 主要仪器与设备

离心管：50 mL，厚壁、硬质；50 mL 烧杯；离心机；称量皿：直径 50～70 mm 的铝皿或玻璃皿；水浴锅；烘箱。

1.2 分析步骤

称取样品 5 g（精确至 0.01 g）于 50 mL 烧杯中，用 38 mL 25～30℃的水分数次将乳粉溶解于 50 mL 离心管中，加塞。将离心管置于 30℃水中保温 5 min，取出，振摇 3 min。置离心机中，以适当的转速离心 10 min，使不溶物沉淀。倾去上清液，并用棉栓擦净管壁。再加入 25～30℃的水 38 mL，加塞，上下振荡，使沉淀悬浮。再置离心机中离心 10 min，倾去上清液，用棉栓仔细擦净管壁。用少量水将沉淀冲洗入已知质量的称量皿中，先在沸水浴上将皿中水分蒸干，再移入100℃烘箱中干燥至恒重（最后两次质量差不超过2 mg）。

1.3　分析结果的表述

样品溶解度按式（6-3）计算：

$$X = 100 - \frac{(m_2 - m_1) \times 100}{(1 - B) \times m} \tag{6-3}$$

式中：X——样品的溶解度，g/100 g；

m——样品的质量，g；

m_1——称量皿质量，g；

m_2——称量皿和不溶物干燥后的质量，g；

B——样品水分，g/100 g。

注：加糖乳计算时要扣除加糖量。

1.4　注意事项

1）要仔细擦净管壁。

2）最后两次质量差不超过2 mg。

3）同一样品两次测定值之差不得超过两次测定平均值的2%。

4）倾去上清液时要小心，不得倒掉不溶物沉淀。

2．乳粉不溶度指数的测定

2.1　主要试剂和材料

除非另有规定，本任务所用试剂均为分析纯，水为GB/T 6682规定的三级水。

硅酮消泡剂：硅酮乳化液的质量分数为30%。

2.2　主要仪器和设备

水浴锅；温度计；称样容器；天平；塑料量筒；刷子；电动搅拌器；玻璃搅拌杯；玻璃搅拌棒；放大镜；计时器；平勺。

电动离心机：有速度显示器，垂直负载，有适合于离心管并可向外转动的套管，管底加速度为160 *g*，并且在离心机盖合时，温度保持在20～25℃。

玻璃离心管：锥形，带橡胶塞，刻度数和标注“mL（20℃）”应持久不褪，刻度线应清晰干净。

注：作为日常生产控制，可以使用其他形状的离心管，但容量误差必须符合相应要求。如果是有争议的或需要确定的结果，则应使用规定的离心管。

虹吸管或与水泵相连的吸管：可除去离心管中的上层液体，管由玻璃制成，并且带朝上的U形管，适于虹吸。

2.3　测定步骤

（1）样品的制备

测定前，应保证实验室样品至少在室温（20～25℃）下保持48 h，以便使影响不溶度指数的因素在各个样品中趋于一致。

然后反复振荡和翻转样品容器，混合实验室样品。如果容器太满，则将全部样品移入清洁、干燥、密闭、不透明的大容器中，如上所述彻底混合。

对于速溶乳粉，应小心地混合，以防样品颗粒减小。

（2）搅拌杯的准备

根据不溶度指数的测定（24℃或50℃），分别将搅拌杯的温度调整到（24.0±0.2）℃或（50.0±0.2）℃。方法是将搅拌杯放入水浴中一段时间，水位接近杯顶。

（3）样品部分

用勺或称样纸称样，精确至0.01 g，取样量如下：

1）全脂乳粉、部分脱脂乳粉、全脂加糖乳粉、乳基婴儿食品及其他以全脂乳粉和部分脱脂乳粉为原料生产的乳粉类产品：13.00 g；

2）脱脂乳粉和酪乳粉：10.00 g。

（4）测定

1）从水浴中取出搅拌杯，迅速擦干杯外部的水，用量筒向杯中加入（100±0.5）mL、（24±0.2）℃或（50.0±0.2）℃的水。

2）向搅拌杯中加入3滴硅酮消泡剂，然后加入样品，必要时，可使用刷子，以便使全部样品均落入水表面。

3）将搅拌杯放到搅拌器上固定好，接通搅拌器开关，混合90 s后，断开开关。如果搅拌器为非同步电动机，带有调速器或速度指示器，则将叶轮在最初5 s内的转速调到（3 600±100）r/min，并混合90 s。

4）从搅拌器上取下搅拌杯停留几秒，使叶片上的液体流入杯中，将杯在室温下静置5 min以上，但不超过15 min。

5）向杯内的混合物加入3滴硅酮消泡剂，用平勺彻底混合杯中内容物10 s（不要过度），然后立即将混合物倒入离心管中至50 mL刻度处，即顶部液位与50 mL刻度线相吻合。

6）将离心管放入离心机中（要对称放置），使离心机迅速旋转，并在管底部产生160 *g*的加速度，然后在20～25℃下使之旋转5 min。

7）取出离心管，用平勺去除和倾倒掉管内上层脂肪类物质。竖直握住离心管，用虹吸管或吸管去除上层液体，若为滚筒干燥产品，则吸到顶部液体与15 mL刻度处重合，若为喷雾干燥乳粉，则与10 mL刻度处重合，注意不要搅动不溶物。如果沉淀物体积明显超过15 mL或10 mL，则不再进行下步操作，记录不溶度指数为“15 mL”或“＞10 mL”，并标明复原温度，反之应按8）所述操作。

8）向离心管中加入24℃或50℃的水，直到液位与30 mL刻度线重合，用搅拌棒充分搅拌沉淀物，将搅拌棒抵靠管壁，加入相同温度的水，将搅拌棒上的液体冲下，直到液位与50 mL刻度处重合。

9）用橡胶塞塞上离心管，缓慢翻转离心管5次，彻底混合内容物，打开塞子（将塞底部靠在离心管边缘，以收集附着在上面的液体），然后如6）所述，在规定的转速和温度下离心5 min。

注：建议将离心管放入离心机中时，使离心管的刻度线的方向与离心机旋转的方向一致。这样即使沉淀物顶部倾斜，沉淀物体积也很容易估算。

10）取出离心管，竖直握住离心管，以适当背景为对照，使眼睛与沉淀物顶部平齐，借助放大镜读取沉淀物体积数。如果沉淀物体积小于0.5 mL，则精确至0.05 mL。如果沉淀物体积大于0.5 mL，则精确至0.1 mL。如果沉淀物顶部倾斜，则估算其体积数。如果沉淀物顶部不齐，则使离心管垂直放置几分钟。通常沉淀物的顶部会变平些，因此比较容易读数。记录复原水温度。

注：以灯光或暗背景为对照观察离心管，沉淀物的顶部会更醒目、易读。

2.4　分析结果的表述

样品的不溶度指数等于所记录的沉淀物体积的毫升数，同时应报告复原时所用水的温度。例如，0.10 mL（24℃）；4.1 mL（50℃）。

2.5　其他

（1）重复性

由同一分析人员，用相同仪器，在短时间间隔内，对同一样品所做的两次单独试验的结果之差不得超过 0.138 *M*，*M* 是两次测定结果的平均值。

（2）重现性

由不同实验室的两个分析人员，对同一样品所做的两次单独试验结果之差不得超过 0.328 *M*，*M* 为两次测定结果的平均值。

（3）注意事项

1）实验一旦开始，就应连续进行。必须严格遵守所有关于温度和时间的规定。

2）由于不溶度指数的测定可能受环境温度的影响，所以建议检验过程应在温度为 20～25℃的实验室内进行。

3）该检验中允许有 5～15 min 的放置时间。

4）各试样量等于：混合时，100 mL 水中样品的总固体含量（用混合物的质量分数表示）大约为原始液体中的总固体含量。

5）加入 3 滴硅酮消泡剂，对在混合过程中不大可能起泡的产品是不必要的。但是为了使所有样品的操作步骤一致，应均加入 3 滴消泡剂。

有机乳及乳制品酸度的测定、有机乳及乳制品中三聚氰胺的测定可微信扫描二维码学习。

有机乳及乳制品
酸度的测定

有机乳及乳制品中
三聚氰胺的测定

项目二 有机产品认证乳及乳制品类必测项目

有机牛奶是从土壤到餐桌的整个产业链过程中没有人工合成化学物质侵入的一种纯天然、无污染、安全又营养的天然食品。有机牛奶的处理要最大限度地保存其天然营养成分，乳制品加工过程中不得添加防腐剂、增稠剂、调味剂等化学物质，且有机乳制品必须通过独立的、国家权威认证机构的认证，方可上市为有机乳制品进行销售。根据《有机产品认证（乳制品类）抽样检测项目指南（试行）》的要求，乳制品中的青霉素类、头孢类、红霉素、林可霉素等抗生素；汞、铅、砷等重金属；黄曲霉毒素 M_1；菌落总数、大肠菌群等微生物指标均为必检项目，并且对于乳制品还给出了部分抗生素、禁（限）用药物、污染物、微生物等的选测项目，充分保证了有机乳及乳制品的质量。

任务 1 有机乳及乳制品中抗生素的测定

任务介绍

抗生素残留是指给动物使用抗生素药物后积蓄或贮存在动物细胞、组织或器官内的药物原形、代谢产物和药物杂质。青霉素类抗生素检测参考《奶和奶粉中阿莫西林、氨苄西林、哌拉西林、青霉素 G、青霉素 V、苯唑西林、氯唑西林、萘夫西林和双氯西林残留量的测定 液相色谱-串联质谱法》（GB/T 22975—2008）；头孢类抗生素检测参考食品安全国家标准《奶和奶粉中头孢类药物残留量的测定 液相色谱-串联质谱法》（GB 31659.3—2022）。

任务解析

试剂及设备的准备→试样的制备与保存→测定→结果分析

知识储备

抗生素作为防病、治病的通用药剂被广泛添加到乳牛饲料和用于乳牛机体注射。用抗生素治疗乳牛常见的感染性疾病、在牛饲料中添加一定比例的抗生素用于预防疾病，是乳中抗生素残留的主要原因。此外，一些不法饲养户和经营商为了防止牛乳酸败变质而非法在其中掺入抗生素，也导致乳中抗生素的残留。

对抗生素过敏体质的人服用残留抗生素的乳制品后会发生过敏反应，正常饮用者，低剂量的抗生素残留会抑制或杀灭人体内有益菌，并可使致病菌产生耐药性，一旦患病再用相同的抗生素治疗很难奏效。另外，如果用含抗生素的牛乳做酸乳或乳酪等，则残留在其中的抗生素会抑制乳酸菌的发酵，使产品的产量和质量降低。

“无抗乳”即为不含抗生素的牛乳，或者是“抗生素残留未检出”的牛乳。“无抗乳”已成为通用的国际化原料乳收购标准。

乳品中常见抗生素主要有青霉素类、头孢类、红霉素、林可霉素等。其中青霉素类、头孢类是最常用的两种抗生素。青霉素类抗生素检测采用液相色谱-串联质谱法，该法适用于牛奶和奶粉中阿莫西林、氨苄西林、哌拉西林、青霉素 G、青霉素 V、苯唑西林、氯唑西林、奈夫西林和双氯西林残留量的测定和确证。方法检出限：牛奶中氨苄西林、奈夫西林为 1 μg/kg，阿莫西林、哌拉西林、青霉素 G、青霉素 V、氯唑西林为 2 μg/kg，苯唑西林、双氯西林为 4 μg/kg；奶粉中氨苄西林、奈夫西林为 8 μg/kg，阿莫西林、哌拉西林、青霉素 G、青霉素 V、氯唑西林为 16 μg/kg，苯唑西林、双氯西林为 32 μg/kg。头孢类抗生素检测也采用液相色谱-串联质谱法，该方法适用于牛奶、羊奶和奶粉中头孢氨苄、头孢拉定、头孢唑林、头孢哌酮、头孢乙腈、头孢匹林、头孢洛宁、头孢喹肟、头孢噻肟残留量的检测。

任务操作

1．青霉素类抗生素的测定

1.1 主要试剂和材料

除另有说明外，所用试剂均为分析纯，水为 GB/T 6682 规定的一级水。

1）乙腈：液相色谱纯。

2）乙酸：液相色谱纯。

3）5 mol/L 氢氧化钠溶液：100 g 氢氧化钠溶解于 450 mL 水中，加水定容至 500 mL。

4）0.1 mol/L 磷酸盐缓冲溶液：6 g 磷酸氢二钠溶解于 450 mL 水中，用氢氧化钠溶液调节 pH=8，加水至 500 mL，使用前配制。

5）乙腈-水溶液（3+1）：300 mL 乙腈与 100 mL 水混合。

6）乙腈-水溶液（1+1）：100 mL 乙腈与 100 mL 水混合。

7）阿莫西林（CAS 号：26787-78-0）、氨苄西林（CAS 号：69-53-4）、哌拉西林（CAS 号：61477-96-1）、青霉素 G（CAS 号：69-57-8）、青霉素 V（CAS 号：132-98-9）、苯唑西林（CAS 号：7240-38-2）、氯唑西林（CAS 号：642-78-4）、奈夫西林（CAS 号：7177-50-6）和双氯西林（CAS 号：3116-76-5）。9 种青霉素标准物质，纯度均≥98%。

8）标准储备液：分别适量称取标准品（精确至 0.000 1 g），用乙腈-水溶液（1+1）配制成 100 μg/mL 的标准储备液。

9）混合标准中间工作液：取标准储备液各 1 mL 至 100 mL 容量瓶中，用乙腈-水溶液（1+1）定容至刻度，配制成混合标准工作液，浓度为 1 μg/mL。

10）标准工作液：根据需要，吸取一定量的混合标准中间工作液，用空白样品提取液稀释至所需浓度，现用现配。

11）HLB 固相萃取柱或相当者：500 mg，6 mL。使用前依次用 3 mL 甲醇、3 mL 水和 3 mL 磷酸盐缓冲溶液活化。

12）滤膜：0.2 μm。

1.2 主要仪器和设备

高效液相色谱-串联质谱仪：配有电喷雾离子源（ESI）；分析天平：感量为 0.01 g；离

心机；涡旋混合器；旋转蒸发仪；固相萃取装置；pH 计。

1.3 试样的制备与保存

（1）牛奶

取均匀样品约 250 g 装入洁净容器作为试样，密封置 4℃下保存，并做好标记。

（2）奶粉

取均匀样品约 250 g 装入洁净容器作为试样，密封，并做好标记。

1.4 测定步骤

（1）提取

牛奶样品称取约 4 g（精确至 0.01 g）于 50 mL 具塞离心管中，奶粉样品称取约 0.5 g（精确至 0.01 g）并加入 4 mL 水于 50 mL 具塞离心管中，混匀。加入 20 mL 乙腈-水溶液（3+1）高速振荡提取 2 min 后，3 000 r/min 离心 10 min，移取上清液过滤至鸡心瓶中。再用 10 mL 乙腈-水溶液（3+1）重复提取一次，合并上清液于同一鸡心瓶中。

（2）净化

将提取液于 45℃下旋转蒸发至约 7 mL，加入 2 mL 磷酸盐缓冲液，混匀后，转移到已活化的 HLB 固相萃取柱上，再用 2 mL 磷酸盐缓冲液洗涤鸡心瓶两次，洗液一并转移到柱上，控制流速小于 2 mL/min。用 3 mL 水淋洗并抽干萃取柱，用 4 mL 乙腈-水溶液（1+1）洗脱并收集于 10 mL 带刻度的玻璃管中（控制流速小于 2 mL/min）。用水定容至 4.0 mL，涡旋混合后，过 0.22 μm 滤膜供 HPLC-MS 分析。

（3）空白基质溶液的制备

将取牛奶阴性样品 4 g，奶粉阴性样品 0.5 g（精确至 0.01 g），按（1）和（2）操作。

（4）测定条件

1）液相色谱参考条件。

色谱柱：苯基柱，5 μm，150 mm×2.1 mm（内径）或相当者；色谱柱温度：30℃；进样量：15 μL；流动相梯度及流速见表 6-3。

表 6-3 液相色谱梯度洗脱条件

时间/min	流速/（μL/min）	0.1%甲酸-水溶液含量/%	甲醇含量/%
0.00	200	80	20
6.00	200	20	80
8.00	200	20	80
8.01	200	80	20
10.0	200	80	20

2）质谱参考条件。

离子化模式：电喷雾正离子模式（ESI+）；质谱扫描方式：多反应监测（MRM）；鞘气压力：208 kPa；辅助气压力：55 kPa；正离子模式电喷雾电压（IS）：4 000 V；毛细管温度：320℃；源内诱导解离电压：10 V；Q1 为 0.4，Q3 为 0.7（如果所使用设备没有该参数则不需设置）；碰撞气：高纯氩气；碰撞气压力：0.2 Pa；其他质谱参数见表 6-4。

表 6-4 被测物的参考保留时间、采集窗口、监测离子对和裂解能量

化合物名称	保留时间/min	采集窗口/min	监测离子对 *m/z*	裂解能量/eV
阿莫西林	2.17	0～3.5	366.08/113.86[a]	22
			366.08/348.87	10
氨苄西林	5.26	3.5～5.8	350.08/105.94	20
			350.08/159.91[a]	13
哌拉西林	6.66	5.8～12	518.07/142.92	34
			518.07/159.94[a]	12
青霉素 G	6.85	5.8～12	335.08/159.86[a]	12
			335.08/175.91	14
青霉素 V	7.11	5.8～12	351.07/113.81	33
			351.07/159.92[a]	11
苯唑西林	7.37	5.8～12	402.08/159.85	12
			402.08/242.81	15
氯唑西林	7.67	5.8～12	436.04/160.01	12
			436.04/276.85	16
萘夫西林	7.76	5.8～12	415.10/170.90	36
			415.10/198.96	13
双氯西林	8.04	5.8～12	470.00/159.98	13
			470.00/310.78	18

注：a 为定量离子对，对于不同质谱仪器，仪器参数可能存在差异，测定前应将质谱参数优化到最佳。

3）液相色谱-串联质谱测定。

①定性测定：每种被测组分选择 1 个母离子，2 个以上子离子，在相同实验条件下，样品中待测物质的保留时间，与混合基质标准校准溶液中对应的保留时间偏差在±2.5%之内；且样品谱图中各组分定性离子的相对丰度与浓度接近的混合基质标准校准溶液谱图中对应的定性离子的相对丰度进行比较，偏差不超过表 6-5 规定的范围，则可判定为样品中存在对应的待测物。

表 6-5 定性确证时相对离子丰度的最大允许偏差 单位：%

离子相对丰度（K）	$K>50$	$20<K<50$	$10<K<20$	$K\leqslant 10$
允许最大偏差	±20	±25	±30	±50

②定量测定：在仪器最佳工作条件下，对混合基质标准校准溶液进样，以峰面积为纵坐标，混合基质校准溶液浓度为横坐标绘制标准工作曲线，用标准工作曲线对样品进行定量，样品溶液中待测物的响应值均应在仪器测定的线性范围内。上述色谱和质谱条件下，标准品的保留时间参见表 6-4。9 种青霉素标准物质多反应监测（MRM）色谱图参见图 6-1。

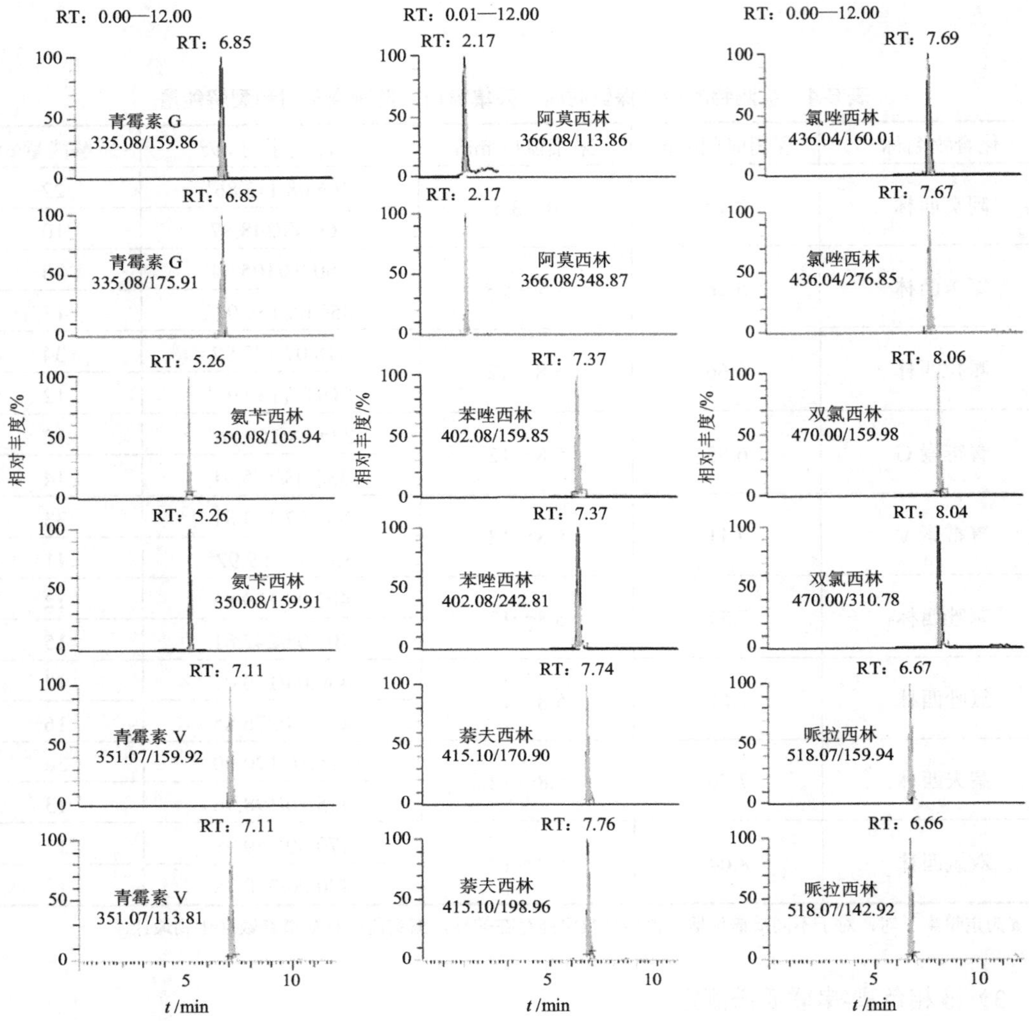

图 6-1 9 种青霉素标准物质多反应监测（MRM）色谱图

（5）平行试验

按以上步骤，对同一试样进行平行试验测定。

（6）回收率试验

吸取适量混合标准工作溶液，用空白基质溶液稀释成所需浓度的标准校准溶液。阴性样品中添加标准溶液，按（1）和（2）操作，测定后计算样品添加的回收率。9 种青霉素添加浓度及其回收率数据参见表 6-6。

表 6-6 9 种青霉素添加浓度及其回收率的试验数据

化合物名称	牛奶		奶粉	
	添加浓度/（μg/kg）	回收率范围/%	添加浓度/（μg/kg）	回收率范围/%
阿莫西林	2	75.5～102.3	16	75.0～106.3
	4	83.2～101.3	32	86.7～103.3

化合物名称	牛奶		奶粉	
	添加浓度/（μg/kg）	回收率范围/%	添加浓度/（μg/kg）	回收率范围/%
阿莫西林	10	80.3～94.8	80	91.3～103.2
	20	74.4～100.7	160	84.9～98.8
氨苄西林	1	75.4～107.4	8	67.1～102.5
	2	70.8～89.3	16	86.2～102.4
	5	70.6～81.8	40	89.0～96.9
	10	77.9～95.1	80	86.5～100.2
哌拉西林	2	69.8～108.2	16	75.1～109.3
	4	71.1～101.9	32	79.1～105.6
	10	72.9～102.4	80	76.3～98.7
	20	86.8～97.28	160	86.8～98.9
青霉素 G	2	69.5～105.9	16	74.5～101.2
	4	781～100.6	32	75.9～104.7
	10	70.2～96.5	80	78.0～99.6
	20	78.1～100.6	160	89.5～98.1
青霉素 V	2	78.5～103.2	16	71.7～107.8
	4	77.5～108.2	32	83.4～105.3
	10	87.7～108.4	80	76.2～97.3
	20	87.3～95.8	160	84.7～100.2
苯唑西林	4	76.7～108.7	32	79.5～98.3
	8	90.0～104.5	64	88.89～106.8
	20	83.8～100.8	160	87.1～109.3
	40	82.6～98.51	320	84.1～98.1
氯唑西林	2	64.5～102.2	16	70.3～104.8
	4	74.6～103.5	32	74.6～108.8
	10	76.6～95.3	80	81.4～102.2
	20	84.4～98.0	160	85.5～97.1
萘夫西林	1	62.4～114.6	8	74.8～98.0
	2	81.6～98.1	16	70.67～95.0
	5	82.2～95.2	40	83.5～97.4
	10	84.6～98.8	80	89.0～96.9
双氯西林	4	70.6～104.8	32	76.0～106.9
	8	84.4～109.7	64	74.6～106.2
	20	74.6～106.7	160	80.8～101.8
	40	82.6～98.6	320	84.8～98.7

1.5 结果计算

试样中分析物的残留量利用数据处理系统计算或按式（6-4）计算：

$$X = c \times \frac{V}{m} \times \frac{1\,000}{1\,000} \tag{6-4}$$

式中：X——试样中被测组分残留量，μg/kg；

c——从标准工作曲线上得到的被测组分溶液浓度，ng/mL；

V——样品溶液定容体积，mL；

m——样品溶液所代表试样的质量，g。

计算结果应扣除空白值。

2．头孢类抗生素的检测

2.1 主要试剂和材料

除另有规定外，所有试剂均为分析纯，水为符合 GB/T 6682 规定的一级水。

（1）试剂

2.5 mol/L 氢氧化钠溶液：取氢氧化钠 50 g，加水溶解并稀释至 500 mL；

30%乙腈溶液：取乙腈 30 mL，用水稀释至 100 mL；

0.05 mol/L 磷酸盐缓冲溶液（pH=8.5）：取磷酸二氢钾 6.8 g，用水溶解并稀释至 1 000 mL，用 2.5 mol/L 氢氧化钠溶液调节 pH 至 8.5；

0.1%甲酸溶液：取甲酸 1 mL，用水稀释至 1 000 mL；

0.1%甲酸溶液-甲醇（95∶5）：取 0.1%甲酸溶液 95 mL、甲醇 5 mL，混匀。

（2）标准品

头孢氨苄、头孢拉定、头孢唑林、头孢哌酮、头孢乙腈、头孢匹林、去乙酰基头孢匹林、头孢洛宁、头孢喹肟、头孢噻肟标准品，含量均≥95%。

（3）标准溶液制备

1）标准储备液：取标准品各 10 mg，精密称量，分别用 30%乙腈溶液适量使溶解并稀释定容至 25 mL 容量瓶，配制成浓度为 400 μg/mL 的标准储备液。于−18℃避光保存，有效期 1 个月。

2）混合标准储备液：分别准确移取各标准储备液 0.25 mL 于 10 mL 容量瓶中，用 30%乙腈溶液稀释至刻度，配制成浓度为 10 μg/mL 的混合标准储备液。于−18℃避光保存，有效期 7 d。

3）混合标准工作液：准确移取混合标准储备液适量，用 0.1%甲酸溶液-甲醇（95∶5）稀释成浓度为 2.5 μg/L、5.0 μg/L、20 μg/L、100 μg/L、200 μg/L 和 500 μg/L 的系列混合标准工作溶液。现用现配。

（4）材料

1）固相萃取柱：亲水亲脂平衡型固相萃取柱，500 mg/6 mL，或相当者。

2）针头式过滤器：尼龙材质，孔径 0.22 μm 或性能相当者。

2.2 主要仪器和设备

液相色谱-串联质谱仪：配电喷雾离子源；分析天平：感量 0.000 01 g 和 0.01 g；氮吹仪；固相萃取装置；涡旋混合器；离心管：聚丙烯塑料离心管，10 mL、50 mL；pH 计。

2.3 试样的制备与保存

（1）试样的制备

取适量新鲜或解冻的空白或供试样品，并均质。

1）取均质后的供试样品，作为供试试样；

2）取均质后的空白样品，作为空白试样；

3）取均质后的空白样品，添加适宜浓度的标准工作液，作为空白添加试样。

（2）试样的保存

–18℃以下保存。

2.4 测定步骤

（1）提取

取牛奶、羊奶试料 5 g（准确至±0.05 g）或奶粉试料 0.5 g（准确至±0.01 g），于 50 mL 离心管，加磷酸盐缓冲溶液 20 mL，涡旋混匀 30 s，用 2.5 mol/L 氢氧化钠溶液调节 pH 至 8.5，备用。

（2）净化

取固相萃取柱，依次用甲醇 5 mL、磷酸盐缓冲溶液 10 mL 活化。取备用液，过柱，待液面到达柱床表面时再依次用磷酸盐缓冲溶液 3 mL 和水 2 mL 淋洗，弃去全部流出液。用乙腈 3 mL 洗脱，收集洗脱液于 10 mL 离心管中，加正己烷 3 mL，涡旋混合 1 min，静置 5 min，弃去上层正己烷层，取乙腈层在 40℃水浴氮气吹干，加 0.1%甲酸溶液-甲醇（95∶5）1.0 mL 溶解，过 0.22 μm 滤膜，供液相色谱串联质谱测定。

（3）基质匹配标准曲线的制备

取空白试料依次按（1）和（2）处理，40℃水浴氮气吹干，分别加系列混合标准工作溶液 1.0 mL 溶解残渣，过 0.22 μm 滤膜，制备 2.5 μg/L、5.0 μg/L、20 μg/L、100 μg/L、200 μg/L 和 500 μg/L 的系列基质匹配标准工作溶液，供液相色谱串联质谱测定。以定量离子对峰面积为纵坐标、标准溶液浓度为横坐标，绘制标准曲线。求回归方程和相关系数。

（4）测定

1）液相色谱参考条件。

色谱柱：C18 色谱柱（100 mm×2.0 mm，1.7 μm）或相当者；

流动相：A 为 0.1%甲酸溶液，B 为甲醇，梯度洗脱程序见表 6-7；

流速：0.3 mL/min；柱温：35℃；进样量：10 μL。

表 6-7 流动相梯度洗脱条件

时间/min	流动相 A/%	流动相 B/%
0	95	5
1.0	95	5
4.5	50	50
6.0	50	50
6.1	95	5
7.5	95	5

2）质谱参考条件。

离子源：电喷雾（ESI）离子源；扫描方式：正离子扫描；

检测方式：多反应监测（MRM）；毛细管电压：2 000 V；

RF 透镜电压：0.5 V；离子源温度：150℃；脱溶剂气温度：500℃；

锥孔气流速：50 L/h；脱溶剂气流速：1 000 L/h；二级碰撞气：氩气。

定性离子对、定量离子对、碰撞能量和锥孔电压见表 6-8。

表 6-8 定性离子对、定量子离子对、碰撞能量和锥孔电压

化合物名称	定性离子对 *m/z*（碰撞能量/eV）	定量离子对 *m/z*（碰撞能量/eV）	锥孔电压/V
头孢氨苄	348.1/106.0（32） 348.1/158.0（10）	348.1/158.0（10）	26
头孢拉定	350.2/157.9（12） 350.2/176.0（12）	350.2/176.0（12）	24
头孢乙腈	362.0/178.0（14） 362.0/258.0（10）	362.0/258.0（10）	24
头孢唑林	455.0/156.0（16） 455.0/323.0（10）	455.0/323.0（10）	4
头孢哌酮	646.2/143.0（38） 646.2/530.1（10）	646.2/143.0（38）	28
头孢匹林	424.1/151.9（22） 424.1/292.0（12）	424.1/151.9（22）	28
头孢洛宁	459.1/151.9（18） 459.1/337.0（8）	459.1/151.9（18）	12
头孢喹肟	529.2/134.0（14） 529.2/396.0（12）	529.2/134.0（14）	34
去乙酰基头孢匹林	382.1/111.8（20） 382.1/151.9（26）	382.1/151.9（26）	32
头孢噻肟	456.0/167.0（18） 456.0/396.0（8）	456.0/167.0（18）	22

3）测定法。

取试料溶液和基质匹配标准溶液，作单点或多点校准，按外标法以色谱峰面积定量。基质匹配标准溶液及试料溶液中目标药物的特征离子质量色谱峰峰面积均应在仪器检测的线性范围之内，如超出线性范围，应将基质匹配标准溶液和试料溶液作相应稀释后重新测定。试料溶液中待测物质的保留时间与基质匹配标准工作液中待测物质的保留时间之比，偏差在±2.5%以内，且试料溶液中的离子相对丰度与基质匹配标准溶液中的离子相对丰度相比，符合表 6-9 的要求，则可判定为样品中存在相应的待测物质。标准溶液多反应监测色谱图见图 6-2。

表 6-9 定性确证时离子相对丰度的允许偏差　　单位：%

离子相对丰度（*K*）	*K*＞50	20＜*K*＜50	10＜*K*＜20	*K*≤10
允许偏差	±20	±25	±30	±50

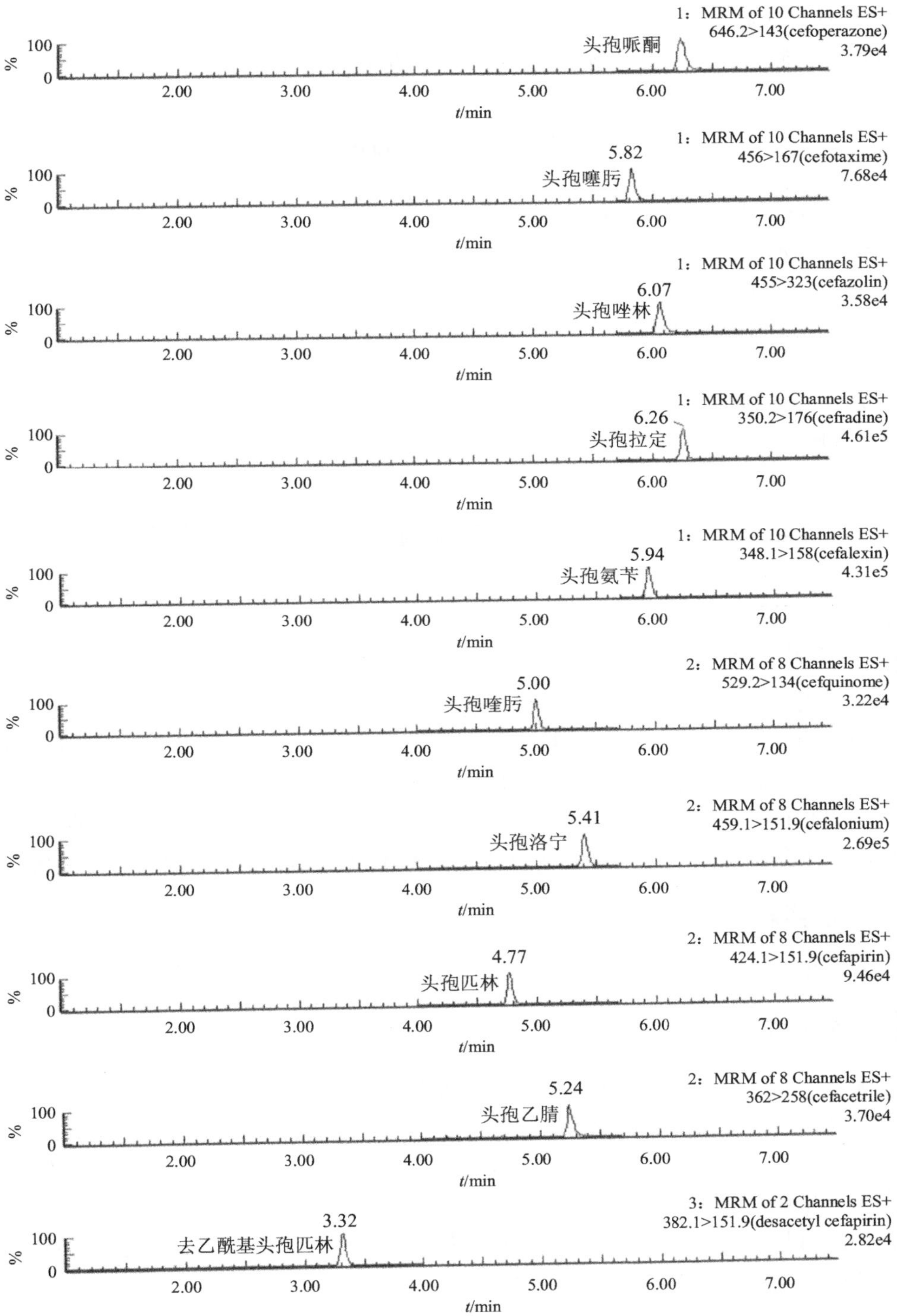

图 6-2　头孢类药物和去乙酰基头孢匹林标准溶液 MRM 色谱图（2.5 μg/L）

注：纵坐标为相对丰度。

（5）空白实验

取空白试料，除不加药物外，采用完全相同的测定步骤进行平行操作。

2.5　结果计算

试样中待测药物的残留量按标准曲线或式（6-5）计算。

$$X = \frac{C_S \times A \times V \times 1\,000}{A_S \times m \times 1\,000} \quad (6\text{-}5)$$

式中：X——试样中待测药物残留量，μg/kg；

C_S——标准溶液中待测药物浓度，μg/L；

A——试样溶液中待测药物的峰面积；

V——定容体积，mL；

A_S——标准溶液中待测药物的峰面积；

m——试样质量，g。

注：头孢匹林残留量以头孢匹林和去乙酰基头孢匹林之和计。

任务2　有机乳及乳制品中硝酸盐和亚硝酸盐的测定

任务介绍

奶牛饮水、饲料、牛乳添加剂及奶牛的生长环境中硝酸盐和亚硝酸盐含量过高，则牛乳中硝酸盐和亚硝酸盐含量可能超标。一般成年人在日常饮食中摄入非人为添加的亚硝酸盐和硝酸盐，对健康几乎没有影响。但是新生婴儿对这2种污染物非常敏感，且乳制品摄入量大，因此有必要对乳品中亚硝酸盐和硝酸盐进行安全监控。测定方法参考《食品安全国家标准　食品中亚硝酸盐与硝酸盐的测定》（GB 5009.33—2016）中离子色谱法。

任务解析

试剂及设备的准备→试样预处理→提取→测定→结果分析。

知识储备

硝酸盐、亚硝酸盐非人体所需，摄入过多会对人体健康产生危害，体内过量的亚硝酸盐，可使血液中二价铁离子氧化为三价铁离子，使正常血红蛋白转为高铁血红蛋白，失去携氧能力，出现亚硝酸盐中毒症状。亚硝酸盐又是致癌物*N*-亚硝基化合物的前体物，研究证明人体内和食物中的亚硝酸盐只要与胺类或酰胺类同时存在，就可能形成致癌性的亚硝基化合物。因此，制定食品中的卫生标准，控制其使用量和摄入量已引起国内外的重视，是预防亚硝酸盐对人体潜在危害的重要措施。

任务操作

1. 主要试剂和材料

1.1　试剂配制

3%乙酸溶液；1 mol/L 氢氧化钾溶液。

1.2　标准溶液的制备

1）亚硝酸盐标准储备液（100 mg/L，以 NO_2^-计，下同）：准确称取 0.150 0 g 于 110～120℃干燥至恒重的亚硝酸钠，用水溶解并转移至 1 000 mL 容量瓶中，加水稀释至刻度，混匀。

2）硝酸盐标准储备液（1 000 mg/L，以 NO_3^-计，下同）：准确称取 1.371 0 g 于 110～120℃干燥至恒重的硝酸钠，用水溶解并转移至 1 000 mL 容量瓶中，加水稀释至刻度，混匀。

3）亚硝酸盐和硝酸盐混合标准中间液：准确移取亚硝酸根离子（NO_2^-）和硝酸根离子（NO_3^-）的标准储备液各 1.0 mL 于 100 mL 容量瓶中，用水稀释至刻度，此溶液每升含亚硝酸根离子 1.0 mg 和硝酸根离子 10.0 mg。

4）亚硝酸盐和硝酸盐混合标准使用液：移取亚硝酸盐和硝酸盐混合标准中间液，加水逐级稀释，制成系列混合标准使用液，亚硝酸根离子浓度分别为 0.02 mg/L、0.04 mg/L、0.06 mg/L、0.08 mg/L、0.10 mg/L、0.15 mg/L、0.20 mg/L；硝酸根离子浓度分别为 0.2 mg/L、0.4 mg/L、0.6 mg/L、0.8 mg/L、1.0 mg/L、1.5 mg/L、2.0 mg/L。

2．主要仪器和设备

食物粉碎机；超声波清洗器；分析天平；离心机；0.22 μm 水性滤膜针头滤器；净化柱（包括 C18 柱、Ag 柱和 Na 柱或等效柱）；1.0 mL 和 2.5 mL 注射器。

离子色谱仪：配电导检测器及抑制器或紫外检测器，高容量阴离子交换柱，50 μL 定量环。

注：所有玻璃器皿使用前均需依次用 2 mol/L 氢氧化钾和水分别浸泡 4 h，然后用水冲洗 3～5 次，晾干备用。

3．分析步骤

3.1　试样预处理

1）乳粉：将乳粉装入能够容纳 2 倍试样体积的带盖容器中，通过反复摇晃和颠倒容器使样品充分混匀直到使试样均一化。

2）发酵乳、乳、炼乳及其他液体乳制品：通过搅拌或反复摇晃和颠倒容器使试样充分混匀。

3）干酪：取适量的样品研磨成均匀的泥浆状。为避免水分损失，研磨过程中应避免产生过多的热量。

3.2　提取

1）乳：称取试样 10 g（精确至 0.01 g），置于 100 mL 具塞锥形瓶中，加水 80 mL，摇匀，超声 30 min，加入 3%乙酸溶液 2 mL，于 4℃放置 20 min，取出放置至室温，加水稀释至刻度。溶液经滤纸过滤，滤液备用。

2）乳粉及干酪：称取试样 2.5 g（精确至 0.01 g），置于 100 mL 具塞锥形瓶中，加水 80 mL，摇匀，超声 30 min，取出放置至室温，定量转移至 100 mL 容量瓶中，加入 3%乙酸溶液 2 mL，加水稀释至刻度，混匀。于 4℃放置 20 min，取出放置至室温，溶液经滤纸过滤，滤液备用。

3）取上述备用溶液约 15 mL，通过 0.22 μm 水性滤膜针头滤器、C18 柱，弃去前面 3 mL（如果氯离子大于 100 mg/L，则需要依次通过针头滤器、C18 柱、Ag 柱和 Na 柱，弃去前面 7 mL），收集后面洗脱液待测。

固相萃取柱使用前需进行活化，C18 柱（1.0 mL）、Ag 柱（1.0 mL）和 Na 柱（1.0 mL），其活化过程为：C18 柱（1.0 mL）使用前依次用 10 mL 甲醇、15 mL 水通过，静置活化 30 min。Ag 柱（1.0 mL）和 Na 柱（1.0 mL）用 10 mL 水通过，静置活化 30 min。

3.3　仪器参考条件

1）色谱柱：氢氧化物选择性，可兼容梯度洗脱的二乙烯基苯-乙基苯乙烯共聚物基质，烷醇基季铵盐功能团的高容量阴离子交换柱，4 mm×250 mm（带保护柱 4 mm×50 mm），或性能相当的离子色谱柱。

2）淋洗液

氢氧化钾溶液，浓度为 6～70 mmol/L；洗脱梯度为 6 mmol/L 30 min，70 mmol/L 5 min，6 mmol/L 5 min；流速 1.0 mL/min。

3）抑制器。

4）检测器：电导检测器，检测池温度为 35℃；或紫外检测器，检测波长为 226 nm。

5）进样体积：50 μL（可根据试样中被测离子含量进行调整）。

3.4　测定

1）标准曲线的制作

将标准系列工作液分别注入离子色谱仪中，得到各浓度标准工作液色谱图，测定相应的峰高（μS）或峰面积，以标准工作液的浓度为横坐标，以峰高或峰面积为纵坐标，绘制标准曲线。

亚硝酸盐和硝酸盐色谱图见图 6-3。

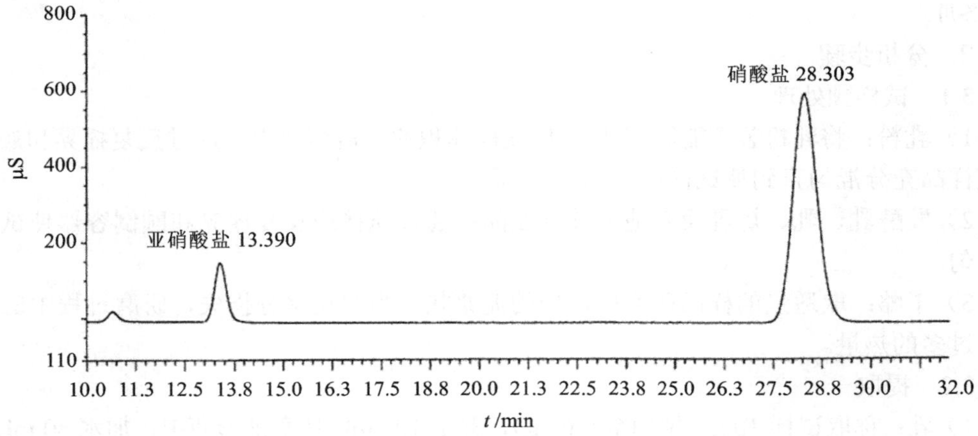

图 6-3　亚硝酸盐和硝酸盐色谱图

2）试样溶液的测定

将空白和试样溶液注入离子色谱仪中，得到空白和试样溶液的峰高或峰面积，根据标准曲线得到待测液中亚硝酸根离子或硝酸根离子的浓度。

4．分析结果的表述

试样中亚硝酸离子或硝酸根离子的含量按式（6-6）计算：

$$X = \frac{(\rho - \rho_0) \times V \times f \times 1000}{m \times 1000} \tag{6-6}$$

式中：X——试样中亚硝酸根离子或硝酸根离子的含量，mg/kg；

ρ——测定用试样溶液中的亚硝酸根离子或硝酸根离子浓度，mg/L；

ρ_0——试剂空白液中亚硝酸根离子或硝酸根离子的浓度，mg/L；

V——试样溶液体积，mL；

f——试样溶液稀释倍数；

1 000——换算系数；

m——试样取样量，g。

试样中测得的亚硝酸根离子含量乘以换算系数 1.5，即得亚硝酸盐（按亚硝酸钠计）含量；试样中测得的硝酸根离子含量乘以换算系数 1.37，即得硝酸盐（按硝酸钠计）含量。结果保留 2 位有效数字。

任务 3　有机乳及乳制品中总砷的测定

任务介绍

砷是一种对人体有害的重金属元素，其氧化物和砷酸盐对人体的心肌和呼吸、神经、生殖、造血、免疫系统都有不同程度的损伤作用。对此国家制定了食品卫生标准对砷的限量进行了规定。有机乳及乳制品中总砷不得检出。测定方法参考《食品安全国家标准　食品中总砷及无机砷的测定》（GB 5009.11—2024）中的氢化物原子荧光光度法。

任务解析

试剂及设备的准备→试样的制备→试样消解→分析测定→结果分析

知识储备

砷是具有金属光泽的暗灰色固体，单质砷不溶于水，熔点为 817℃（28 个大气压），当加热到 613℃时，便可不经液态，直接升华，成为蒸气，砷蒸气具有一股难闻的大蒜臭味。砷是人体的必需微量元素之一，广泛分布于自然环境中，几乎所有的土壤中都含有砷。砷可分为有机砷及无机砷，有机砷化合物绝大多数有毒，有些还有剧毒。其中砷的氧化物三氧化二砷（As_2O_3，又称砒霜）和氢化物 AsH_3（气体）是剧毒。

食品中砷的主要来源：含砷农药，食品加工中的原料和添加剂，水生生物的富集。砷化合物在工农业生产中广泛应用，所造成的环境污染是食品中砷的重要来源。

食品中总砷的测定方法有电感耦合等离子体质谱法、氢化物原子荧光光度法和石墨炉原子吸收光谱法。

氢化物原子荧光光度法测定食品中砷的原理：试样经消解处理后，加入硫脲使五价砷预还原为三价砷，再加入硼氢化钠或硼氢化钾使三价砷还原生成砷化氢，由氩气载入石英原子化器中分解为原子态砷，在砷空心阴极灯的发射光激发下产生原子荧光，其荧光强度在固定条件下与被测液中的砷浓度成正比，外标法定量。

任务操作

1．仪器与试剂

1.1　主要仪器与设备

原子荧光光谱仪；电子天平（感量为 0.01 mg、0.1 mg 和 1 mg）；匀浆机；高速粉碎机；电热消解装置：控温电热板或石墨消解仪（最高温度不低于 350℃，控温精度±5℃）；马弗炉；恒温干燥箱（控温精度±2℃）；微波消解系统：配有聚四氟乙烯消解内罐。

注：玻璃器皿及聚四氟乙烯消解内罐均需以硝酸溶液（1+4）浸泡 24 h，用自来水反复冲洗，最后用水冲洗干净。

1.2　主要试剂

5 g/L 氢氧化钾溶液；20 g/L 硼氢化钾溶液；100 g/L 氢氧化钠溶液；150 g/L 硝酸镁溶液；盐酸溶液（1+1）；硫酸溶液（1+9）；硝酸溶液（2+98）；

硫脲+抗坏血酸溶液：称取 10.0 g 硫脲，加约 80 mL 水，加热溶解，待冷却后加入 10.0 g 抗坏血酸，稀释至 100 mL。现用现配；

三氧化二砷标准品：纯度＞99.5%；

标准储备液（100 mg/L，按 As 计）：准确称取于 100℃干燥 2 h 的三氧化二砷 0.013 2 g，加 100 g/L 氢氧化钠溶液 1 mL 和少量水溶解，转入 100 mL 容量瓶中，加入适量盐酸调整其酸度近中性，加水稀释至刻度。4℃避光保存，保存期一年。或购买经国家认证并授予标准物质证书的标准溶液物质；

砷标准使用液（1.00 mg/L，按 As 计）：准确吸取 1.00 mL 砷标准储备液（100 mg/L）于 100 mL 容量瓶中，用硝酸溶液（2+98）稀释定容至刻度。现用现配。

2．测定

2.1　试样制备

在采样和制备过程中，应注意不使试样污染。对于固体乳制品样品，要摇匀；液体的乳及其制品样品要匀浆或均质；半固体样品要搅拌均匀。

2.2　试样消解

（1）湿法消解

固体试样称取 0.5～2.5 g（精确至 0.001 g），液体试样称取 5.0～10.0 g（精确至 0.001 g）于消解瓶或消解管中，加 20 mL 硝酸，4 mL 高氯酸，1.25 mL 硫酸，放置过夜。次日，于 120～200℃逐级升温加热消解，若消解液处理至 5 mL 左右时仍有未分解物质或色泽变深，补加硝酸 5～10 mL，再消解至 2 mL 左右，如此反复 2～3 次，注意避免炭化，继续加热消解至消解液 1 mL 左右，呈无色澄清，且消解瓶或消解管中充满白烟。冷却后，沿消解容器壁缓慢加水约 10 mL，再蒸发至消解瓶或消解管充满白烟。冷却，用水将消解液转入 25 mL 容量瓶或比色管中，加入 2 mL 硫脲+抗坏血酸溶液，用水定容至刻度，混匀，放置 30 min，待测。同时做空白试验。

（2）干灰化法

固体试样称取 1.0～2.5 g（精确至 0.001 g），液体试样（油脂样品除外）称取 4.0 g（精确至 0.001 g），置于 50～100 mL 坩埚中。加 10 mL 硝酸镁溶液（150 g/L）混匀，低热蒸干，将 1 g 氧化镁覆盖在干渣上（对于油脂样品称取 1.00 g 于 50～100 mL 坩埚中，直接加入 0.2 g 氧化镁覆盖在油脂上），于电炉上炭化至无黑烟，移入 550℃马弗炉灰化 4 h。取出放冷，小心加入 5～10 mL 盐酸溶液（1+1）以中和氧化镁并溶解灰分，转入 25 mL 容量瓶或比色管，向容量瓶或比色管中加入 2 mL 硫脲+抗坏血酸溶液，另用硫酸溶液（1+9）分次洗涤坩埚后，合并洗涤液并定容至刻度，混匀，放置 30 min，待测。同时做空白试验。

（3）微波消解法

固体试样和油脂及其制品试样称取 0.2～0.8 g（精确至 0.001 g），含水分较多的试样或液体试样称取 1.0～3.0 g（精确至 0.001 g）于消解罐中，加入 5～8 mL 硝酸，放置 30 min 以上。对于油脂等难消解的样品再加入 0.5～1 mL 过氧化氢，盖好安全阀，将消解罐放入微波消解系统中。根据不同类型的样品，设置适宜的微波消解程序（表 6-10），按相关步骤进行消解，消解结束后，于 135～145℃赶酸至 1～2 mL。将消化液转移至 25 mL 容量瓶或比色管，用少量硫酸溶液（1+9）洗涤消解罐 3 次，合并洗涤液于容量瓶或比色管中并加入 2 mL 硫脲+抗坏血酸溶液，用硫酸溶液（1+9）定容至刻度，混匀，放置 30 min，待测。同时做空白试验。

表 6-10　试样微波消解参考条件

步骤	温度/℃	升温时间/min	保温时间/min
1	120	5	5
2	160	5	10
3	190	5	25

（4）压力罐消解法

固体试样和油脂及其制品试样称取 0.2～1.0 g（精确至 0.001 g），鲜样或液体试样称取 1.0～5.0 g（精确至 0.001 g）于消解内罐中，加入 5 mL 硝酸浸泡过夜。盖好内盖，旋紧缓慢旋松不锈钢外套，将消解内罐取出，放在控温电热板上 135～145℃赶酸至 1～2 mL。将消化液转移至 25 mL 容量瓶或比色管，用少量硫酸溶液（1+9）洗涤消解罐 3 次，合并洗涤液于容量瓶或比色管中并加入 2 mL 硫脲+抗坏血酸溶液，用硫酸溶液（1+9）定容至刻度，混匀，放置 30 min，待测。同时做空白试验。

2.3　仪器参考条件

负高压：260 V；砷空心阴极灯电流：50～80 mA；载气：氩气；载气流速：500 mL/min；屏蔽气流速：800 mL/min；测量方式：荧光强度；读数方式：峰面积。

2.4　标准曲线的制作

仪器预热稳定后，将试剂空白、标准系列溶液依次引入仪器进行原子荧光强度的测定。以原子荧光强度为纵坐标，砷浓度为横坐标绘制标准曲线，得到回归方程。

2.5　试样溶液的测定

在相同条件下，将空白溶液和样品溶液分别引入仪器进行测定。根据回归方程计算出样品中砷元素的浓度。

3. 分析结果表述

试样中砷的含量按式（6-7）计算：

$$w=\frac{(\rho-\rho_0)\times V\times 1\,000}{m\times 1\,000\times 1\,000} \tag{6-7}$$

式中：w——试样中砷的质量分数，mg/kg；

ρ——试样消化液中砷的测定浓度，μg/L；

ρ_0——试样空白消化液中铅的测定浓度，μg/L；

V——试样消化液总体积，mL；

m——试样质量，g；

1 000——换算系数。

当砷含量≥1.00 mg/kg 时，计算结果保留 3 位有效数字；当砷含量＜1.00 mg/kg 时，计算结果保留 2 位有效数字。

4．精密度

样品中砷含量大于 1.00 mg/kg 时，在重复性条件下获得的两次独立测定结果的绝对差值不得超过算术平均值的 10%；小于或等于 1.00 mg/kg 且大于 0.10 mg/kg 时，在重复性条件下获得的两次独立测定结果的绝对差值不得超过算术平均值的 15%；小于或等于 0.10 mg/kg 时，在重复性条件下获得的两次独立测定结果的绝对差值不得超过算术平均值的 20%。

5．其他

当固体样品称样量为 1.0 g，定容体积为 25 mL 时，方法检出限为 0.01 mg/kg，方法定量限为 0.04 mg/kg。当液体样品取样量为 2 g，定容体积为 25 mL 时，方法检出限为 0.005 mg/kg，方法定量限为 0.02 mg/kg。

任务 4　有机乳及乳制品中汞的测定

任务介绍

汞在室温下是一种银白色的液体，人体若吸入汞会引起汞中毒现象，破坏神经系统，引起口腔炎、神经过敏等症，对人体危害极大。对于乳来说，汞的主要来源是由于牛吃了含有汞的饲料，接触了含有汞的水源及周围环境中的汞等，因此，对牛乳中汞的检测是一项重要的卫生指标。有机乳及乳制品中汞不得检出。测定方法参考《食品安全国家标准　食品中总汞及有机汞的测定》（GB 5009.17—2021）中的原子荧光光谱分析法。

任务解析

试剂及设备的准备→试样的制备→试样处理→分析测定→结果分析

知识储备

汞在自然界中普遍存在，一般动植物中都含有微量的汞，进入人体的汞主要来自被污染的食物。牛、羊吃了含汞的植物，喝了含汞的水，再经人进一步富集，构成了一条食物链。汞的挥发性和生物传递性（食物链）这两个特性，使汞在环境污染中特别被重视。人长期食用含汞食品，尤其是含甲基汞的鱼类可致慢性汞中毒，主要表现为“易兴奋症”，汞毒性震颤、汞毒性口腔炎等汞中毒的典型症状。此外，甲基汞可引起染色体断裂及基因突变。

食品中总汞含量的测定方法，主要有原子荧光光谱分析法和冷原子吸收光谱法。原子荧光光谱分析法的测定原理是：试样经酸加热消解后，在酸性介质中，试样中汞被硼氢化钾或硼氢化钠还原成原子态汞，由载气（氩气）带入原子化器中，在汞空心阴极灯照射下，基态汞原子被激发至高能态，在由高能态回到基态时，发射出特征波长的荧光，其荧光强度与汞含量成正比，外标法定量。

任务操作

1. 仪器与试剂

（1）仪器与设备

原子荧光光谱仪：配汞空心阴极灯；电子天平：感量为 0.01 mg、0.1 mg 和 1 mg；微波消解系统；压力消解器；恒温干燥箱（50～300℃）；控温电热板（50～200℃）；超声水浴箱；匀浆机；高速粉碎机。

（2）主要试剂

硝酸溶液（1+9）；硝酸溶液（5+95）；5 g/L 氢氧化钾溶液；5 g/L 硼氢化钾溶液；

0.5 g/L 重铬酸钾硝酸溶液：称取 0.5 g/L 重铬酸钾溶于 1 000 mL 硝酸溶液（5+95）中。

氯化汞：纯度＞99.99%。

1 000 mg/L 汞标准储备液：准确称取 0.135 4 g 氯化汞，用 0.5 g/L 重铬酸钾的硝酸溶液溶解并转移至 100 mL 容量瓶中，稀释并定容至刻度，混匀。于 2～8℃冰箱中避光保存，有效期 2 年。

10.0 mg/L 汞标准中间液：准确吸取 1 000 mg/L 汞标准储备液 1.00 mL 于 100 mL 容量瓶中，用 0.5 g/L 重铬酸钾的硝酸溶液稀释并定容至刻度，混匀。于 2～8℃冰箱中避光保存，有效期 1 年。

50.0 μg/L 汞标准使用液：准确吸取 10.0 mg/L 汞标准中间液 1.00 mL 于 200 mL 容量瓶中，用 0.5 g/L 重铬酸钾的硝酸溶液稀释并定容至刻度，混匀。临用现配。

汞标准系列溶液：分别吸取 50.0 μg/L 汞标准使用液 0.00 mL、0.20 mL、0.50 mL、1.00 mL、1.50 mL、2.00 mL、2.50 mL 于 50 mL 容量瓶中，用硝酸溶液（1+9）稀释并定容至刻度，混匀，相当于汞浓度为 0.00 μg/L、0.20 μg/L、0.50 μg/L、1.00 μg/L、1.50 μg/L、2.00 μg/L、2.50 μg/L，临用现配。

2. 测定

（1）试样制备

乳及乳制品匀浆或均质后，装入洁净聚乙烯瓶中，密封于 2～8℃冰箱冷藏备用。

（2）试样处理

采用回流消解法。称取 1.0～4.0 g（精确到 0.001 g）乳及乳制品试样，置于消化装置锥形瓶中，加玻璃珠数粒及 30 mL 硝酸，乳加 10 mL 硫酸，乳制品加 5 mL 硫酸，转动锥形瓶防止局部炭化。后续步骤同粮食消解方法装上冷凝管后，小火加热，待开始发泡即停止加热，发泡停止后，加热回流 2 h。如加热过程中溶液变棕色，再加 5 mL 硝酸，继续回流 2 h，消解到样品完全溶解，一般呈淡黄色或无色，放冷后从冷凝管上端小心加 20 mL 水，继续加热回流 10 min 放冷，用适量水冲洗冷凝管，冲洗液并入消化液中，将消化液经玻璃棉过滤于 100 mL 容量瓶内，用少量水洗涤锥形瓶、滤器，洗涤液并入容量瓶内，加水至刻度，混匀。同时做空白试验。

（3）仪器参考条件

根据各自仪器性能调至最佳状态。光电倍增管负高压：240 V；汞空心阴极灯电流：30 mA；原子化器温度：200℃；载气流速：500 mL/min；屏蔽气流速：1 000 mL/min。

（4）标准曲线的制作

设定好仪器最佳条件，连续用硝酸溶液（1+9）进样，待读数稳定之后，转入标准系列溶液测量，按照由低浓度到高浓度的顺序测定标准溶液的荧光强度，以汞的质量浓度为横坐标，荧光强度为纵坐标，绘制标准曲线。

（5）试样溶液的测定

转入试样测量，先用硝酸溶液（1+9）进样，使读数基本回零，再分别测定处理好的试样空白和试样溶液。

3．分析结果的表述

试样中汞的含量按式（6-8）计算：

$$w=\frac{(c_1-c_0)\times V\times 1000}{m\times 1000\times 1000} \tag{6-8}$$

式中：w——试样中汞的质量分数或质量浓度，mg/kg 或 mg/L；

c_1——试样消化液中汞的质量浓度，μg/L；

c_0——空白溶液中汞的质量浓度，μg/L；

V——试样消化液总体积，mL；

m——试样质量或体积，g 或 mL；

1 000——换算系数。

4．方法说明与注意事项

1）玻璃器皿及聚四氟乙烯消解内罐，均需以硝酸溶液（1+4）浸泡 24 h，用自来水反复冲洗，最后用水冲洗干净。

2）当汞含量≥1.00 mg/kg 时，计算结果保留 3 位有效数字；当汞含量≤1.00 mg/kg 时，计算结果保留 2 位有效数字。

3）当样品称样量为 0.5 g，定容体积为 25 mL 时，方法检出限为 0.003 mg/kg，方法定量限为 0.01 mg/kg。

有机乳及乳制品中黄曲霉毒素 M 族的测定可微信扫描二维码学习。

有机乳及乳制品中
黄曲霉毒素 M 族的测定

项目三　有机乳及乳制品微生物的测定

随着我国乳制品的快速发展，质量安全问题时有报道，如 2001—2004 年饮用奶、奶粉中毒事件、2008 年“三聚氰胺”事件等，让消费者对乳制品质量安全的关注度越来越高。在引起乳及乳制品质量安全的众多因素中，微生物污染对乳制品的影响尤为突出，病原性微生物污染不仅影响奶牛健康，还会产生毒素，影响乳制品的品质。乳制品生产过程中，正常的巴氏杀菌或超高温瞬时灭菌虽可杀死大部分微生物，但微生物产生的耐热酶具有较强的耐热性，影响乳及乳制品品质。此外，奶牛饲养抗生素滥用导致微生物耐药性越来越严重。因此，控制微生物污染对乳制品质量安全具有重要意义，而微生物检测是保证乳品安全的重要指标。

任务 1　商业无菌的检测

任务介绍

原料乳中存在大量的微生物，即使灭菌乳可以杀死大部分微生物，但仍然可能会残留一部分耐热菌，尤其是芽孢杆菌的残留，都会不同程度地影响乳制品的质量和品相，故对灭菌乳的商业无菌检测显得尤为重要。测定方法参考《食品安全国家标准　食品微生物学检验　商业无菌检验》（GB 4789.26—2023）。

任务解析

培养基及设备的准备→样品准备→称重→保温→开启（留样）→感官检测→pH 测定→涂片染色镜检→结果判定

知识储备

灭菌乳按杀菌条件可分为两大类：

1）保持灭菌乳：是指物料经预先杀菌（或不杀菌）进行灌装后，在密闭容器内被加热至少 110℃保持 10 min 以上，然后经冷却制成的无菌产品。

2）超高温灭菌乳（UHT）：是指物料在连续流动的状态下通过热交换器加热，经 135℃以上不少于 1 s 的超高温瞬时灭菌以达到商业无菌水平，然后在无菌状态下灌装于无菌包装容器中的产品。

目前大部分设备使用瑞典利乐设备，杀菌温度及时间为 136～141℃/4 s。灭菌乳因货架期长，运输方便，销售半径广，多样的包装及口感，便于携带，受到广大消费者欢迎。尤其在新冠疫情期间，灭菌乳销量不断增加，根据国家统计局的数据，2021 年全国液态奶产量 2 843 万 t，同比增长 9.68%。

灭菌乳是杀死乳中一切微生物包括病原体、非病原体、芽孢等。但灭菌乳不是无菌乳，只是产品达到了商业无菌状态，即不含危害公共健康的致病菌和毒素；不含任何在产品贮存运输及销售期间能繁殖的微生物；在产品有效期内保持质量稳定和良好的商业价值，不变质。

任务操作

1. 设备和材料

除微生物实验室常规灭菌及培养设备外，其他设备和材料如下：

冰箱、恒温培养箱、均质器及无菌均质袋、均质杯或乳钵、电位 pH 计、显微镜（10～100 倍）、电子秤或台式天平、超净工作台或百级洁净实验室。

2. 培养基和试剂

结晶紫染色液；二甲苯；含 4%碘的乙醇溶液：4 g 碘溶于 100 mL 的 70%乙醇溶液。

3. 操作步骤

（1）样品准备

去除表面标签，在包装容器表面用防水的油性记号笔做好标记，并记录容器、编号、产品性状、泄漏情况，检查是否有小孔、压痕、膨胀及其他异常情况。

（2）称重

1 kg 及以下的包装物精确到 1 g，并记录。

（3）保温

1）每个批次取 1 个样品置 2～5℃冰箱保存作为对照，将其余样品在（36±1）℃下保温 10 d。保温过程中应每天检查，如有膨胀或泄漏现象，应立即剔除，开启检查。

2）保温结束时，再次称重并记录，比较保温前后样品重量有无变化。如有变轻，表明样品发生泄漏。将所有包装物置于室温直至开启检查。

（4）开启

1）如有膨胀的样品，则将样品先置于 2～5℃冰箱内冷藏数小时后开启。

2）如有膨胀用冷水和洗涤剂清洗待检样品的光滑面，水冲洗后用无菌毛巾擦干。以含 4%碘的乙醇溶液浸泡消毒光滑面 30 min 后用无菌毛巾擦干。

3）在超净工作台或百级洁净实验室中开启。开启前应适当振摇，使用灭菌剪刀开启，不得损坏接口处。立即在开口上方嗅闻气味，并记录。

（5）留样

开启后，用灭菌吸管或其他适当工具以无菌操作取出内容物至少 30 mL（g）至灭菌容器内，保存 2～5℃冰箱中，在需要时可用于进一步试验，待该批样品得出检验结论后可弃去。开启后的样品可进行适当的保存，以备日后容器检查时使用。

（6）感官检查

在光线充足、空气清洁无异味的检验室中，将样品内容物倾入白色搪瓷盘内，对产品的组织、形态、色泽和气味等进行观察和嗅闻，同时观察包装容器内部和外部的情况，并记录。

（7）pH 测定

1)将电极插入已混匀的被测试样液中，并将 pH 计的温度校正器调节到被测液的温度。如果仪器没有温度校正系统，被测试样液的温度应调到（20±2）℃的范围之内，采用适合于所用 pH 计的步骤进行测定。当读数稳定后，从仪器的标度上直接读出 pH，精确到 0.05。

2）同一个制备试样至少进行两次测定。两次测定结果之差应不超过 0.1。取两次测定的算术平均值作为结果，报告精确到 0.05。

3）分析结果

与同批次冷藏保存对照样品相比，比较是否有显著差异。pH 相差 0.5 及以上判为显著差异。

（8）涂片染色镜检

用接种环挑取样品进行涂片，涂片用结晶紫染色液进行单染色，干燥后镜检，至少观察 5 个视野，记录菌体的形态特征以及每个视野的菌数。与同批冷藏保存对照样品相比，判断是否有明显的微生物增殖现象。菌数有百倍或百倍以上的增长则判为明显增殖。

（9）结果判定

样品经保温试验未出现泄漏；保温后开启，经感官检验、pH 测定、涂片镜检，确证无微生物增殖现象，则可报告该样品为商业无菌。

样品经保温试验出现泄漏；保温后开启，经感官检验、pH 测定、涂片镜检，确证有微生物增殖现象，则可报告该样品为非商业无菌。

任务 2　克罗诺杆菌的测定

任务介绍

克罗诺杆菌（*Cronobacter* spp.）是一种条件致病菌，主要传播媒介是奶粉，6 月龄以下婴儿是克罗诺杆菌的易感人群。婴儿感染该菌后会引起菌血症、脑膜炎、坏死性小肠结肠炎等，致死率高达 40%～80%。针对婴幼儿食品的安全要求，国家食品安全标准《食品安全国家标准　预包装食品中致病菌限量》（GB 29921—2021）中明确规定，婴儿（0～6 月龄）配方食品、特殊医学用途婴儿配方食品中克罗诺杆菌不得检出。测定方法参考《食品安全国家标准　食品微生物学检验　克罗诺杆菌检验》（GB 4789.40—2024）中第一法克罗诺杆菌定性检验。该方法适用于婴幼儿配方食品、婴幼儿辅助食品、乳及乳制品及其原料中克罗诺杆菌的检验。

任务解析

试剂、培养基及设备的准备→增菌→分离→鉴定→报告

知识储备

克罗诺杆菌被国际食品微生物标准委员会（International Commission of Microbiological Specializations on Food，ICMSF）列为对部分人群存在严重危害的致病菌，并于 2004 年由

联合国粮食和农业组织（Food and Agriculture Organization of the United Nations，FAO）和WHO划分为A类致病菌。阪崎克罗诺杆菌（*Cronobacter sakazakii*）原称为阪崎肠杆菌，是克罗诺杆菌属的模式菌株，能引起新生儿严重的败血症、脑膜炎、坏死性结肠炎等，感染阪崎克罗诺杆菌的婴儿死亡率高达80%。

克罗诺杆菌的污染来源尚不明确，但多数报告表明婴儿配方奶粉是目前发现的主要感染渠道。婴儿配方奶粉在生产过程中的关键步骤是高温杀菌、喷雾干燥和冷藏，并可能伴随射频、辐照、强脉冲光等杀菌方式，大多数细菌在此过程中会被杀死，但是克罗诺杆菌普遍具有非常强的低pH耐受性、耐热、耐高渗透压和耐干燥等特性，能在水分活度只有0.2的婴儿配方乳粉中存活1年以上，并且水化后立刻繁殖。

鉴于克罗诺杆菌对婴儿的高致病性，国际上对该菌的检测方法也越发重视。目前主要检测方法有：国际标准化组织（International Organization for Standartization，ISO）/TS 22964：2017《乳和乳制品-阪崎肠杆菌检验》；国标《食品安全国家标准　食品微生物学检验　克罗诺杆菌检验》（GB 4789.40—2024）、《出口食品中致病菌检测方法　微滴式数字PCR法　第8部分：克罗诺杆菌属（阪崎肠杆菌）》（SN/T 5364.8—2021）、《出口奶粉中阪崎肠杆菌（克罗诺杆菌属）检验方法　第2部分：PCR方法》（SN/T 1632.2—2013）和《出口奶粉中阪崎肠杆菌（克罗诺杆菌属）检验方法　第3部分：荧光PCR方法》（SN/T 1632.3—2013）等。

任务操作

1. 设备和材料

除微生物实验室常规灭菌及培养设备外，其他设备和材料如下：

恒温培养箱、冰箱、恒温水浴箱、天平、均质器、振荡器、无菌吸管、无菌锥形瓶、无菌培养皿、pH计或pH比色管或精密pH试纸、全自动微生物生化鉴定系统。

2. 培养基和试剂

1）缓冲蛋白胨水（BPW）：称取蛋白胨10.0 g、氯化钠5.0 g、十二水合磷酸氢二钠9.0 g、磷酸二氢钾1.5 g、蒸馏水1 000 mL，加热搅拌至溶解，必要时调节pH，121℃高压灭菌15 min。灭菌后的培养基25℃时的pH应为7.2±0.2。

2）改良月桂基硫酸盐胰蛋白胨肉-万古霉素（modified lauryl sulfate tryptose broth-vancomycin medium，mLST-Vm）。

称取氯化钠34.0 g、胰蛋白胨20.0 g、乳糖5.0 g、磷酸二氢钾2.75 g、磷酸氢二钾2.75 g、十二烷基硫酸钠0.1 g、蒸馏水1 000 mL，加热搅拌至溶解，必要时调节pH，分装至无菌试管中，每管10 mL，121℃高压灭菌15 min。灭菌后培养基25℃时的pH应为6.8±0.2。

称取10.0 mg万古霉素溶解于10.0 mL蒸馏水，过滤除菌。万古霉素溶液可以在0～5℃保存15 d。

每10 mL mLST加入万古霉素溶液0.1 mL，混合液中万古霉素的终浓度为10 μg/mL。

注：mLST-Vm必须在24 h之内使用。

3）克罗诺杆菌显色培养基。

4）胰蛋白胨大豆琼脂（TSA）：称取胰蛋白胨15.0 g、植物蛋白胨5.0 g、氯化钠5.0 g、琼脂15.0 g、蒸馏水1 000 mL，加热搅拌至溶解，必要时调节pH，121℃高压15 min，灭菌后的培养基25℃时的pH应为7.3±0.2。

5）氧化酶试剂：称取 *N,N,N',N'*-四甲基对苯二胺盐酸盐 1.0 g、蒸馏水 100 mL，少量新鲜配制，于冰箱内避光保存，在 7 d 之内使用。试验方法：用玻璃棒或一次性接种针挑取单个特征性菌落，涂布在氧化酶试剂湿润的滤纸平板上。如果滤纸在 10 s 之内未变为紫红色、紫色或深蓝色，则为氧化酶试验阴性，否则即为氧化酶试验阳性。

注：实验中切勿使用镍/铬材料。

6）L-赖氨酸脱羧酶培养基：称取 L-赖氨酸盐酸盐 5.0 g、酵母浸膏 3.0 g、葡萄糖 1.0 g、溴甲酚紫 0.015 g、蒸馏水 1 000 mL，将各成分加热溶解，必要时调节 pH 至 6.8±0.2。每管分装 5 mL，121℃高压 15 min。实验方法：挑取培养物接种于 L-赖氨酸脱羧酶培养基，刚好在液体培养基的液面下。（30±1）℃培养（24±2）h，观察结果。L-赖氨酸脱羧酶试验阳性者，培养基呈紫色，阴性者为黄色，空白对照管为紫色。

7）L-鸟氨酸脱羧酶培养基：L-鸟氨酸盐酸盐 5.0 g、酵母浸膏 3.0 g、葡萄糖 1.0 g、溴甲酚紫 0.015 g、蒸馏水 1 000 mL，将各成分加热溶解，必要时调节 pH 至 6.8±0.2。每管分装 5 mL。121℃高压 15 min。实验方法：挑取培养物接种于 L-鸟氨酸脱羧酶培养基，刚好在液体培养基的液面下。（30±1）℃培养（24±2）h，观察结果。L-鸟氨酸脱羧酶试验阳性者，培养基呈紫色，阴性者为黄色。

8）L-精氨酸双水解酶培养基：称取 L-精氨酸盐酸盐 5.0 g、酵母浸膏 3.0 g、葡萄糖 1.0 g、溴甲酚紫 0.015 g、蒸馏水 1 000 mL，将各成分加热溶解，必要时调节 pH 至 6.8±0.2。每管分装 5 mL。121℃高压 15 min。实验方法：挑取培养物接种于 L-精氨酸双水解酶培养基，刚好在液体培养基的液面下。（30±1）℃培养（24±2）h，观察结果。L-精氨酸双水解酶试验阳性者，培养基呈紫色，阴性者为黄色。

9）糖类发酵培养基：

基础培养基：称取酪蛋白（酶消化）10.0 g、氯化钠 5.0 g、酚红 0.02 g、蒸馏水 1 000 mL，将各成分加热溶解，必要时调节 pH 至 6.8±0.2。每管分装 5 mL。121℃高压 15 min。

糖类溶液（D-山梨醇、L-鼠李糖、D-蔗糖、D-蜜二糖、苦杏仁苷）：分别称取 D-山梨醇、L-鼠李糖、D-蔗糖、D-蜜二糖、苦杏仁苷等糖类成分各 8 g，溶于 100 mL 蒸馏水中，过滤除菌，制成 80 mg/mL 的糖类溶液。

完全培养基：基础培养基 875 mL、糖类溶液 125 mL，无菌操作，将每种糖类溶液加入基础培养基，混匀；分装到无菌试管中，每管 10 mL。实验方法：挑取培养物接种于各种糖类发酵培养基，刚好在液体培养基的液面下。（30±1）℃培养（24±2）h，观察结果。糖类发酵试验阳性者，培养基呈黄色，阴性者为红色。

10）西蒙氏柠檬酸盐培养基：称取柠檬酸钠 2.0 g、氯化钠 5.03 g、磷酸氢二钾 1.0 g、磷酸二氢铵 1.0 g、硫酸镁 0.2 g、溴麝香草酚蓝 0.08 g、琼脂 8.0～18.0 g、蒸馏水 1 000 mL，将各成分加热溶解，必要时调节 pH 至 6.8±0.2。每管分装 10 mL，121℃高压 15 min，制成斜面。实验方法：挑取培养物接种于整个培养基斜面，（36±1）℃培养（24±2）h，观察结果。阳性者培养基变为蓝色，空白对照管为绿色。

3. 操作步骤

（1）前增菌和选择性增菌

取检样 100 g（mL）置于无菌容器中，加入 900 mL 已预热至（41±1）℃的 BPW，用手缓缓地摇动至检样充分溶解后，（36±1）℃培养（18±2）h。轻轻摇动混匀培养过的前增菌液，移取 1 mL 转入 10 mL mLST-Vm 肉汤中，（41.5±1）℃培养（24±2）h。

（2）分离

1）轻轻混匀 mLST-Vm 肉汤培养物，使用 10 μL 接种环各取 1 环增菌培养物，分别划线接种于 2 个克罗诺杆菌显色培养基平板，（36±1）℃培养（24±2）h，或按培养基要求条件培养。

2）可疑菌落按显色培养基要求进行判定，每个平板挑取至少 5 个可疑菌落（不足 5 个时挑取全部可疑菌落），分别划线接种于 TSA 平板，（36±1）℃培养（24±2）h。

（3）确证实验

可疑菌落接种 TSA 平板后进行生化鉴定。可以首先鉴定克罗诺杆菌显色培养基平板上最具特征性的菌落接种的 TSA 平板上的菌落。如果是阳性，则不需要测试其他 TSA 平板上的菌落。如果是阴性，则选取其他 TSA 平板上的菌落进行鉴定，直到全部为阴性或发现阳性菌落为止。为确保结果的准确性，对 TSA 平板上的菌落进行鉴定时，应使用新鲜的传代菌落。克罗诺杆菌的主要生化特征见表 6-11。上述鉴定也可选择商品化生化鉴定试剂盒或微生物生化鉴定系统进行。

表 6-11　克罗诺杆菌的主要生化特征

生化实验		特征
氧化酶		—
L-赖氨酸脱羧酶		—
L-鸟氨酸脱羧酶		（＋）
L-精氨酸双水解酶		＋
柠檬酸水解		（＋）
发酵	D-山梨醇	（＋）
	L-鼠李糖	＋
	D-蔗糖	＋
	D-蜜二糖	＋

注：＋表示＞99%阳性；—表示＞99%阴性；（＋）表示 90%～99%阳性；（—）表示 90%～99%阴性。

4．结果与报告

根据菌落特征、确证试验结果，报告 100 g（mL）样品中检出或未检出克罗诺杆菌。

知识考核

1．简述乳制品的采样原则。

2．说明乳及乳制品酸度测定的重要性。

3．何谓牛乳的固有酸度，是由什么成分引起的？

4．给出三种三聚氰胺的测定方法。

5．何谓杂质度？试分析奶粉杂质度偏高的原因。

6．乳粉的溶解性评价指标有哪些？

7．简述乳及乳制品中常见的抗生素类型及适用的检测方法。

8．牛乳及乳制品中黄曲霉毒素 M1 和 M2 的检测方法有哪些？

9．试述使用氢化物原子荧光光度法测定砷的原理及注意事项。

10．简述商业无菌检验的检测程序。

模块七

有机畜禽类产品的检测

《有机产品　生产、加工、标识与管理体系要求》（GB/T 19630—2019）中规定，通过引入不超过6月龄且已断乳的肉牛、马属动物、驼；不超过6周龄且已断乳的猪、羊；不超过4周龄，接受过初乳喂养且主要是以全乳喂养的犊牛用作乳用牛；不超过2日龄的肉用鸡；不超过18周龄的蛋用鸡分别经过12个月、6个月、6个月、10周和6周的转换期才能进行有机认证。在养殖过程中，禁止在饲料中添加使用化学合成的生长促进剂（包括促进生长的抗生素、抗寄生虫药和激素）、化学合成或化学提纯的一些物质。同时，不允许使用抗生素或化学合成的兽药对畜禽进行预防性治疗，若当采用多种预防措施仍无法控制畜禽疾病或伤痛时，可在兽医的指导下对患病畜禽使用常规兽药，但应经过该药物的休药期的2倍时间（若2倍休药期不足48 h，则应达到48 h）之后，这些畜禽及其产品才能作为有机产品出售。因此，在有机畜禽类产品中主要进行兽药残留的检测。2021年实施的《有机产品认证（畜禽类）抽样检测项目指南（试行）》中规定的大多数有机畜禽类产品必测项目为一些兽药残留项目。本模块对有机畜禽类产品的取样方法、感官评定以及一些畜禽类产品常测指标、有机畜禽类产品检测项目进行介绍。通过学习这些检测标准与方法，可以更好地理解和掌握有机畜禽类产品的检测流程。

项目一　有机畜禽类产品取样方法及感官评定

任务1　有机畜禽类产品取样方法

任务介绍

在进行有机肉与肉制品的检测时，首先要进行样品的采集。因为被检测的食品种类差异大、加工贮藏条件不同、同一材料的不同部分均有差别，所以采用正确的采样技术进行采样。采集样品尤为重要，否则分析结果不具有代表性，甚至会出现错误的结论。对于肉及肉制品的取样方法，《肉与肉制品　取样方法》（GB/T 9695.19—2008）中进行了介绍。

任务解析

样品取样→样品混合→检测样品。

知识储备

1．有机畜禽类产品取样的一般原则

取样的一般原则包括：所取样品应尽可能有代表性；应抽取同一批次同一规格的产品；取样量应满足分析的要求，不得少于分析取样、复检和留样备用的总量。

2．有机畜禽类产品取样其他事项

在取样过程中，取样人员应防止样品污染。对于取样设备和容器，应满足以下要求：直接接触样品的容器的材料应防水、防油；容器应满足取样量和样品形状的要求；取样设备应清洁、干燥，不得影响样品的气味、风味和成分组成；使用玻璃器皿要防止破损。

取完样品后，装有实验室样品的容器应由取样人员封口并贴上封条，取样人员将样品送到实验室前须贴上标签。标签应至少标注以下信息：取样人员和取样单位名称；取样地点和日期；样品的名称、等级和规格；样品特性；样品的商品代码和批号。同时，取样人员取样时应填写取样报告，内容包括：实验室样品标签所要求的信息；被取样单位名称和负责人姓名；生产日期；产品数量；取样数量；取样方法。可能的情况下，还应包括取样目的、会对样品造成影响的气温和空气湿度等包装环境和运输环境，及其他相关事宜。

取样后应尽快将样品送至实验室，运输过程须保证样品完好密封，保证样品没受损或发生变化，样品到实验室后尽快分析处理，易腐、易变样品应置冰箱或特殊条件下贮存，保证不影响分析结果。

任务操作

有机畜禽类产品的取样方法

对于不同的畜禽类产品，其取样方法不同。畜禽类产品的取样方法主要为以下几种。

（1）鲜肉的取样方法

从3～5片胴体或同规格的分割肉上取若干小块混为一份样品。每份样品为500～1 500 g。

（2）冻肉的取样方法

成堆产品：在堆放空间的四角和中间设采样点，每点从上、中、下三层取若干小块混为一份样品。每份样品为500～1 500 g。

包装冻肉：随机取3～5包混合，总量不得少于1 000 g。

（3）肉制品的取样

每件500 g以上的产品：随机从3～5件上取若干小块混合，共500～1 500 g。

每件500 g以下的产品：随机取3～5件混合，总量不得少于1 000 g。

小块碎肉：从堆放平面的四角和中间取样混合，共500～1 500 g。

任务2　有机畜禽产品的感官评定

任务介绍

食品质量的优劣最直接地表现在它的感官性状上，通过感官指标来鉴别食品的优劣和真伪，不仅简单易行，而且灵敏度高，直观而实用。因此，应用感官手段来鉴别食品的质量有着非常重要的意义。通过感官评价可以判断有机肉与肉制品的质量，并在一定程度上能反映有机肉与肉制品的新鲜度。通过专业的感官评定人员对有机肉与肉制品进行视觉、嗅觉、味觉、触觉、听觉五个方面的检验，从有机肉与肉制品的色、香、味和外观形态进行综合性的鉴别和评价。本任务主要依据《肉与肉制品感官评定规范》（GB/T 22210—2008）。

任务解析

样品采集→样品制备→样品感官评定

知识储备

1．感官评定人员的要求

感官评定人员应经体格检查合格，其视觉、嗅觉、味觉以及触觉等符合感官评定要求，且在文化上、种族上、宗教上或其他方面对所评定的肉与肉制品没有禁忌。感官评定人员应经过专门培训与考核，取得职业资格证书，符合感官分析要求，熟悉评定样品的色、香、味、质地、类型、风格、特征及检测所需要的方法，掌握有关的感官评定术语。感官评定的当天，评定人员不得使用有气味的化妆品，不得吸烟，患病人员不得参加。感官评定时，感官评定人员应穿着清洁、无异味的工作服。感官评定不应在评定人员饥饿、疲劳、饮酒后的情况下进行。感官评定人员应在评定开始前 1 h 漱口、刷牙，并在此后至检测开始前，除了饮水，不吃任何东西。每个品种感官评定时应先用优质干红葡萄酒、后用清茶漱口，再用清水漱口。在感官评定的过程中，品评人员应独自打分，禁止相互交换意见。

2. 感官评定样品的要求

供感官评定的样品，样品的处理方法及程序应完全一致。在品评过程中应给每个评定人员相同体积、质量、形状、部位的样品评定，提供样品的量应根据样品本身的情况，以及感官评定时研究的特性来定。供感官评定人员品评的样品温度适宜，并且分发到每个品评人员手中的样品温度一致。供评定的样品应采用随机的三位数编码，避免使用喜爱、忌讳或容易记忆的数字。评定中盛装样品的容器应采用同一规格、相同颜色的无味容器。

任务操作

感官评定程序：

（1）样品采集及运输

样品采集时，不得破坏样品的感官品质，需要包装的样品应采用食品级聚乙烯薄膜及时包装。运输工具应清洁、卫生，使用前应进行清洗、消毒。样品不得与有异味、有毒、有害的物品混装运输。样品运输途中应防止产品变质。样品送达感官分析实验室后，不能立即进行检验的样品应以恰当的方式及时贮藏。热鲜肉、冷却肉应在样品到达的当天立即进行评定。

（2）样品的制备

冷冻状态样品的制备要求：冷冻状态的样品应先在冻结状态下进行检查，然后采用室温自然解冻方式进行解冻，待样品中心温度达到 2～3℃时制样。

需加热样品的制备要求：需加热样品制备时应先经实验确定样品的加热时间及条件。样品制备中采用的不同加热方式应按下列要求进行：

1）烤：将样品用铝箔包裹好，平放于平底煎锅中，将样品中心温度加热至 65～70℃。

2）蒸：将样品用铝箔包好，放入蒸锅中，将样品中心温度加热至 65～70℃。

3）隔水煮：将样品密封入耐热、不透水的薄膜袋中，于沸水中将样品中心温度加热至 65～70℃。

4）微波加热：将样品放入适合微波加热、无异味的容器中，用微波将样品中心温度加热至 65～70℃。

5）煮沸后肉汤的制备：称取 20 g 绞碎的试样，置于 200 mL 的烧杯中，加 100 mL 水，用表面皿盖上加热 50～60℃，开盖检查气味，继续加热煮沸 20～30 min，检查肉汤的气味、滋味和透明度，以及脂肪的气味和滋味。

（3）样品的评定

1）鲜、冻有机猪肉、有机牛肉、有机羊肉等感官要求：

冷冻肉的评定：在冻结状态下观察冷冻肉表面的变色脱水程度、有无霉斑、光泽等。

色泽：肌肉色泽鲜红，有光泽；有机猪肉脂肪呈乳白色，有机牛肉、羊肉等脂肪呈乳白色或微黄色。

组织状态：肌肉结构紧密，有坚实感；若鲜肉指压后的凹陷可立即恢复，冻肉解冻后，指压凹陷恢复较慢。

气味：具有产品固有的气味，无异味。

杂质：无正常视力可见的外来异物。

2）腌腊肉制品、熟肉制品感官要求：

色泽：具有产品应有的色泽，无黏液。

气味：具有产品应有的气味，无异味、无酸败味。

状态：具有产品应有的组织形状，无正常视力可见外来异物，无焦斑、无霉斑。

3）有机鲜蛋感官要求：

色泽：灯光透视时整个蛋呈微红色；去壳后蛋黄呈橘黄色至橙色，蛋白澄清、透明，无其他异常颜色。

气味：蛋液具有固有的蛋腥味，无异味。

状态：蛋壳清洁完整，无裂纹，无霉斑，灯光透视时蛋内无黑点及异物；去壳后蛋黄凸起完整并带有韧性，蛋白稀稠分明，无正常视力可见外来异物。

4）蛋制品感官要求：

色泽：具有产品正常的色泽。

滋味、气味：具有产品正常的滋味、气味，无异味。

状态：具有产品正常的形状、形态，无酸败、霉变、生虫及其他危害食品安全的异物。

项目二　有机畜禽类产品行业检测项目

畜禽类产品除了进行感官评定外，还会对一些理化指标进行检测。一般对畜禽类产品的水分和脂肪进行检测，水分和脂肪可以反映畜禽类产品的品质。除此之外，还会对畜禽类产品的新鲜度进行判断，挥发性盐基氮是判断畜禽类产品新鲜度的一个重要指标。兽药残留也是畜禽类产品重点检测的一项指标，随着近年来的发展，兽药的快速检测技术也在不断发展。因此，在本项目中重点介绍有机畜禽类产品的水分、脂肪和挥发性盐基氮的测定方法。同时，以瘦肉精的快速检测为例，介绍快速检测技术在畜禽类产品检测中的应用。

任务 1　水分的测定

任务介绍

有机畜禽肉类水分含量的多少及存在状态影响肉加工质量及贮藏性。水分是肉中含量最多的成分。肉品中的水分含量及其持水性能直接关系到肉及肉制品的组织状态、品质，甚至风味。水分含量与脂肪含量密切相关，随着肉品中脂肪含量的增加，水分含量会逐渐减少，所以动物越肥，其胴体水分含量越低。肉品中的水分含量会影响其贮藏，水分含量过高的话，会导致细菌、霉菌繁殖加剧，容易引起肉的腐烂变质，所以要对水分含量进行测定。不同畜禽肉类的水分限量不同，《畜禽肉水分限量》（GB 18394—2020）中规定猪肉水分含量≤76.0 g/100 g，牛肉水分含量≤77.0 g/100 g，羊肉水分含量≤78.0 g/100 g，鸡肉水分含量≤77.0 g/100 g。

有机畜禽类产品水分含量的测定方法主要为直接干燥法和红外线干燥法。

任务解析

试剂及设备的准备→试样制备和处理→干燥→质量变化测定→含水量计算

知识储备

肉中的水分并非像纯水那样以游离的状态存在，其存在的形式大致可以分为以下三种：

1．结合水

约占水分总量的 5%，由肌肉蛋白质亲水基所吸引的水分子形成一紧密结合的水层。结合水通过本身的极性与蛋白质亲水基的极性而结合，水分子排列有序，不易受肌肉蛋白质结构或电荷变化的影响，甚至在施加严重外力条件下，也不能改变其与蛋白质分子紧密结合的状态。该水层无溶剂特性，冰点很低（−40℃）。

2．不宜流动水

肌肉中 80%水分是以不易流动水状态存在于纤丝、肌原纤维及肌细胞膜之间。此水层距离蛋白质亲水基较远，水分子虽然有一定朝向性，但排列不够有序。不易流动水容易受蛋白质结构和电荷变化的影响，肉的保水性能主要取决于肌肉对此类水的保持能力。不易流动水能溶解盐及溶质，在−1.5～0℃结冰。

3．自由水

自由水指存在于细胞外间隙中能自由流动的水。其不依电荷基而定位排序，仅靠毛细管作用力而保持。自由水约占总水分的 15%。

任务操作

1．直接干燥法

（1）原理

利用畜禽肉中水分的物理性质，在 101.3 kPa（一个大气压），温度［（103±2）℃］下采用挥发方法测定样品中干燥减失的质量，包括吸附水、部分结晶水和该条件下能挥发的物质，再通过干燥前后称量数值的变化计算出水分的含量。

（2）试剂和材料

盐酸溶液（6 mol/L）：量取 50 mL 盐酸，加水稀释至 100 mL；

氢氧化钠溶液（6 mol/L）：称取 24 g 氢氧化钠，加水溶解并稀释至 100 mL；

砂：用水洗去海砂、河砂、石英砂或类似物中的泥土，先用 6 mol/L 盐酸溶液煮沸 0.5 h，用水洗至中性，再用 6 mol/L 氢氧化钠溶液煮沸 0.5 h，用水洗至中性，经 105℃干燥备用。

（3）仪器和设备

称量器皿：扁形铝制或玻璃制称量器皿、瓷坩埚，内径不小于 25 mm；

均质设备：斩拌机或者绞肉机；

细玻璃棒：略高于称量器皿；

恒温干燥箱；

干燥器：内附有效干燥剂；

天平：感量为 0.01 g 和 0.000 1 g。

（4）样品制备和处理

从采样部位做切口，避开脂肪、筋、腱，割取约 200 g 的肌肉，放入密封容器中。冷却肉应去除表面风干的部分，冷冻肉应从样品内部取样。

对于非冷冻样品，样品检测前应剔除其中的脂肪、筋、腱，取其肌肉部分进行均质，均质后的样品应尽快进行检测。均质后如未能及时检测，应密封冷藏储存，密封冷藏储存时间不应超过 24 h。储存的样品在检测时应重新混匀。

对于冷冻样品，需在 15～25℃下解冻，记录解冻前后的样品质量 m_3 和 m_4（精确至 0.01 g），解冻后的样品按上面非冷冻样品的方法进行处理。

（5）测定步骤

首先于称量器皿中放入细玻璃棒和 10 g 左右砂，将其放入（103±2）℃的恒温干燥箱中恒重。记录恒重后质量（m_0）。称取约 5 g 的样品（精确至 0.000 1 g），置于称量器皿中，准确记录样品及称量器皿的总质量（m_1），并用细玻璃棒将砂与样品混合均匀。随后将称量器皿及样品移至（103±2）℃的恒温干燥箱中，干燥 4 h 后将其取出并在干燥器中冷却后称重；将其再次在恒温干燥箱中烘干 1 h 后取出，冷却后称重；重复以上步骤直至前后连续两次质量差小于 2 mg 为止，并记录最终称量器皿和内容物的总质量（m_2）。

（6）计算公式

非冷冻样品的水分含量，按式（7-1）进行计算：

$$X=\frac{m_1-m_2}{m_1-m_0}\times100 \tag{7-1}$$

式中：X——非冷冻样品水分含量，g/100 g；

m_0——干燥后称量器皿、细玻璃棒和砂的总质量，g；

m_1——干燥前样品、称量器皿、细玻璃棒和砂的总质量，g；

m_2——干燥后样品、称量器皿、细玻璃棒和砂的总质量，g；

100——单位换算系数。

计算结果用两次平行测定的算术平均值表示，保留 3 位有效数字。

冷冻样品或者有水分析出的，按式（7-2）进行计算：

$$W=\frac{(m_3-m_4)+m_4\times X}{m_3}\times100 \tag{7-2}$$

式中：W——冷冻样品水分含量，g/100 g；

X——解冻后样品水分含量，即非冷冻样品水分含量，g/100 g；

m_3——解冻前样品的质量，g；

m_4——解冻后样品的质量，g；

100——单位换算系数。

计算结果用两次平行测定的算术平均值表示，保留 3 位有效数字。

在重复性条件下获得的两次独立测定结果的绝对差值不超过 1%。

2．红外线干燥法（快速法）

（1）原理

用红外线灯管作为热源，利用红外线的辐射热和直射性加热样品，可以快速将水分从样品中去除，用干燥前后的质量差计算出水分含量，但该法精密度较差。

（2）仪器设备

红外线快速水分分析仪：水分测定范围 0%～100%，读数精度 0.01%，称量范围 0～30 g，称量精度 1 mg。

（3）样品的制备

从采样部位做切口，避开脂肪、筋、腱，割取约 200 g 的肌肉，放入密封容器中。冷却肉应去除表面风干的部分，冷冻肉应从样品内部取样。

（4）测定步骤

接通电源并打开开关，设定干燥加热温度为 105℃，加热时间为自动，结果表示方式为 0～100%。

首先，打开样品室罩，取一样品盘置于红外线水分分析仪的天平架上，并回零。随后，取出样品盘，将约 5 g 制备好的样品均匀铺于盘上，再放回样品室。最后，盖上样品室罩，开始加热，待完成干燥后，读取在数字显示屏上的水分含量。在配有打印机的情况下，可自动打印出水分含量。

任务 2　脂肪的测定

任务介绍

脂肪是有机畜禽类产品的主要营养物质，脂肪含量的多少影响着肉的加工特性。

脂肪组织是胴体中仅次于肌肉组织的另一个重要组织，对肉的食用品质影响甚大，肌肉内脂肪的多少直接影响肉的多汁性和嫩度，脂肪酸的组成在一定程度上决定了肉的风味。家畜的脂肪组织 90%为中性脂肪，7%～8%为水分，蛋白质占 3%～4%，此外还有少量的磷脂和固醇脂。肌肉组织内的脂肪含量变化很大，少到 1%，多到 20%，这主要取决于畜禽的肥育程度。另外，品种、解剖部位、年龄等也有影响。肌肉中的脂肪含量和水分含量呈负相关，脂肪越多，水分越少，反之亦然。

任务解析

试剂及设备的准备→试样处理→有机溶剂抽提→计算得出脂肪含量。

知识储备

食品中脂肪包括结合态脂肪和游离态脂肪，因此，在测定脂肪时，根据不同的测定方法，得出其总脂肪（包括结合态脂肪）或游离态脂肪含量。对于大部分食品来说，游离态的脂肪是主要的，结合态的脂肪含量较少。

脂类不溶于水，易溶于有机溶剂。测定脂类大多采用低沸点有机溶剂萃取的方法。常用的溶剂有：无水乙醚、石油醚、氯仿-甲醇的混合溶剂等。其中乙醚沸点低（34.6℃），溶解脂肪的能力比石油醚强。现有的食品脂肪含量的标准分析方法都是采用乙醚作为提取剂。但乙醚易燃，可饱和 2%的水分，含水乙醚会同时抽出糖分等非脂成分，所以，实际使用时必须采用无水乙醚作提取剂，被测样品也必须事先烘干。石油醚具有较高的沸点（沸程为 30～60℃），吸收水分比乙醚少，没有乙醚易燃，用它作提取剂时，允许样品含有微量的水分。它没有胶溶现象，不会夹带胶态的淀粉、蛋白质等物质。石油醚抽出物比较接近真实的脂类。这两种溶剂只能直接提取游离的脂肪，对于结合态的脂类，必须预先用酸或碱破坏脂类与非脂的结合后才能提取。因二者各有特点，故常常混合使用。氯仿-甲醇是另一种有效的溶剂，它对脂蛋白、磷脂的提取效率较高，特别适用于水产品、家禽、蛋制品等食品中脂肪的提取。

任务操作

1. 索氏抽提法

（1）原理

脂肪易溶于有机溶剂。试样直接用无水乙醚或石油醚等溶剂抽提后，蒸发除去溶剂，干燥，得到游离态脂肪的含量。

（2）试剂和材料

试剂：无水乙醚；石油醚（沸程为 30～60℃）。

材料：石英砂；脱脂棉。

（3）仪器和设备

索氏抽提器；恒温水浴锅；分析天平：感量 0.001 g 和 0.000 1 g；电热鼓风干燥箱；干燥器：内装有效干燥剂，如硅胶；滤纸筒；蒸发皿。

（4）测定步骤

1）试样处理

固体试样：称取充分混匀后的试样 2～5 g，准确至 0.001 g，全部移入滤纸筒内。

液体或半固体试样：称取混匀后的试样 5～10 g，准确至 0.001 g，置于蒸发皿中，加入约 20 g 石英砂，于沸水浴上蒸干后，在电热鼓风干燥箱中于（100±5）℃干燥 30 min 后，取出，研细，全部移入滤纸筒内。蒸发皿及粘有试样的玻璃棒，均用蘸有乙醚的脱脂棉擦净，并将棉花放入滤纸筒内。

2）抽提

将滤纸筒放入索氏抽提器的抽提筒内，连接已干燥至恒重的接收瓶，由抽提器冷凝管上端加入无水乙醚或石油醚至瓶内容积的 2/3 处，于水浴上加热，使无水乙醚或石油醚不断回流抽提（6～8 次/h），一般抽提 6～10 h。提取结束时，用磨砂玻璃棒接取 1 滴提取液，磨砂玻璃棒上无油斑表明提取完毕。

3）称量

取下接收瓶，回收无水乙醚或石油醚，待接收瓶内溶剂剩余 1～2 mL 时在水浴上蒸干，再于（100±5）℃干燥 1 h，放干燥器内冷却 0.5 h 后称量。重复以上操作直至恒重（直至两次称量的差不超过 2 mg）。

（5）计算公式

$$X = \frac{m_1 - m_0}{m_2} \times 100 \qquad (7\text{-}3)$$

式中：X——试样中脂肪的含量，g/100 g；

m_1——恒重后接收瓶和脂肪的含量，g；

m_0——接收瓶的质量，g；

m_2——试样的质量，g；

100——换算系数。

计算结果表示到小数点后一位。

在重复性条件下获得的两次独立测定结果的绝对差值不得超过算术平均值的 10%。

2．酸水解法

（1）原理

食品中的结合态脂肪必须用强酸使其游离出来，在强酸的作用下，食品中的蛋白质及碳水化合物被水解，细胞壁被破坏，从而游离出脂肪，游离出的脂肪易溶于有机溶剂。试样经盐酸水解后用无水乙醚或石油醚提取，除去溶剂即得游离态和结合态脂肪的总含量。

（2）试剂和材料

试剂：乙醇；无水乙醚；石油醚：沸程为30～60℃；盐酸溶液（2 mol/L）：量取50 mL盐酸，加入250 mL水中，混匀；碘液（0.05 mol/L）：称取6.5 g碘和25 g碘化钾于少量水中溶解，稀释至1 L。

材料：蓝色石蕊试纸；脱脂棉；滤纸：中速。

（3）仪器和设备

恒温水浴锅；电热板（满足200℃高温）；锥形瓶；分析天平（感量为0.1 g和0.001 g）；电热鼓风干燥箱；索氏抽提器。

（4）测定步骤

1）试样酸水解。称取混匀后的试样3～5 g，准确至0.001 g，置于250 mL锥形瓶中，加入 50 mL 2 mol/L 盐酸溶液和数粒玻璃细珠，盖上表面皿，于电热板上加热至微沸，保持1 h，每10 min旋转摇动1次。取下锥形瓶，加入150 mL热水，混匀，过滤。锥形瓶和表面皿用热水洗净，热水一并过滤。沉淀用热水洗至中性（用蓝色石蕊试纸检验，中性时试纸不变色）。将沉淀和滤纸置于大表面皿上，于（100±5）℃干燥箱内干燥1 h，冷却。

2）抽提。将干燥后的试样装入滤纸筒内，将滤纸筒放入索氏抽提器的抽提筒内，连接已干燥至恒重的接收瓶，由抽提器冷凝管上端加入无水乙醚或石油醚至瓶内容积的2/3处，于水浴上加热，使无水乙醚或石油醚不断回流抽提（6～8次/h），一般抽提6～10 h。提取结束时，用磨砂玻璃棒接取1滴提取液，磨砂玻璃棒上无油斑表明提取完毕。

3）称量。取下接收瓶，回收无水乙醚或石油醚，待接收瓶内溶剂剩余1～2 mL时在水浴上蒸干，再于（100±5）℃干燥1 h，放干燥器内冷却0.5 h后称量。重复以上操作直至恒重（直至两次称量的差不超过2 mg）。

（5）计算公式

$$X=\frac{m_1-m_0}{m_2}\times 100 \tag{7-4}$$

式中：X——试样中脂肪的含量，g/100 g；

m_1——恒重后接收瓶和脂肪的含量，g；

m_0——接收瓶的质量，g；

m_2——试样的质量，g；

100——换算系数。

计算结果表示到小数点后一位。

在重复性条件下获得的两次独立测定结果的绝对差值不得超过算术平均值的10%。

任务3　挥发性盐基氮的测定

任务介绍

动物性食品在细菌和酶的作用下发生腐败，蛋白质分解产生氨及胺类等碱性含氮物质，这些含氮物质可以与在腐败过程中同时分解产生的有机酸结合，形成一种称为盐基态氮的物质，这种物质具有挥发性，因此称为挥发性盐基氮（TVB-N）。蛋白质分解过程中产生多种胺类物质，如氨、伯胺、仲胺、叔胺等，故也可称为总挥发性盐基氮。肉品中所含挥发性盐基氮的量，随着腐败的进程而逐渐增加，与肉品腐败程度成正比，因此，可以用来鉴定肉品的新鲜度。《食品安全国家标准　鲜（冻）畜、禽产品》（GB 2707—2016）中规定鲜（冻）畜禽产品挥发性盐基氮≤15 mg/100 g；《绿色食品　畜禽肉制品》（NY/T 843—2015）中规定调制肉制品挥发性盐基氮≤10 mg/100 g。

任务解析

试剂及设备的准备→试样处理→碱性溶液下加热→标准酸溶液滴定→计算得出结果

知识储备

凯氏定氮法是测定总有机氮的最准确和操作较简便的方法之一，应用普遍。食品中蛋白质的含量常常采用凯氏定氮法进行测定，得出总氮量后，乘以蛋白质换算系数，得到蛋白质含量。挥发性盐基氮的测定在本质上也是对氮含量的测定，所以同样采用凯氏定氮法。与蛋白质测定不同的是，蛋白质在测定时，需要先进行消化处理，使蛋白质分解，将有机氮转化为氨。而挥发性盐基氮在测定时，不需要进行消化处理，直接进行蒸馏处理，最后计算得出挥发性盐基氮含量。

任务操作

1. 半微量定氮法

（1）原理

挥发性盐基氮在碱性溶液中蒸出，利用硼酸溶液吸收后，用标准酸溶液滴定计算挥发性盐基氮含量。

（2）试剂和材料

氧化镁混悬液（10 g/L）：称取 10 g 氧化镁，加 1 000 mL 水，振摇成混悬液；

硼酸溶液（20 g/L）：称取 20 g 硼酸，加水溶解后并稀释至 1 000 mL；

三氯乙酸溶液（20 g/L）：称取 20 g 三氯乙酸，加水溶解后并稀释至 1 000 mL；

盐酸标准滴定溶液（0.100 0 mol/L）或硫酸标准滴定液（0.100 0 mol/L）；

盐酸标准滴定溶液（0.010 0 mol/L）或硫酸标准滴定液（0.010 0 mol/L）：临用前以盐酸标准滴定溶液（0.100 0 mol/L）或硫酸标准滴定溶液（0.100 0 mol/L）配制；

甲基红-乙醇溶液（1 g/L）：称取 0.1 g 甲基红，溶于 95%乙醇，用 95%乙醇稀释至 100 mL；

溴甲酚绿-乙醇溶液（1 g/L）：称取 0.1 g 溴甲酚绿，溶于 95%乙醇，用 95%乙醇稀释至 100 mL；

亚甲基蓝-乙醇溶液（1 g/L）：称取 0.1 g 亚甲基蓝，溶于 95%乙醇，用 95%乙醇稀释至 100 mL；

混合指示液：1 份甲基红-乙醇溶液与 5 份溴甲酚绿-乙醇溶液临用时混合，也可用 2 份甲基红-乙醇溶液与 1 份亚甲基蓝-乙醇溶液临用时混合；

95%乙醇溶液；

消泡硅油。

（3）仪器和设备

天平：感量为 1 mg；搅拌机；具塞锥形瓶：300 mL；半微量定氮装置：如图 7-1 所示；吸量管：10.0 mL、25.0 mL、50.0 mL；微量滴定管：10 mL，最小分度 0.01 mL。

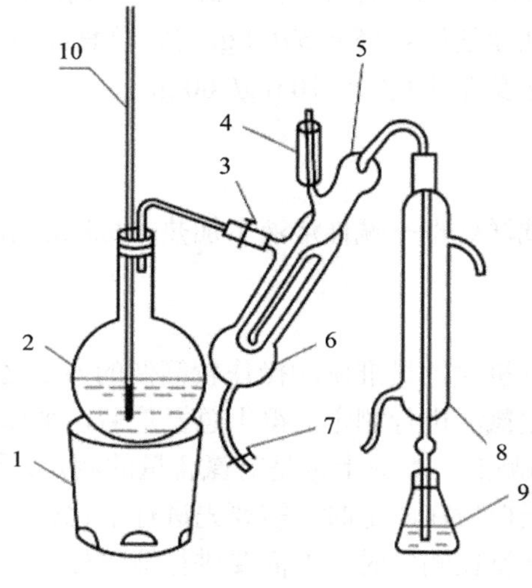

1—电炉；2—水蒸气发生器（2 L 烧瓶）；3—螺旋夹；4—小玻杯及棒状玻塞；5—反应室；6—反应室外层；7—橡皮管或螺旋夹；8—冷凝管；9—蒸馏液接收瓶；10—安全玻璃管

图 7-1 半微量定氮蒸馏装置图

（4）测定步骤

1）半微量定氮装置：按图 7-1 安装好半微量定氮装置。装置使用前做清洗和密封性检查。

2）试样处理。鲜（冻）肉去除皮、脂肪、骨、筋腱，取瘦肉部分，鲜（冻）海产品和水产品去除外壳、皮、头部、内脏、骨刺，取可食用部分，绞碎搅匀。制成品直接绞碎搅匀。肉糜、肉粉、肉松、鱼粉、鱼松、液体样品可直接使用。皮蛋（松花蛋）、咸蛋等腌制蛋去蛋壳、去蛋膜，按蛋∶水=2∶1 的比例加入水，用搅拌机绞碎搅匀成匀浆。鲜（冻）样品称取试样 20 g，肉粉、肉松、鱼粉、鱼松等干制品称取试样 10 g，精确至 0.001 g，液体样品吸取 10.0 mL 或 25.0 mL，置于具塞锥形瓶中，准确加入 100.0 mL 水，不时振摇，试样在样液中分散均匀，浸渍 30 min 后过滤。皮蛋、咸蛋样品称取蛋匀浆 15 g（计算含量时，蛋匀浆的质量乘以 2/3 即为试样质量），精确至 0.001 g，置于具塞锥形瓶中，准确加入 100.0 mL 三氯乙酸溶液，用力充分振摇 1 min，静置 15 min，待蛋白质沉淀后过滤。滤液应及时使用，不能及时使用的滤液置冰箱内 0～4℃冷藏备用。对于蛋白质胶质多、黏性大、不容易过滤的特殊样品，可使用三氯乙酸溶液替代水进行实验。蒸馏过程泡沫较多的样品可滴加 1～2 滴消泡硅油。

3）测定。向接收瓶内加入 10 mL 硼酸溶液，5 滴混合指示液，并使冷凝管下端插入液面下，准确吸取 10.0 mL 滤液，由小玻杯注入反应室，以 10 mL 水洗涤小玻杯并使之流入反应室内，随后塞紧棒状玻塞。再向反应室内注入 5 mL 氧化镁混悬液，立即将玻塞盖紧，并加水于小玻杯以防漏气。夹紧螺旋夹，开始蒸馏。蒸馏 5 min 后移动蒸馏液接收瓶，液面离开冷凝管下端，再蒸馏 1 min。然后用少量水冲洗冷凝管下端外部，取下蒸馏液接收瓶。以盐酸或硫酸标准滴定溶液（0.010 0 mol/L）滴定至终点。使用 1 份甲基红-乙醇溶液与 5 份溴甲酚绿-乙醇溶液混合指示液，终点颜色至紫红色。使用 2 份甲基红-乙醇溶液与 1 份亚甲基蓝-乙醇溶液混合指示液，终点颜色至蓝紫色。同时做试剂空白。

（5）计算公式

$$X=\frac{(V_1-V_2)\times c\times 14}{m\times(V/V_0)}\times 100 \tag{7-5}$$

式中：X——试样中挥发性盐基氮的含量，mg/100 g 或 mg/100 mL；

V_1——试液消耗盐酸或硫酸标准滴定溶液的体积，mL；

V_2——试剂空白消耗盐酸或硫酸标准滴定溶液的体积，mL；

c——盐酸或硫酸标准滴定溶液的浓度，mol/L；

14——滴定 1.0 mL 盐酸[c（HCl）=1.000 mol/L]或硫酸[c（$1/2H_2SO_4$）=1.000 mol/L]标准滴定溶液相当的氮的质量，g/mol；

m——试样质量或试样体积，g 或 mL；

V——准确吸取的滤液体积，mL，本方法中 V=1；

V_0——样液总体积，mL，本方法中 V_0=100；

100——换算系数。

实验结果以重复性条件下获得的两次独立测定结果的算术平均值表示，结果保留 3 位有效数字。

在重复性条件下获得的两次独立测定结果的绝对差值不得超过算术平均值的 10%。

（6）检出限

本法中，当称样量为 20.0 g 时，检出限为 0.18 mg/100 g；当称样量为 10.0 g 时，检出限为 0.35 mg/100 g；液体样品取样 25.0 mL 时，检出限为 0.14 mg/100 mL；液体样品取样 10.0 mL 时，检出限为 0.35 mg/100 mL。

2．自动凯氏定氮法

（1）试剂和材料

氧化镁；20 g/L 硼酸溶液；0.100 0 mol/L 盐酸标准滴定溶液或 0.100 0 mol/L 硫酸标准滴定溶液；1 g/L 甲基红-乙醇溶液；1 g/L 溴甲酚绿-乙醇溶液；混合指示液：1 份甲基红-乙醇溶液与 5 份溴甲酚绿-乙醇溶液临用时混合；95%乙醇。

（2）仪器和设备

天平：感量为 1 mg；搅拌机；自动凯氏定氮仪；蒸馏管：500 mL 或 750 mL；吸量管：10.0 mL。

（3）测定步骤

1）仪器设定。标准溶液使用盐酸标准滴定溶液（0.100 0 mol/L）或硫酸标准滴定溶液（0.100 0 mol/L）。带自动添加试剂、自动排废功能的自动定氮仪，关闭自动排废、自动加碱和自动加水功能，设定加碱、加水体积为 0 mL。硼酸接收液加入设定为 30 mL。

蒸馏设定：设定蒸馏时间 180 s 或蒸馏体积 200 mL，以先到者为准。

滴定终点设定：采用自动电位滴定方式判断终点的定氮仪，设定滴定终点 pH=4.65。采用颜色方式判断终点的定氮仪，使用混合指示液，30 mL 的硼酸接收液滴加 10 滴混合指示液。

2）样品处理。鲜（冻）肉去除皮、脂肪、骨、筋腱，取瘦肉部分，鲜（冻）海产品和水产品去除外壳、皮、头部、内脏、骨刺，取可食用部分，绞碎搅匀。制成品直接绞碎搅匀。肉糜、肉粉、肉松、鱼粉、鱼松、液体样品等均匀样品可直接使用。皮蛋（松花蛋）、咸蛋等腌制蛋去蛋壳、去蛋膜，按蛋∶水=2∶1 的比例加入水，用搅拌机绞碎搅匀成匀浆。皮蛋、咸蛋样品称取蛋匀浆 15 g（计算含量时，蛋匀浆的质量乘以 2/3 即试样质量），其他样品称取试样 10 g，精确至 0.001 g，液体样品吸取 10.0 mL，于蒸馏管内，加入 75 mL 水，振摇，使试样在样液中分散均匀，浸渍 30 min。

3）测定。按照仪器操作说明书的要求运行仪器，通过清洗、试运行，使仪器进入正常测试运行状态，首先进行试剂空白测定，取得空白值。随后在装有已处理试样的蒸馏管中加入 1 g 氧化镁，立刻连接到蒸馏器上，按照仪器设定的条件和仪器操作说明书的要求开始测定。测定完毕及时清洗和疏通加液管路和蒸馏系统。

（4）计算公式

$$X=\frac{(V_1-V_2)\times c\times 14}{m}\times 100 \tag{7-6}$$

式中：X——试样中挥发性盐基氮的含量，mg/100 g 或 mg/100 mL；

V_1——试液消耗盐酸或硫酸标准滴定溶液的体积，mL；

V_2——试剂空白消耗盐酸或硫酸标准滴定溶液的体积，mL；

c——盐酸或硫酸标准滴定溶液的浓度，mol/L；

14——滴定 1.0 mL 盐酸[c（HCl）=1.000 mol/L]或硫酸[c（1/2 H_2SO_4）=1.000 mol/L]标准滴定溶液相当的氮的质量，g/mol；

m——试样质量或试样体积，g 或 mL；

100——换算系数。

实验结果以重复性条件下获得的两次独立测定结果的算术平均值表示，结果保留 3 位有效数字。

在重复性条件下获得的两次独立测定结果的绝对差值不得超过算术平均值的 10%。

（5）检出限

本法中，当称样量为 10.0 g 时，检出限为 0.04 mg/100 g；液体样品取样 10.0 mL 时，检出限为 0.04 mg/100 mL。

3．微量扩散法

（1）原理

挥发性盐基氮可在 37℃碱性溶液中释出，挥发后吸收于硼酸吸收液中，用标准酸溶液滴定，计算挥发性盐基氮含量。

（2）试剂和材料

20 g/L 硼酸溶液；

0.100 0 mol/L 盐酸标准滴定溶液或 0.100 0 mol/L 硫酸标准滴定溶液；

饱和碳酸钾溶液：称取 50 g 碳酸钾，加 50 mL 水，微加热助溶，使用上清液；

水溶性胶：称取 10 g 阿拉伯胶，加 10 mL 水，再加 5 mL 甘油及 5 g 碳酸钾，研匀；

1 g/L 甲基红-乙醇溶液；

1 g/L 溴甲酚绿-乙醇溶液；

1 g/L 亚甲基蓝-乙醇溶液；

混合指示液：1 份甲基红-乙醇溶液与 5 份溴甲酚绿-乙醇溶液，临用时混合；

95%乙醇。

（3）仪器和设备

天平：感量为 1 mg；搅拌机；具塞锥形瓶：300 mL；吸量管：1.0 mL、10.0 mL、25.0 mL、50.0 mL；扩散皿（标准型）：玻璃质，有内外室，带磨砂玻璃盖；恒温箱：（37±1）℃；微量滴定管：10 mL，最小分度 0.01 mL。

（4）测定步骤

1）试样处理。鲜（冻）肉去除皮、脂肪、骨、筋腱，取瘦肉部分，鲜（冻）海产品和水产品去除外壳、皮、头部、内脏、骨刺，取可食用部分，绞碎搅匀。制成品直接绞碎搅匀。肉糜、肉粉、肉松、鱼粉、鱼松、液体样品可直接使用。皮蛋（松花蛋）、咸蛋等腌制蛋去蛋壳、去蛋膜，按蛋∶水=2∶1 的比例加入水，用搅拌机绞碎搅匀成匀浆。鲜（冻）样品称取试样 20 g，肉粉、肉松、鱼粉、鱼松等干制品称取试样 10 g，皮蛋、咸蛋样品称取蛋匀浆 15 g（计算含量时，蛋匀浆的质量乘以 2/3 即为试样质量），精确至 0.001 g，液体样品吸取 10.0 mL 或 25.0 mL，置于具塞锥形瓶中，准确加入 100.0 mL 水，不时振摇，试样在样液中分散均匀，浸渍 30 min 后过滤，滤液应及时使用，不能及时使用的滤液置冰箱内 0～4℃冷藏备用。

2）测定。将水溶性胶涂于扩散皿（图 7-2）的边缘，在皿中央内室加入硼酸溶液 1.0 mL 及 1 滴混合指示剂。在皿外室准确加入滤液 1.0 mL，盖上磨砂玻璃盖，磨砂玻璃盖的凹口开口处与扩散皿边缘仅留能插入移液器枪头或滴管的缝隙，透过磨砂玻璃盖观察水溶性胶密封是否严密，如有密封不严处，需重新涂抹水溶性胶。然后从缝隙处快速加入 1 mL 饱和碳酸钾溶液，立刻平推磨砂玻璃盖，将扩散皿盖严密，于桌子上以圆周运动方式轻轻转动，使样液和饱和碳酸钾溶液充分混合，然后于（37±1）℃温箱内放置 2 h，放凉至室温，揭去盖，用盐酸或硫酸标准滴定溶液（0.010 0 mol/L）滴定。使用 1 份甲基红-乙醇溶液与 5 份溴甲酚绿-乙醇溶液混合指示液，终点颜色至紫红色。使用 2 份甲基红-乙醇溶液与 1 份亚甲基蓝-乙醇溶液混合指示液，终点颜色至蓝紫色。同时做试剂空白。

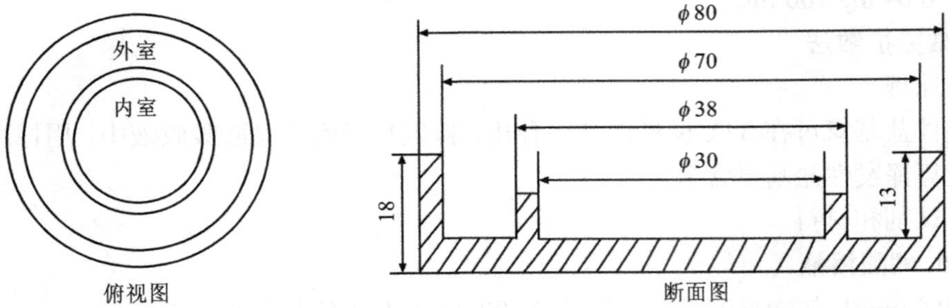

图 7-2 扩散皿

（5）计算公式

$$X=\frac{(V_1-V_2)\times c\times 14}{m\times(V/V_0)}\times 100 \tag{7-7}$$

式中：X——试样中挥发性盐基氮的含量，mg/100 g 或 mg/100 mL；

V_1——试液消耗盐酸或硫酸标准滴定溶液的体积，mL；

V_2——试剂空白消耗盐酸或硫酸标准滴定溶液的体积，mL；

c——盐酸或硫酸标准滴定溶液的浓度，mol/L；

14——滴定 1.0 mL 盐酸[c（HCl）=1.000 mol/L]或硫酸[c（$1/2H_2SO_4$）=1.000 mol/L]标准滴定溶液相当的氮的质量，g/mol；

m——试样质量或试样体积，g 或 mL；

V——准确吸取的滤液体积，mL，本方法中 V=10；

V_0——样液总体积，mL，本方法中 V_0=100；

100——换算系数。

实验结果以重复性条件下获得的两次独立测定结果的算术平均值表示，结果保留 3 位有效数字。

在重复性条件下获得的两次独立测定结果的绝对差值不得超过算术平均值的 10%。

（6）检出限

本法中，当称样量为 20.0 g 时，检出限为 1.75 mg/100 g；当称样量为 10.0 g 时，检出限为 3.50 mg/100 g；液体样品取样 25.0 mL 时，检出限为 1.40 mg/100 mL；液体样品取样 10.0 mL 时，检出限为 3.50 mg/100 mL。

任务 4 瘦肉精的快速检测

任务介绍

瘦肉精类药物为一种 β-受体激动剂，能使动物肾上腺类神经兴奋，促进动物体蛋白质沉积，促进脂肪分解抑制脂肪沉积，提升瘦肉率，在动物饲料中使用后在机体组织中残留量高，若人类食用则会危害身体健康，引起多种疾病。无论是常规畜禽类产品还是有机畜禽类产品，该类药品均禁止使用，在动物性食品内不得检出。瘦肉精包括多种物质，本任务依据农业部1025号公告-6-2008（《动物性食品中莱克多巴胺残留检测　酶联免疫吸附法》）进行，通过采用酶联免疫吸附法对莱克多巴胺的残留量进行测定，从而快速检测出试样中是否含有瘦肉精类物质。除此之外，还可采用免疫胶体金层析法对瘦肉精进行快速检测。

任务解析

试剂及设备的准备→试样处理→试剂盒测定→得出结果

知识储备

酶联免疫吸附法（enzyme-linked immunosorbent assays，ELISA）是现在应用较为广泛的一种用于畜产品快检的技术。该方法以免疫学为基础，基于抗原抗体能特异性结合的基本原理。首先，将抗原包被固定到固相载体表面；再加入一级抗体，抗原抗体结合使之成为复合物，若一级抗体已经被酶标记，则可以直接进行检测，若一级抗体并未使用酶标记，须再使用酶标二级抗体与之结合，并将多余的复合物及其他物质洗去；酶标抗体可以在底物的催化下产生有色物质，颜色的深浅反映了结合的抗原量的多少；使用酶标仪测吸光度值后，可计算抗原总量或浓度，该方法因为酶的催化效率高，可数倍放大反映效果，而使得该检测技术能有很高的敏感度；并且利用抗原抗体特异性结合的特点，其检测准确度高，所以常常被用于国家标准检测中。

胶体金免疫层析法是基于抗原抗体的特异性结合和胶体金标记技术建立的一种快速免疫分析检测方法。胶体金免疫层析试纸主要由样品垫、胶体金结合垫、检测线、质控线、吸水垫等组成。在对样品进行检测时，可根据层析膜上检测线和质控线呈现的特征颜色判定结果。与ELISA相比，该方法敏度高，对操作人员要求低，且不需要昂贵的仪器设备，而且可实现多残留检测。

任务操作

1. 酶联免疫吸附法

（1）原理

采用间接竞争ELISA方法，在微孔条上包被偶联抗原，试样中残留的莱克多巴胺药物与酶标板上的偶联抗原竞争莱克多巴胺抗体，加酶标记的抗体后，显色剂显色，终止液终止反应。在酶标仪上450 nm处测定吸光度，吸光度与莱克多巴胺残留量成负相关，与标准曲线比较即可得出莱克多巴胺残留含量。

（2）试剂和材料

以下所用的试剂，除特别注明外，均为分析纯试剂。

乙腈；正己烷；莱克多巴胺检测试剂盒：2～8℃保存；包被有莱克多巴胺偶联抗原的96孔板：规格为12条×8孔；莱克多巴胺抗体工作液；酶标记物工作液；20倍浓缩洗涤液；5倍浓缩缓冲液；底物液A液；底物液B液；终止液；

莱克多巴胺系列标准溶液：至少有5个倍比稀释浓度水平，外加1个空白。

缓冲工作液：用水将5倍浓缩缓冲液按1∶4体积比进行稀释（1份5倍浓缩缓冲液+4份水），用于溶解干燥的残留物。2～8℃保存，有效期1个月。

洗涤液工作液：用水将20倍的浓缩洗涤液按1∶19体积比进行稀释（1份20倍浓缩洗液+19份水），用于酶标板的洗涤。2～8℃保存，有效期1个月。

（3）仪器和设备

酶标仪：配备450 nm滤光片；匀浆器；微量振荡器；离心机；微量移液器：单道20 μL，50 μL，100 μL，1000 μL；多道250 μL；天平：感量0.01 g；氮气吹干装置。

（4）测定步骤

a）样品的制备

取新鲜或解冻的空白或供试动物组织，剪碎，置于组织匀浆机中高速匀浆。−20℃冰箱中贮存备用。

试料的制备包括：

—取制备后的供试样品，作为供试试料。

—取制备后的空白样品，作为空白试料。

—取制备后的空白样品，添加适宜浓度的标准溶液作为空白添加试料。

b）猪肌肉和猪肝脏样品的前处理

称取试样3 g±0.03 g于50 mL离心管中，加乙腈9 mL，振荡10 min，4 000 r/min离心10 min；取上清液4 mL，于10 mL离心管中，50℃水浴下氮气吹干；加正己烷1 mL，涡动30 s；再加缓冲工作液1 mL，涡动1 min，4 000 r/min离心5 min，肌肉组织取下层液100 μL与样本缓冲工作液100 μL混合；肝组织取下层液50 μL，与样本缓冲工作液150 μL混合，各取50 μL，分析。肌肉组织的稀释倍数为1.5倍，肝组织的稀释倍数为3倍。

c）测定

使用前将试剂盒在室温（19～25℃）下放置1～2 h。

按每个标准溶液和试样溶液至少两个平行计算，将所需数目的酶标板条插入板架中。

加标准品或样本50 μL/孔后，每孔再加莱克多巴胺抗体工作液50 μL，轻轻振荡混匀。用盖板膜盖板，置室温下反应30 min。

倒出孔中液体，将酶标板倒置在吸水纸上拍打，以保证完全除去孔中的液体，加250 μL洗涤液工作液至每个孔中，5 s 再倒掉孔中液体，将酶标板倒置在吸水纸上拍打，以保证完全除去孔中的液体。再加250 μL洗涤液工作液，重复操作两遍以上（或用洗板机洗涤）。

加酶标记物100 μL/孔。用盖板膜盖板后置室温下反应30 min，取出重复洗板步骤。

加底物液A液和B液各50 μL/孔，轻轻振荡混匀于室温下避光显色15～30 min。

加终止液50 μL/孔，轻轻振荡混匀，置酶标仪于450 nm波长处测量吸光度值。

（5）计算公式

用所获得的标准溶液和试样溶液吸光度值的比值进行计算。

$$\text{相对吸光度值（\%）}=\frac{B}{B_0}\times 100\% \tag{7-8}$$

式中：B——标准（试样）溶液的吸光度值；

B_0——空白（浓度为0的标准溶液）的吸光度值。

将计算的相对吸光度值（%）对应莱克多巴胺标准品浓度（μg/L）的自然对数作半对数坐标系统曲线图，对应的试样浓度可从校正曲线算出。

方法筛选结果为阳性的样品，需要用确证方法确证。

（6）检测方法灵敏度、准确度、精密度

灵敏度：本方法在猪肉、猪肝样品中莱克多巴胺的检测限依次为 1.5 μg/kg（L）、1.4 μg/kg（L）。

准确度：本方法在 2～10 μg/kg（L）添加浓度水平上的回收率均为 60%～120%。

精密度：本方法的批内变异系数≤20%，批间变异系数≤30%。

2．免疫胶体金层析法

（1）原理

本试验为竞争抑制法。将氯金酸用还原法制成一定直径的金溶胶颗粒，标记抗体。硝酸纤维素（NC）膜为载体，利用微孔膜的毛细管作用，滴加在膜条一端的液体慢慢向另一端渗移。在移动的过程中，会发生相应的抗原抗体反应，并通过免疫金的颜色而显示出来。样本中的盐酸克伦特罗在流动的过程中与胶体金标记的特异性单克隆抗体结合，抑制了抗体和硝酸纤维素膜检测线上盐酸克伦特罗-BSA 偶联物的结合，使检测线不显颜色，结果为阳性；反之，检测线显红色，结果为阴性。

（2）试剂和材料

除非另有说明，本法所用试剂均为分析纯，水为去离子水，符合 GB/T 6682 二级水的规定。

盐酸克伦特罗对照品；甲醇；

盐酸克伦特罗储备液：准确称取盐酸克伦特罗对照品适量，用甲醇溶解后稀释成 1 mg/mL 的储备液，于−18℃冰箱中储存备用；

盐酸克伦特罗标准溶液：取盐酸克伦特罗系列储备液，用前用甲醇稀释。

（3）仪器和设备

离心管；塑料吸管；水浴锅；离心机。

（4）实验步骤

a）样品制备

取解冻后的供试样品适量（约 1 g），剪碎，装入 1.5 mL 离心管中，盖紧管盖，95℃加热 10～15 min，取出放冷，取上清渗出液备用，必要时离心。

b）样品检测

①从包装袋中取出盐酸克伦特罗胶体金免疫层析快速检测装置，置于平整的台面上待测。检测装置应即开即用。

②用塑料吸管垂直滴加 2 滴无气泡上清渗出液（约 40 μL）于加样孔内，10 s 后滴加展开液 3 滴（约 60 μL）。每批需做阴性对照和阳性对照各 1 孔，加样方法同样本。

加样后 5～10 min 内观察结果。

（5）结果判断

①方法确认：阴性对照出现红色条带，阳性对照不出现红色条带，说明检测装置有效，可进行检测；如阴性对照不出现红色条带，或阳性对照出现红色条带，两种现象中任何一种现象或两种现象同时出现，说明检测装置失效，不能进行检测。

②测定结果：待检样品出现红色条带为阴性（不含盐酸克伦特罗或盐酸克伦特罗的含量＜3 μg/kg）；待检样品不出现红色条带为阳性（盐酸克伦特罗的含量＞3 μg/kg）。

③结果确认：方法筛选结果为阳性的样品，需要用确证方法确证。

项目三　有机产品认证畜禽类检测必测项目

为进一步规范我国有机产品认证抽样检测工作，提高有机产品认证抽样检测项目的一致性，加强对认证机构在风险评估基础上确定检测项目的指导，国家市场监管总局认证监管司组织制定了五类有机产品认证（蔬菜类、水果类、茶叶类、畜禽类、乳制品类）抽样检测项目指南（试行），并于 2021 年 7 月 1 日起实施。《有机产品认证（畜禽类）抽样检测项目指南（试行）》中规定：

肉牛、奶牛、乳肉兼用牛、绵羊、山羊、马、驴、鹿、羊驼、骆驼及其热鲜肉、冷鲜（冷却）肉、冷冻肉、食用副产品的必测项目为瘦肉精以及喹诺酮类、四环素类、氯霉素、磺胺类药物。

猪及其热鲜肉、冷鲜（冷却）肉、冷冻肉、食用副产品的必测项目为瘦肉精以及喹诺酮类、硝基呋喃类、四环素类、氯霉素、磺胺类、喹乙醇药物。

鸡、鸭、鹅、鹌鹑、火鸡、鸵鸟、鹧鸪、兔及其热鲜肉、冷鲜（冷却）肉、冷冻肉、食用副产品的必测项目为硝基呋喃类、四环素类、喹诺酮类、氯霉素、酰胺醇类、磺胺类、氯羟吡啶、硝基咪唑类药物。

大多数有机畜禽类产品必测项目中主要为瘦肉精、喹诺酮类药物、四环素类药物、磺胺类药物以及氯霉素。因此，本项目主要介绍瘦肉精、喹诺酮类药物、四环素类药物、磺胺类药物以及氯霉素药物的检测。其中氯霉素药物的测定可微信扫描二维码学习。

氯霉素药物的测定

任务 1　瘦肉精的检测（液相色谱-串联质谱法）

任务介绍

瘦肉精包括盐酸克伦特罗、莱克多巴胺、特布他林、西马特罗、沙丁胺醇、非诺特罗、氯丙那林、妥布特罗和喷布特罗等。其中模块七项目二中的任务 4 是采用酶联免疫法对莱克多巴胺进行的检测，或者采用免疫胶体金层析法进行测定，能够快速地判断试样中是否含有瘦肉精类物质。但瘦肉精类物质种类繁多，且快速检测方法对于物质的定量有一定的偏差。因此，若还需要进一步对样品进行瘦肉精的检测，则需要采用其他方法进行。目前，液相色谱-串联质谱技术是检测 β-受体激动剂的主要手段。

任务解析

试剂及设备的准备→试样制备→酶解→提取→净化→液相色谱-串联质谱测定

知识储备

瘦肉精使用较多的为盐酸克伦特罗，其简称克伦特罗，是一种白色或类白色的结晶粉末，无臭、味苦、溶于水、乙醇，微溶于丙酮，不溶于乙醚。

克伦特罗是一种平喘药。该药物既不是兽药，也不是饲料添加剂，而是肾上腺类神经兴奋剂。将克伦特罗添加于饲料中能提高猪等几种家畜的瘦肉率，故称为瘦肉精。为了使猪肉不长肥膘，一些养猪户在饲料中掺入瘦肉精，猪食用后在代谢过程中促进蛋白质合成，加速脂肪的转化和分解，因此提高了猪肉的瘦肉率。

克伦特罗在家畜和人体内吸收好，生物利用度高，以致人食用了含有克伦特罗的猪肉、猪肝或猪肺会出现中毒症状。

其临床表现主要有：①急性中毒有心悸，面颈、四肢肌肉颤动，手抖甚至不能站立，头晕，乏力，原有心律失常的患者更容易发生反应，心动过速，室性早搏，心电图示 S-T 段压低与 T 波倒置；②原有交感神经功能亢进的患者，如有高血压、冠心病、甲状腺功能亢进者，上述症状更易发生；③与糖皮质激素合用可引起低血钾，从而导致心律失常；④反复使用会产生耐受性，对支气管扩张作用减弱及持续时间缩短。

MCX 固相萃取柱是混合型阳离子固相萃取柱。MCX 固相萃取柱是以聚苯乙烯/乙烯基吡咯烷酮为基本骨架，将磺酸基键合在高度交联的 PS/DVB 表面得到的混合型强阳离子交换吸附剂，具有反相和阳离子交换双重保留性能，经过优化，可实现更高的选择性和灵敏度，用于提取带有阳离子交换基团的碱性化合物。MCX 固相萃取柱具有比表面积大，离子交换容量高，pH 耐受范围广（pH 1～14），在有机溶液中稳定等特点，主要应用于农药残留和兽药残留等的检测。

任务操作

1. 原理

试料中的残留药物经酶解，用高氯酸调 pH 后高速离心沉淀蛋白，上清液调 pH 后分别用乙酸乙酯和叔丁基甲醚（TBME）提取，再用 MCX 固相萃取柱净化，液相色谱-串联质谱法测定。

2. 样品的制备

猪肝和猪肉：取适量新鲜或冷冻的空白或供试组织，绞碎并使均质。

样品的保存：上述制备的猪肝、猪肉样品于−20℃以下贮存备用。

3. 试剂和材料

特布他林；西马特罗；沙丁胺醇；非诺特罗；氯丙那林；莱克多巴胺；克仑特罗；妥布特罗和喷布特罗对照品：纯度均大于 98.0%。

乙酸铵缓冲液（0.2 mol/L）：称取 15.4 g 乙酸铵，溶解于 1 000 mL 水中，用适量乙酸调 pH 至 5.2。

高氯酸溶液（0.1 mol/L）：取高氯酸（70%～72%）8.7 mL，用水稀释至 1 000 mL。

氢氧化钠溶液（10 mol/L）：称取 40 g 氢氧化钠，用适量水溶解冷却后，用水稀释至 100 mL。

乙酸乙酯：分析纯。

叔丁基甲醚：分析纯。

甲醇：色谱纯。

甲酸-水溶液：2%。

氨水-甲醇溶液：3%。

甲醇-0.1%甲酸溶液（10+90，*V*/*V*）。

β-盐酸葡萄糖醛苷酶/芳基硫酸酯酶（*β*-Glucuronidase/aryl sulfatase）。

标准储备液（100 μg/mL）：准确称取适量的特布他林、西马特罗、沙丁胺醇、非诺特罗、氯丙那林、莱克多巴胺、克仑特罗、妥布特罗和喷布特罗对照品，用甲醇分别配制成 100 μg/mL 的标准储备液，–20℃冰箱中保存，有效期为 6 个月。

混合标准储备液（1 μg/mL）：分别准确吸取 1.0 mL 的特布他林、西马特罗、沙丁胺醇、非诺特罗、氯丙那林、莱克多巴胺、克仑特罗、妥布特罗和喷布特罗标准储备液至 100 mL 容量瓶中，用甲醇稀释至刻度，–20℃冰箱中保存，有效期为 6 个月。

4. 仪器和设备

液相色谱-串联质谱仪（配电喷雾离子源）；涡旋振荡器；高速离心机；电热恒温振荡水槽；pH 计；固相萃取装置；MCX 固相萃取柱：60 mg/3 mL；氮吹仪。

5. 测定步骤

（1）试料的制备

取均质的供试料品，作为供试试料；取均质的空白样品，作为空白试料；取均质的空白样品，添加适宜浓度的标准工作液，作为空白添加试料。

（2）酶解

准确称取 2 g（精确到 0.01 g）测试样品于 50 mL 离心管内，加入 0.2 mol/L 乙酸铵溶液（pH=5.2）8.0 mL，再加入 *β*-盐酸葡萄糖醛苷酶/芳基硫酸酯酶 40 μL，涡旋混匀，于 37℃下避光水浴振荡 16 h。

（3）提取

酶解后放置至室温，涡旋混匀，10 000 r/min 高速离心 10 min，倾出上清液于另一 50 mL 离心管内，加入 0.1 mol/L 高氯酸溶液 5 mL，涡旋混匀，用高氯酸调 pH 至 1.0±0.2，10 000 r/min 离心 10 min 后，将上清液转移至另一 50 mL 离心管内。用 10 mol/L 氢氧化钠溶液调 pH 至 9.5±0.2，加入乙酸乙酯 15 mL，涡旋混匀，并振荡 10 min，5 000 r/min 离心 5 min，取出上层有机相至另一 50 mL 离心管内。再在下层水相中加入叔丁基甲醚 10 mL，涡旋混匀，并振荡 10 min，5 000 r/min 离心 5 min，合并有机相，50℃下氮气吹干，用 2%甲酸溶液 5 mL 溶解，备用。

（4）净化

MCX 固相萃取柱依次用甲醇、水、2%甲酸-水溶液各 3 mL 活化，取备用液全部过柱，再依次用 2%甲酸-水溶液、甲醇各 3 mL 淋洗，抽干，用 3%氨水-甲醇溶液 2.5 mL 洗脱；洗脱液在 50℃下用氮气吹干。残余物用甲醇-0.1%甲酸溶液（10+90，*V*/*V*）0.2 mL 溶解，涡旋混匀，15 000 r/min 高速离心 10 min，取上清液适量，供液相色谱-串联质谱仪测定。

（5）空白添加标准曲线的制备

分别精密量取 9 种 β-受体激动剂混合标准工作液适量，添加到 2 g 空白试料中，制得浓度为 0.25 μg/kg、0.5 μg/kg、1 μg/kg、2 μg/kg、5 μg/kg 的各系列空白添加试料，按前面所述的酶解、提取和净化步骤操作，供液相色谱-串联质谱测定。

（6）测定

1）液相色谱参考条件：

色谱柱：BEH C18（50 mm×2.1 mm，1.7 μm），或等效柱；

流动相：A 相：0.1%甲酸-乙腈溶液；B 相：0.1%甲酸-水溶液；

流速：0.3 mL/min；柱温：30℃；进样量：10 μL；

梯度洗脱条件见表 7-1。

表 7-1　梯度洗脱条件

时间/min	A（0.1%甲酸-乙腈溶液）/%	B（0.1%甲酸-水溶液）/%
0	4	96
2	4	96
12	60	40
12.1	4	96
16	4	96

2）质谱参考条件：

离子源：电喷雾离子源；扫描方式：正离子扫描；检测方式：多反应监测；电离电压：3.2 kV；源温：110℃；雾化温度：350℃；锥孔气流速：50 L/h；雾化气流速：650 L/h。

药物保留时间、定性定量离子对 m/z 及锥孔电压、碰撞能量见表 7-2。

表 7-2　9 种 β-受体激动剂保留时间、定性定量离子对及锥孔电压、碰撞能量

药物	保留时间/min	定性离子对 m/z	定量离子对 m/z	锥孔电压/V	碰撞能量/eV
特布他林	1.94	226.15＞124.67 226.15＞151.74	226.15＞151.74	25	22 15
西马特罗	1.98	220.18＞201.95 220.18＞129.77	220.18＞201.95	20	10 16
沙丁胺醇	2.08	240.17＞147.70 240.17＞221.97	240.17＞147.70	22	18 10
非诺特罗	3.83	304.15＞134.61 304.15＞106.59	304.15＞106.59	35	18 30
氯丙那林	4.81	214.13＞153.75 214.13＞195.97	214.13＞153.75	25	18 12
莱克多巴胺	4.96	302.33＞106.77 302.33＞163.87	302.33＞163.87	25	28 15
克仑特罗	5.38	277.11＞202.78 277.11＞258.94	277.11＞202.78	25	15 10
妥布特罗	5.39	228.22＞153.90 228.22＞171.88	228.22＞153.90	25	15 12
喷布特罗	8.76	292.36＞236.22 292.36＞201.00	292.36＞236.22	30	15 20

3）测定方法。取试料溶液和空白添加标准溶液，作单点或多点校准，外标法计算即得。试料溶液及空白添加标准溶液中特布他林、西马特罗、沙丁胺醇、非诺特罗、氯丙那林、莱克多巴胺、克仑特罗、妥布特罗和喷布特罗的峰面积均应在仪器检测的线性范围之内。试料溶液中的离子相对丰度与空白添加标准溶液中的离子相对丰度相比，符合表 7-3 的要求。对照溶液和空白添加标准溶液中各特征离子的质量色谱图可扫描二维码学习。

对照溶液和空白添加标准溶液中各特征离子的质量色谱图

表 7-3 试料溶液中离子相对丰度的允许偏差范围

单位：%

相对丰度	＞50	20～50（含）	10～20（含）	≤10
允许偏差	±20	±25	±30	±50

（7）空白试验

取空白试料，采用完全相同的测定步骤进行平行操作。

6．计算公式

单点校准：

$$X=\frac{X_s A m_s}{A_s m} \tag{7-8}$$

或空白添加标准曲线校准：由 $A_s=aX_s+b$，

求得 a 和 b，则

$$X=\frac{A-b}{a} \tag{7-9}$$

式中：X——供试试料中 β-受体激动剂残留量，μg/kg；

X_s——空白添加试料中相应 β-受体激动剂浓度，μg/kg；

A——供试试料溶液中相应 β-受体激动剂峰面积；

A_s——空白添加试料溶液中相应 β-受体激动剂峰面积；

m_s——空白添加试料质量，g；

m——供试试料质量，g。

注：计算结果需扣除空白值，测定结果用平行测定的算术平均值表示，保留 3 位有效数字。

7．检测方法灵敏度、准确度和精密度

灵敏度：特布他林、西马特罗、沙丁胺醇、非诺特罗、氯丙那林、莱克多巴胺、克仑特罗、妥布特罗和喷布特罗在猪肝、猪肉、牛奶和鸡蛋中的检测限为 0.25 μg/kg，定量限为 0.5 μg/kg。

准确度：本方法在 0.5～2 μg/kg 添加浓度范围内，用空白添加标准校正，其回收率范围为 70%～120%。

精密度：本方法批内相对标准偏差≤20%，批间相对标准偏差≤20%。

任务 2　喹诺酮类药物的检测

任务介绍

喹诺酮类药物是人工合成抗菌药，主要包含恩诺沙星、诺氟沙星、氧氟沙星、环丙沙星、氟罗沙星等，属于广谱抗菌药，具有良好的生物利用度和耐受性，不仅对革兰氏阳性菌和阴性菌有杀菌作用，还具有抗真菌和抗病毒活性，因此在兽医临床上广泛应用于治疗畜禽动物养殖过程中的细菌性感染。喹诺酮类药品若在人体内残留蓄积，可能引发人体耐药性，长久摄入含有喹诺酮类药品的动物源食品，可引发轻度胃肠道刺激或不适，以及头痛、头晕、睡眠不良等，大剂量或长久摄入可能引发肝损害。在有机畜禽养殖过程中属于禁限用药物。

任务解析

试剂及设备的准备→试样制备→提取→净化→液相色谱-质谱/质谱测定

知识储备

官能化聚苯乙烯/二乙烯苯萃取柱（HLB）表面同时具有亲水性和憎水性基团，从而对各类极性、非极性化合物具有较均衡的吸附作用，并具有良好的水润湿性。pH 使用范围为 1～14。其吸附能力和样品容量远高于 C18 键合硅胶（3～10 倍）。可广泛用于各种化合物的提取，富集和净化。许多在 C18 难以得到保留的强亲水性化合物，在 HLB 上仍有较好的回收率。

任务操作

1．原理

用 0.1 mol/L EDTA-Mcilvaine 缓冲液（pH 4.0）提取样品中的喹诺酮类抗生素，经过滤和离心后，上清液经 HLB 固相萃取柱净化。高效液相色谱-质谱/质谱测定，用阴性样品基质加标外标法定量。

2．样品制备

动物肌肉和动物内脏：将现场采集的样品放入小型冷冻箱中运输到实验室，在−10℃以下保存，一周内进行处理。取适量新鲜或冷冻解冻的动物组织样品去筋、捣碎均匀。制样操作过程中应防止样品受到污染或残留物含量发生变化。

牛奶：将现场采集的样品放入小型冷冻箱中运输到实验室，在−10℃以下保存，一周内进行处理。取适量新鲜或冷冻解冻的样品混合均匀。

鸡蛋：将现场采集的样品放入小型冷冻箱中运输到实验室，在−10℃以下保存，一周内进行处理。取适量新鲜的样品，去壳后混合均匀。

3．试剂和材料

柠檬酸：分析纯；磷酸氢二钠：分析纯；甲醇：色谱纯；乙腈：色谱纯；甲醇-乙腈溶

液：40+60（体积比）；甲酸（99%）：色谱纯；氢氧化钠：分析纯；乙二胺四乙酸二钠：分析纯。

磷酸氢二钠溶液（0.2 mol/L）：称取 71.63 g 磷酸氢二钠，用水溶解，定容至 1 000 mL。

柠檬酸溶液（0.1 mol/L）：称取 21.01 g 柠檬酸，用水溶解，定容至 1 000 mL。

Mcilvaine 缓冲溶液：将 1 000 mL 0.1 mol/L 柠檬酸溶液与 625 mL 0.2 mol/L 磷酸氢二钠溶液混合，必要时用盐酸或氢氧化钠调节 pH 至 4.0±0.05。

EDTA-Mcllvaine 缓冲溶液：0.1 mol/L。称取 60.5 g 乙二胺四乙酸二钠放入 1625 mL Mcilvaine 缓冲溶液中，振摇使其溶解。

甲醇-水溶液：5%（体积分数）。

甲酸-水溶液：0.2%（体积分数）。

喹诺酮类药物标准物质：恩诺沙星（enrofloxacin，CAS 号：93106-60-6）、诺氟沙星（norfloxacin，CAS 号：70458-96-7）、培氟沙星（pefloxacin，CAS 号：6159-55-3）、环丙沙星（ciprofloxacin，CAS 号：85721-33-1）、氧氟沙星（oflaxacin，CAS 号：82419-36-1）、沙拉沙星（sarafloxacin，CAS 号：98105-99-8）、依诺沙星（enoxacin，CAS 号：74011-58-8）、洛美沙星（lomefloxacin，CAS 号：98079-51-7）、吡哌酸（pipemdilic acid，CAS 号：51940-44-4）、萘啶酸（nalidixic acid，CAS 号：389-08-2）、奥索利酸（oxolinic acid，CAS 号：14698-29-4）、氟甲喹（flumequine，CAS 号：42835-25-6）、西诺沙星（cinoxacin，CAS 号：28657-80-9）、单诺沙星（danofloxacin，CAS 号：74011-58-8）（纯度＞99%）。

标准溶液：

标准储备液：分别称取 0.010 0 g 标准品置于 10.0 mL 棕色容量瓶中，用甲醇溶解并定容至刻度，标准储备液浓度为 1 mg/mL，–20℃冰箱中保存，有效期 3 个月。

标准工作液：将以上各标准储备液稀释，配成混合标准溶液。各组分浓度为 10 μg/mL，此标准工作液于 4℃保存，可保存 3 个月。

HLB 固相萃取柱（200 mg，6 mL）或其他等效柱。

4．仪器和设备

高效液相色谱-串联质谱仪；电子天平：感量 0.000 1 g；电子天平：感量 0.01 g；组织匀浆机；旋涡混合器；冷冻离心机（最高转速大于 1 000 r/min）；聚丙烯离心管（50 mL）；酸度计（0.01）；氮吹仪；固相萃取仪。

5．提取及净化

（1）提取

动物肌肉组织、肝脏、肾脏：称取均质试样 5.0 g（精确到 0.1 g），置于 50 mL 聚丙烯离心管中，加入 20 mL 0.1 mol/L EDTA-Mcilvaine 缓冲溶液，1 000 r/min 涡旋混合 1 min，超声提取 10 min，10 000 r/min 离心 5 min（温度低于 5℃），提取 3 次，合并上清液。

牛奶和鸡蛋：称取均质试样 5.0 g（精确到 0.01 g），置于 50 mL 聚丙烯离心管中，用 40 mL 0.1 mol/L EDTA-Mcilvaine 缓冲溶液溶解，1 000 r/min 涡旋混合 1 min，超声提取 10 min，10 000 r/min 离心 10 min（温度低于 5℃），取上清液。

（2）净化

HLB 固相萃取柱（200 mg，6 mL），使用时用 6 mL 甲醇洗涤、6 mL 水活化。将提取的溶液以 2～3 mL/min 的速度过柱，弃去滤液，用 2 mL 5%甲醇-水溶液淋洗，弃去淋洗液，将小柱抽干，再用 6 mL 甲醇洗脱并收集洗脱液。洗脱液用氮气吹干，用 1 mL 0.2%甲酸-水溶液溶解，1 000 r/min 涡旋混合 1 min，用于上机测定。

（3）基质加标标准工作曲线的制备

将混合标准工作液用初始流动相逐级稀释成 2.5～100.0 μg/L 的标准系列溶液。称取与试样基质相应的阴性样品 5.0 g，加入标准系列溶液 1.0 mL，按照前面的方法与试样同时进行提取和净化。

6. 测定条件

（1）高效液相色谱条件

色谱柱：Waters ACQUITY UPLC™BEH C18 柱（100 mm×2.1 mm，1.7 μm）或其他等效柱。

流动相：A（40+60 甲醇-乙腈溶液）；B（0.2%甲酸-水溶液）梯度淋洗，参考梯度条件见表 7-4。

表 7-4　梯度参考条件

时间/min	A（甲醇-乙腈溶液）/%	B（0.2%甲酸-水溶液）/%
0	10	90
6	30	70
9	50	50
9.5	100	0
10.5	100	0
11	10	90
15	10	90

流速：0.2 mL/min；柱温：40℃；进样体积：20 μL。

（2）质谱条件

电离模式：电喷雾电离正离子模式（ESI+）；质谱扫描方式：多反应监测（MRM）；分辨率：单位分辨率；其他参考质谱条件见表 7-5。

表 7-5　14 种喹诺酮类药物的主要参考质谱参数

化合物	母离子	子离子	碰撞能量/eV	锥孔电压/V
吡哌酸	304.3	271.1[a]	21	38
		189.0	32	38
培氟沙星	334.3	290.3[a]	17	38
		232.2	25	38
氧氟沙星	362.2	318.3[a]	18	38
		261.2	27	38
依诺沙星	321.4	303.3[a]	19	50
		233.9	22	50
诺氟沙星	320.3	302.3[a]	19	50
		276.3	17	50
环丙沙星	332.2	314.3[a]	19	36
		288.3	17	36

化合物	母离子	子离子	碰撞能量/eV	锥孔电压/V
恩诺沙星	360.3	316.4[a]	19	38
		342.3	23	38
单诺沙星	358.3	340.3[a]	25	38
		82.0	42	38
洛美沙星	352.3	265.2[a]	23	36
		308.3	17	36
沙拉沙星	386.6	342.3[a]	18	40
		299.3	28	40
西诺沙星	263.1	244.1[a]	16	35
		188.8	28	35
奥索利酸	262.1	244.1[a]	16	50
		155.9	28	50
萘啶酸	233.1	215.1[a]	15	26
		187.0	28	26
氟甲喹	262.2	244.1[a]	17	50
		202.1	28	50

注：对于不同质谱仪器，仪器参数可能存在差异，测定前应将质谱参数优化到最佳。a 表示定量离子。所列质谱参考条件是在 Micromass®-Quattro Premier XE 质谱仪上完成的，此处所列试验用仪器型号仅供参考，不涉及商业目的，鼓励尝试不同厂家或型号的仪器。

毛细管电压：2.0 kV；射频透镜电压：0 V；源温度：110℃；脱溶剂气温度：350℃；脱溶剂气流量：500 L/h；电子倍增电压：650 V；喷撞室压力：0.28 Pa。

7. 空白试验

除不加标准外，均按上述步骤进行测定。

8. 结果计算与表述

（1）定性标准

保留时间：试样中目标化合物色谱峰的保留时间与相应标准色谱峰的保留时间相比较，变化范围应在±2.5%之内，参考保留时间见表 7-6。

表 7-6 14 种喹诺酮类药物的参考保留时间（RT）

化合物	RT/min	化合物	RT/min
恩诺沙星	5.84	洛美沙星	5.66
诺氟沙星	5.08	吡哌酸	3.93
培氟沙星	5.14	萘啶酸	10.32
环丙沙星	5.32	奥索利酸	8.67
氧氟沙星	5.04	氟甲喹	10.67
沙拉沙星	6.74	西诺沙星	7.76
依诺沙星	4.79	单诺沙星	5.64

信噪比：待测化合物的定性离子的重构离子色谱峰的信噪比应大于等于 3（$S/N \geqslant 3$），定量离子的重构离子色谱峰的信噪比应大于等于 10（$S/N \geqslant 10$）。

定量离子、定性离子及子离子丰度比：每种化合物的质谱定性离子必须出现，至少应包括一个母离子和两个子离子，而且同一检测批次，对同一化合物，样品中目标化合物的两个子离子的相对丰度比与浓度相当的标准溶液相比，其允许偏差不超过表 7-7 规定的范围。各化合物的参考质谱图和标准溶液色谱图可扫描二维码学习。

各化合物的参考质谱图和标准溶液色谱图

表 7-7　定性时离子相对丰度的最大允许偏差　　单位：%

离子相对丰度	＞50	20～50（含）	10～20（含）	≤10
允许相对偏差	±20	±25	±30	±50

（2）计算公式

$$X = \frac{cV \times 1\,000}{m \times 1\,000} \tag{7-10}$$

式中：X——样品中待测组分的含量，μg/kg；

c——测定液中待测组分的浓度，ng/mL；

V——定容体积，mL；

m——样品称样量，g。

9．检出限、定量限与回收率

（1）检出限

动物组织中检出限（信噪比等于 3，即 S/N=3）：氟甲喹、萘啶酸、奥索利酸、西诺沙星、恩诺沙星、单诺沙星、洛美沙星、氧氟沙星均为 1.0 μg/kg，环丙沙星为 2.5 μg/kg，沙拉沙星、诺氟沙星、培氟沙星、吡哌酸为 2.0 μg/kg，依诺沙星为 3.0 μg/kg。

鸡蛋和牛奶中检出限（信噪比等于 3，即 S/N=3）：氟甲喹、萘啶酸、奥索利酸、西诺沙星、恩诺沙星、单诺沙星、洛美沙星、氧氟沙星均为 0.5 μg/kg，环丙沙星为 1.2 μg/kg，沙拉沙星、诺氟沙星、培氟沙星、吡哌酸为 1.0 μg/kg，依诺沙星为 1.5 μg/kg。

（2）定量限

动物组织中定量限（信噪比等于 10 即 S/N=10）：氟甲喹、萘啶酸、奥索利酸、西诺沙星、恩诺沙星、单诺沙星、洛美沙星、氧氟沙星均为 3.0 μg/kg，环丙沙星为 8.0 μg/kg，抄拉沙星、诺氟沙星、培氟沙星、吡哌酸为 6.0 μg/kg，依诺沙星为 10.0 μg/kg。

鸡蛋和牛奶中定量限（信噪比等于 10 即 S/N=10）：氟甲喹、萘啶酸、奥索利酸、西诺沙星、恩诺沙星、单诺沙星、洛美沙星、氧氟沙星均为 2.0 μg/kg，环丙沙星为 4.0 μg/kg，沙拉沙星、诺氟沙星、培氟沙星、吡哌酸为 3.0 μg/kg，依诺沙星为 5.0 μg/kg。

（3）回收率

回收率试验采用三个加标浓度，分别为检出限浓度的 1 倍、2 倍、5 倍。猪肉中 14 种喹诺酮的加标回收率在 86.8%～116.9%，相对标准偏差（RSD）在 1.9%～15.1%；猪肝中 14 种喹诺酮的加标回收率在 90.2%～118.5%，RSD 在 1.8%～14.1%；猪肾中 14 种喹诺酮的加标回收率在 86.8%～113.1%，RSD 在 2.3%～17.0%；牛奶中 14 种喹诺酮的加标回收率在 79.0%～119.9%，RSD 在 2.2%～19.4%；鸡蛋中 14 种喹诺酮的加标回收率在 80.5%～112.1%，RSD 在 2.9%～20.1%。

任务 3　四环素类药物的检测

任务介绍

四环素类药物是一类广谱药物，由链霉菌产生或经过半合成制取而成，以四环素、土霉素、金霉素、多西环素使用最为广泛。它能和各种酸、碱形成盐，其中最重要的是盐酸盐，其性质比较稳定，因此人们较为普遍使用的抗生素主要是盐酸盐形式的抗生素。四环素类药物在动物肌肉、内脏等食物中的残留，能对食用人群产生不良的健康影响甚至可以致病。在有机畜禽养殖过程中属于禁限用药物。

任务解析

试剂及设备的准备→试样制备→提取→净化→高效液相色谱仪或液相色谱电喷雾质谱仪测定

知识储备

高效液相色谱法是目前应用最广泛的一种测定抗生素的理化检测方法。测定中先对样品进行提取、脱蛋白、离心、色谱柱净化、衍生化等处理过程，再进行残留药物的分离和检测。

四环素类抗生素是主要抑制细菌蛋白质合成的广谱抗生素，高浓度具有杀菌作用。其抗菌谱广，对革兰氏阴性需氧菌和厌氧菌、立克次体、螺旋体、支原体、衣原体及某些原虫等有抗菌作用。四环素类抗生素具有共同的基本母核（氢化骈四苯），仅取代基有所不同。它们是两性物质，可与碱或酸结合成盐，在碱性水溶液中易降解，在酸性水溶液中则较稳定，故临床一般用其盐酸盐。

任务操作

1. 原理

试样中四环素族抗生素残留用 0.1 mol/L Na_2EDTA-Mcllvaine 缓冲液（pH 4.0±0.05）提取，经过滤和离心后，上清液用 HLB 固相萃取柱净化。高效液相色谱仪或液相色谱电喷雾质谱仪测定，外标峰面积法定量。

2. 试剂和材料

甲醇：色谱纯；乙腈：色谱纯；乙酸乙酯：分析纯；乙二胺四乙酸二钠：分析纯；三氟乙酸：分析纯；柠檬酸：分析纯；磷酸氢二钠：分析纯。

柠檬酸溶液（0.1 mol/L）：称取 21.01 g 柠檬酸，用水溶解，定容至 1 000 mL。

磷酸氢二钠溶液（0.2 mol/L）：称取 28.41 g 磷酸氢二钠，用水溶解，定容至 1 000 mL。

Mcilvaine 缓冲溶液：将 1 000 mL 0.1 mol/L 柠檬酸溶液与 625 mL 0.2 mol/L 磷酸氢二

钠溶液混合，必要时用氢氧化钠或盐酸调节 pH=4.0±0.05。

Na_2EDTA-Mcilvaine缓冲溶液（0.1 mol/L）：称取60.5 g乙二胺四乙酸二钠放入1 625 mL Mcilvaine缓冲溶液中，使其溶解，摇匀。

甲醇+水（1+19）：量取 5 mL 甲醇与 95 mL 水混合。

甲醇+乙酸乙酯（1+9）：量取 10 mL 甲醇与 90 mL 乙酸乙酯混合。

Oasis HLB 固相萃取柱：60 mg，3 mL，或相当者。使用前分别用 5 mL 甲醇和 5 mL 水预处理，保持柱体湿润。

三氟乙酸水溶液（10 mmol/L）：准确吸取 0.765 mL 三氟乙酸于 1 000 mL 容量瓶中，用水溶解并定容至刻度。

甲醇+三氟乙酸水溶液（1+19）：量取 50 mL 甲醇与 950 mL 三氟乙酸水溶液混合。

标准物质：二甲胺四环素（minocycline，CAS 号：10118-90-8），土霉素（oxytetracycline，CAS 号：6153-64-6），四环素（tetracycline，CAS 号：60-54-8），去甲基金霉素（demeclocycline，CAS 号：127-33-3），金霉素（chlortetracyclinc，CAS 号：57-62-5），甲烯土霉素（methacycline，CAS 号：914-00-1），多西环素（doxycyeline，CAS 号：564-25-0），差向四环素（4-epitetracyclinc，CAS 号：64-75-5），差向土霉素（4-epioxyletracyclinc，CAS 号：35259-39-3），差向金霉素（4-epichlortetracycline，CAS 号：14297-93-9）。纯度均大于等于 95%。

标准溶液：

标准储备溶液：准确称取按其纯度折算为 100%质量的二甲胺四环素、土霉素、四环素、去甲基金霉素、金霉素、甲烯土霉素、多西环素、差向土霉素、差向四环素和差向金霉素各 10.0 mg，分别用甲醇溶解并定容至 100 mL，浓度相当于 100 mg/L，储备液在−18℃以下贮存于棕色瓶中，可稳定 12 个月以上。

混合标准工作溶液：根据需要，用甲醇+三氟乙酸水溶液将标准储备溶液配制为适当浓度的混合标准工作溶液。混合标准工作溶液应使用前配制。

3．仪器和设备

液相色谱串联四极杆质谱仪或相当者，配电喷雾离子源；高效液相色谱仪：配二极管阵列检测器或紫外检测器；分析天平：感量 0.1 mg 和 0.01 g；涡旋混合器；低温离心机：最高转速 5 000 r/min，控温范围为−40℃至室温；吹氮浓缩仪；固相萃取真空装置；pH 计：测量精度±0.02；组织捣碎机；超声提取仪。

4．样品制备与贮存

制样操作过程中应防止样品受到污染或残留物含量发生变化。

动物肌肉、肝脏、肾脏和水产品：从所取全部样品中取出约 500 g，用组织捣碎机充分捣碎均匀，装入洁净容器中，密封，并标明标记，于−18℃以下冷冻存放。

牛奶样品：从所取全部样品中取出约 500 g，充分混匀，装入洁净容器中，密封，并标明标记，于−18℃以下冷冻存放。

5．测定步骤

（1）提取

动物肝脏、肾脏、肌肉组织、水产品：称取均质试样 5 g（精确到 0.01 g），置于 50 mL 聚丙烯离心管中，分别用约 20 mL、20 mL、10 mL 0.1 mol/L EDTA-Mcilvaine 缓冲溶液冰水浴超声提取 3 次，每次旋涡混合 1 min，超声提取 10 min，3 000 r/min 离心 5 min（温度低于 15℃），合并上清液（注意控制总提取液的体积不超过 50 mL），并定容至 50 mL，混匀，5 000 r/min 离心 10 min（温度低于 15℃），用快速滤纸过滤，待净化。

牛奶：称取混匀试样 5 g（精确到 0.01 g），置于 50 mL 比色管中，用 0.1 mol/L EDTA-Mcilvaine 缓冲溶液溶解并定容至 50 mL，涡旋混合 1 min，冰水浴超声 10 min，转移至 50 mL 聚丙烯离心管中，冷却至 0～4℃，5 000 r/min 离心 10 min（温度低于 15℃），用快速滤纸过滤，待净化。

（2）净化

准确吸取 10 mL 提取液（相当于 1 g 样品）以 1 滴/s 的速度过 HLB 固相萃取柱，待样液完全流出后，依次用 5 mL 水和 5 mL 甲醇+水淋洗，弃去全部流出液。2.0 kPa 以下减压抽干 5 min，最后用 10 mL 甲醇+乙酸乙酯洗脱。将洗脱液吹氮浓缩至干（温度低于 40℃），用 1.0 mL（液相色谱-质谱/质谱法）或 0.5 mL（高效液相色谱法）甲醇+三氟乙酸水溶液溶解残渣，过 0.45 μm 滤膜，待测定。

（3）测定

1）液相色谱-质谱/质谱法。

①液相色谱条件：

色谱柱：Inertsil C8-3，5 μm，150 mm×2.1 mm（内径），或相当者。

流动相：甲醇、10 mmol/L 三氟乙酸。

流速：300 μL/min；柱温：30℃；进样量：30 μL。

洗脱条件见表 7-8。

表 7-8　分离 10 种四环素类药物的液相色谱洗脱梯度

时间/min	甲醇/%	10 mmol/L 三氟乙酸/%
0	5.0	95.0
5.0	30.0	70.0
10.0	33.5	66.5
12.0	65.0	35.0
17.5	65.0	35.0
18.0	5.0	95.0
25.0	5.0	95.0

②质谱条件（参考）：

雾化气（NEB）：6.00 L/min（氮气）；

气帘气（CUR）：10.00 L/min（氮气）；

喷雾电压（IS）：4 500 V；

去溶剂温度（TEM）：500℃；

去溶剂气流：7.00 L/min（氮气）；

碰撞气（CAD）：6. 00 mL/min（氮气）；

其他质谱参数见表 7-9。

表 7-9　10 种四环素类药物的主要参考质谱参数

化合物	母离子 m/z	子离子 m/z	驻留时间/min	碰撞电压/eV
二甲胺四环素	458	352	150	45
		441[a]	50	27
差向土霉素	461	426	50	31
		444[a]	50	25
土霉素	461	426	50	27
		443[a]	50	21
差向四环素	445	410[a]	50	29
		427	50	19
四环素	445	410[a]	50	29
		427	50	19
去甲基金霉素	465	430	50	31
		448[a]	50	25
差向金霉素	479	444	50	31
		462[a]	50	27
金霉素	479	444[a]	50	33
		462	50	27
甲烯土霉素	443	381	150	33
		426[a]	50	25
多西环素	445	154	150	37
		428[a]	50	29

注：对于不同质谱仪器，仪器参数可能存在差异，测定前应将质谱参数优化到最佳。所列参考质谱条件是在 API3000 型液质联用仪上完成的，此处列出试验用仪器型号仅供参考。
a 为定量离子。

③定性测定：

保留时间：待测样品中化合物色谱峰的保留时间与标准溶液相比变化范围应在±2.5%之内。

信噪比：待测化合物的定性离子的重构离子色谱峰的信噪比应大于等于 3（S/N=3），定量离子的重构离子色谱峰的信噪比应大于等于 10（S/N=10）。

定量离子、定性离子及子离子丰度比：每种化合物的质谱定性离子必须出现，至少应包括一个母离子和两个子离子，而且同一检测批次，对同一化合物，样品中目标化合物的两个子离子的相对丰度比与浓度相当的标准溶液相比，其允许偏差不超过表 7-10 规定的范围。

表 7-10　定性时离子相对丰度的最大允许偏差　单位：%

离子相对丰度	＞50	20～50（含）	10～20（含）	≤10
允许的相对偏差	±20	±25	±30	±50

④定量测量：

根据样液中被测四环素类兽药残留的含量情况，选定峰高相近的标准工作溶液。标准工作溶液和样液中四环素类兽药残留的响应值均应在仪器的检测线性范围内。对标准工作溶液和样液等体积参插进样测定。各种四环素类药物的参考保留时间如下：二甲胺四环素 9.6 min、差向土霉素 11.6 min、土霉素 11.8 min、差向四环素 10.9 min、四环素 11.9 min、去甲基金霉素 14.6 min、差向金霉素 13.8 min、金霉素 15.7 min、甲烯土霉素 16.6 min、多西环素 16.7 min。标准溶液的色谱图参见图 7-3。

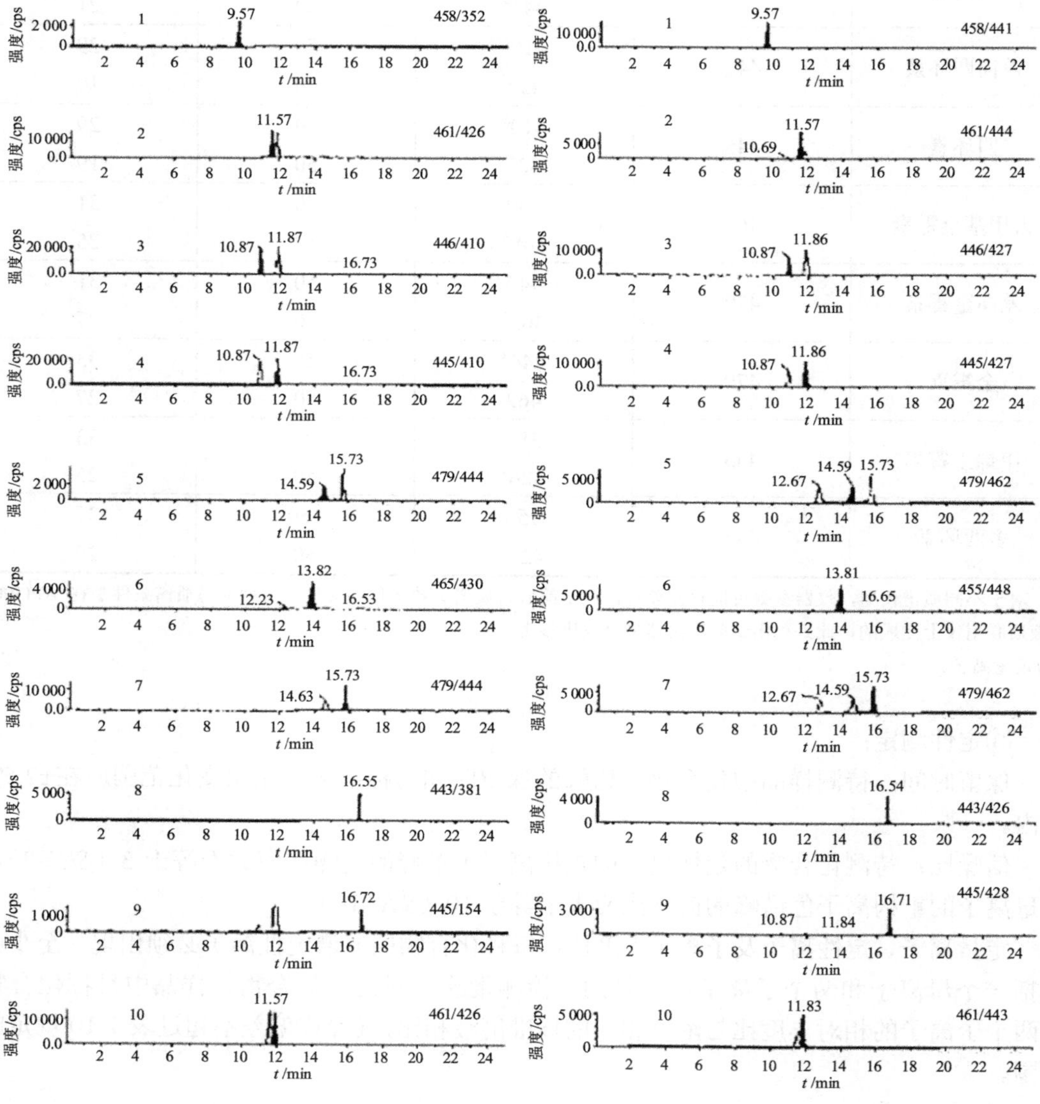

1—二甲胺四环素；2—差向土霉素；3—差向四环素；4—四环素；5—差向金霉素；6—去甲基金霉素；7—金霉素；8—甲烯土霉素；9—多西环素；10—土霉素

图 7-3　10 种四环素类兽药残留标准溶液的重构离子色谱图

2）高效液相色谱法。

①液相色谱条件：

色谱柱：Inertsil C8-3，5μm，250 mm×4.6 mm（内径），或相当者。

流动相：甲醇、乙腈、10 mmol/L 三氟乙酸。

流速：1.5 mL/min；柱温：30℃；进样量：100 μL；检测波长：350 nm。

洗脱条件见表 7-11。

表 7-11　分离 7 种四环素类药物的液相色谱洗脱梯度

时间/min	甲醇/%	乙腈/%	10 mmol/L 三氟乙酸/%
0	1	4	95
5	6	24	70
9	7	28	65
12	0	35	65
15	0	35	65

②高效液相色谱测定：

根据样液中被测四环素类兽药残留的含量情况，选定峰高相近的标准工作溶液。标准工作溶液和样液中四环素类兽药残留的响应值均应在仪器的检测线性范围内。对标准工作溶液和样液等体积参插进样测定。在上述色谱条件下，二甲胺四环素、土霉素、四环素、去甲基金霉素、金霉素、甲烯上霉素、多西环素的参考保留时间分别约为 6.3 min、7.5 min、7.9 min、8.7 min、9.8 min、10.4 min、10.8 min，标准溶液的色谱图参见图 7-4。

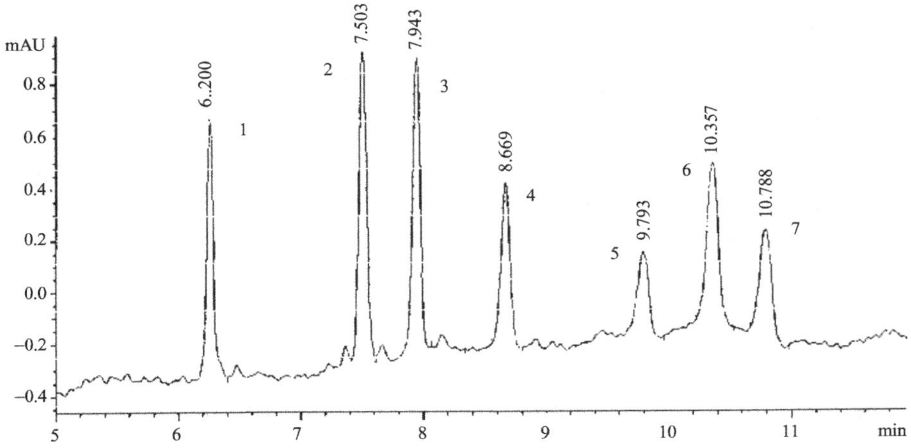

1—二甲胺四环素；2—土霉素；3—四环素；4—去甲基金霉素；5—金霉素；6—甲烯土霉素；7—多西环素

图 7-4　7 种四环素类兽药残留的标准溶液的液相色谱图

6．空白试验

除不加试样外，均按上述测定步骤进行。

7．计算公式

采用外标法定量。

$$X = \frac{A_X \times c_s \times V}{A_s \times m} \tag{7-11}$$

式中：X——样品中待测组分的含量，μg/kg；

A_X——测定液中待测组分的峰面积；

c_s——标准液中待测组分的含量，μg/L；

V——定容体积，mL；

A_s——标准液中待测组分的峰面积；

m——最终样液所代表的样品质量：g。

8．测定低限

（1）液相色谱-质谱/质谱法

二甲胺四环素、差向土霉素、土霉素、差向四环素、四环素、去甲基金霉素、差向金霉素、金霉素、甲烯土霉素和多西环素的测定低限均为 50.0 μg/kg。

（2）高效液相色谱法

二甲胺四环素、土霉素、四环素、去甲基金霉素、金霉素、甲烯土霉素和多西环素的测定低限均为 50.0 μg/kg。

任务 4　磺胺类药物的检测

任务介绍

磺胺类药物是一种人工合成的广谱性抗菌药剂，其特点是性质稳定、疗效确定、容易保存、价格低廉、使用方便、吸收迅速、抗菌性强。磺胺类药物对大多数革兰氏阳性和很多革兰氏阴性细菌有效，对于诊疗禽类球虫病和鸡白细胞虫病疗效很好。磺胺类药物在动物体内作用时间和代谢时间较长，容易在动物体内富集，会直接或者间接地造成食品危害，形成安全隐患，还可以通过食物链的传递，最终危害到人体健康，人体长期摄入含磺胺类药物的食品可能造成泌尿系统、肝脏损伤和过敏反应等。在有机畜禽养殖过程中属于禁限用药物。

任务解析

试剂及设备的准备→试样准备→提取→净化→液相色谱-串联质谱检测

知识储备

磺胺类药物是一类以对氨基苯磺酰胺为基本母核结构的合成抗菌药物，具有广谱抗菌性，而且价格低廉，作为预防、治疗细菌感染性疾病的药物被广泛应用于畜禽养殖过程中。

磺胺类药物一般为白色或微黄色结晶性粉末，无臭，味微苦，遇光易变质，颜色变深，大多数本类药物在水中溶解度极低，较易溶于稀碱，但形成钠盐后则易溶于水，其水溶液呈强碱性。易溶于沸水、甘油、盐酸、氢氧化钾及氢氧化钠溶液，不溶于氯仿、乙醚、苯、石油醚。

任务操作

1. 原理

组织样品经乙酸乙酯提取、液液分配和固相萃取净化后，用液相色谱-串联质谱检测，外标法定量。

2. 试剂与材料

乙酸乙酯：色谱纯；正己烷：经重蒸；甲醇：色谱纯；乙腈：农残级；甲酸：分析纯；盐酸：分析纯；氨水：分析纯。

磺胺药标准品：磺胺醋酰（sulfacetamide，SA），纯度 99.5%；磺胺嘧啶（sulfadiazine，SD），纯度 99.0%；磺胺噻唑（sulfathiazole，ST），纯度 99.9%。磺胺吡啶（sulfapyridine，SMPD），纯度 99.0%；磺胺甲基嘧啶（sulfamerazine，SM1），纯度 99.0%；磺胺恶唑（sulfamoxol），纯度 80.0%；磺胺二甲嘧啶（sulfamethazine，SM2），纯度 99.0%；磺胺甲氧哒嗪（sulfamethoxypyridazine，SMP），纯度 99.9%；磺胺甲噻二唑（sulfamethizole），纯度 99.0%；磺胺间甲氧嘧啶（sulfamonomethoxine，SMM），纯度 99.0%；磺胺氯哒嗪（sulfachloropyridazine，SCP），纯度 99.9%；磺胺邻二甲氧嘧啶（sulfadoxine），纯度 99.5%；磺胺甲恶唑（sulfamethoxazole，SMZ），纯度 99.9%；磺胺异恶唑（sulfisoxazole，SIZ），纯度 99.0%；磺胺喹恶啉（sulfaquinoxaline，SQX），纯度 95.0%；苯甲酰磺胺（sulfabenzamide），纯度 99.9%；磺胺间二甲氧嘧啶（sulfadimethoxine，SDM），纯度 99.9%；磺胺苯吡唑（sulfaphenazole，SPP），纯度 99.0%。

盐酸溶液（0.1 mol/L）：量取 8.3 mL 浓盐酸，用水定容至 1 000 mL。

磺胺标准贮备液（1 000 μg/mL）：分别准确称取适量的磺胺类药物标准品，用甲醇溶解定容，配制成 1 000 μg/mL 的标准贮备液，–20℃冰箱中保存。

磺胺标准工作液：分别量取适量的磺胺标准贮备液，用甲醇稀释制备成系列浓度为 2.0 ng/mL、5.0 ng/mL、10.0 ng/mL、50.0 ng/mL、100.0 ng/mL、500.0 ng/mL 标准工作液，4℃冰箱中保存。

3. 仪器和设备

液相色谱-串联质谱仪：配有电喷雾离子源；液相色谱柱 C18（150 mm×2.1 mm，5 μm）；组织匀浆机；旋涡混合器；旋转蒸发仪；离心机；电子天平：感量 0.01 g 与 0.001 g；氮吹仪；固相萃取柱 Oasis MCX（150 mg，6 mL）。

4. 测定步骤

（1）提取

称取（5±0.05）g 试样，置于 50 mL 离心管中，加入 15 mL 乙酸乙酯涡动 2 min，5 000 r/min 离心 10 min，分离上清液于 100 mL 鸡心瓶中，残渣用同样方法重复提取 1 次，合并乙酸乙酯层。

（2）净化

在提取液中加入 5 mL 0.1 mol/L 盐酸，45℃旋蒸出乙酸乙酯，将残留的盐酸层转移至 10 mL 离心管中，分 2 次用 2 mL 0.1 mol/L 盐酸洗涤鸡心瓶，洗涤液转移至同一离心管中。鸡心瓶再用 5 mL 正己烷洗涤，并将正己烷转入含有盐酸的离心管中，手动振摇 20 次，

3 500 r/min 离心 5 min，弃去正己烷，再用 3 mL 正己烷重复 1 次，取下层液备用。

MCX 柱用 3 mL 甲醇和 3 mL 0.1 mol/L 盐酸预洗，将上述备用液在重力作用下过柱，然后分别用 2 mL 0.1 mol/L 盐酸和 2 mL *V*（水）：*V*（甲醇）：*V*（乙腈）=55：25：20 洗涤小柱，用 2 mL *V*（水）：*V*（甲醇）：*V*（乙腈）：*V*（氨水）=75：10：10：5 洗脱药物，收集洗脱液于 45℃水浴氮气吹干，用水定容至 1 mL，过 0.2 μm 有机滤膜，供液相色谱-串联质谱仪测定。

（3）液相色谱-串联质谱法测定

高效液相色谱-串联质谱法测定参数

液相色谱柱：C18 柱（150 mm×2.1 mm，5 μm）；柱温：室温；进样量：10 μL；流速：0.2 mL/min；流动相：A 相：乙腈（0.1%甲酸），B 相：水（0.1%甲酸）。洗脱条件见表 7-12。

表 7-12 液相色谱梯度洗脱条件

时间/min	A（0.1%甲酸+乙腈）/%	B（0.1%甲酸+水）/%
0	10	90
5	25	75
20	55	45
30	10	90

电离模式：电喷雾正离子（ESI+）；毛细管电压：3 V；离子源温度：80℃；脱溶剂温度：300℃；脱溶剂氮气流速：440 L/h；采集方式：多反应监测（MRM）；Q1、Q3 均为单位分辨率。磺胺类药物的定性、定量离子见表 7-13。

表 7-13 18 种磺胺的定性离子对、定量离子对、锥孔电压和碰撞能量

名称	定性离子对 *m/z*	定量离子对 *m/z*	锥孔电压/V	碰撞能量/eV	保留时间/min
磺胺醋酰	215＞155.8 215＞107.8	215＞155.8	20	10 20	5.84
磺胺嘧啶	251＞155.7 251＞107.7	251＞155.7	22	15 20	6.41
磺胺噻唑	256＞155.7 256＞107.9	256＞155.7	22	18 18	7.20
磺胺吡啶	250＞155.9 250＞107.9	250＞155.9	25	20 20	7.68
磺胺甲基嘧啶	265＞155.9 265＞171.9	265＞155.8	22	18 15	8.33
磺胺恶唑	268＞155.8 268＞112.8	268＞155.8	30	15 20	9.33
磺胺二甲嘧啶	279＞185.9 279＞123.8	279＞185.9	22	18 20	9.55
磺胺甲氧哒嗪	281＞155.9 281＞125.7	281＞155.9	22	18 18	10.41

名称	定性离子对 m/z	定量离子对 m/z	锥孔电压/V	碰撞能量/eV	保留时间/min
磺胺甲噻二唑	271＞155.8 271＞107.8	271＞155.8	30	15 20	10.42
磺胺间甲氧嘧啶	281＞155.7 281＞125.8	281＞155.8	22	18 18	11.84
磺胺氯哒嗪	285＞155.8 285＞107.8	285＞155.8	30	15 18	12.47
磺胺邻二甲氧嘧啶	311.3＞107.8 311.3＞155.8	311.3＞155.8	20	22 15	12.87
磺胺甲恶唑	254＞155.8 254＞107.9	254＞155.8	22	18 18	13.64
磺胺异恶唑	268＞112.7 268＞155.8	268＞155.8	20	15 13	14.42
磺胺喹恶啉	301.1＞155.8 301.1＞107.8	301.1＞155.8	30	20 20	15.97
苯甲酰磺胺	277.3＞156.0 277.3＞107.7	277.3＞156.0	30	12 20	15.69
磺胺间二甲氧嘧啶	311＞156.0 311＞107.8	311＞156.0	22	20 23	15.93
磺胺苯吡唑	315＞158.0 315＞160.0	315＞158.0	22	25 23	16.52

测定：通过样品总离子流色谱图的保留时间和各色谱峰对应的特征离子，与标准品相应的保留时间和各色谱峰对应的特征离子进行对照定性。样品与标准品保留时间的相对偏差不大于 5%，特征离子峰百分比与标准品相差不大于 10%。

5．计算公式

$$X=\frac{A\times f}{m} \tag{7-12}$$

式中：X——动物组织中磺胺类药物的残留量，μg/kg；

A——试样特征离子峰面积与基质标准溶液特征离子峰面积比值对应磺胺类药物质量；μg；

f——试样稀释倍数；

m——试样的取样量，g。

测定结果用平行测定的算术平均值表示，保留至小数点后两位。

6．检测方法灵敏度、准确度、精确度

灵敏度：本方法磺胺类药物检测限为 0.5 μg/kg。

准确度：本方法回收率均为 60%～120%。

精密度：本方法的批内变异指数 CV≤21%，批间变异指数 CV≤32%。

知识考核

1. 如何测定有机畜禽类产品的水分含量?
2. 如何测定有机畜禽类产品的脂肪含量?
3. 简述有机畜禽类产品中挥发性盐基氮的测定原理及方法。
4. 简述有机畜禽类产品中液相色谱-串联质谱法检测瘦肉精检测的原理。
5. 简述利用高效液相色谱串联质谱法测定兽药残留的基本方法。

模块八

有机茶的检测

本模块介绍了有机茶叶检测抽样技术规范、茶叶感官指标，以及茶叶行业检测项目里碎茶、浸出物、氟含量、茶多酚、咖啡碱的测定，有机产品认证茶叶类必测项目灭多威、克百威、百菌清、哒螨灵等农药残留的测定。通过学习，了解有机茶叶抽样技术规范，掌握氟含量、茶多酚、咖啡碱的测定，了解液相色谱法、气相色谱法等仪器的使用。

茶鲜叶是指从山茶科山茶属茶树[*Camellia sinensis*（L.）O. Kuntze]上采摘的新梢，作为各类茶叶加工的原料。

茶叶是指以茶鲜叶为原料，采用特定加工工艺制作，供人们饮用或食用的产品，包括绿茶、黄茶、黑茶、白茶、青茶（乌龙茶）、红茶，及以上述茶叶为原料再加工的花茶、紧压茶、袋泡茶和粉茶。

茶叶原料应品质正常，无劣变、无异味，符合相应的食品标准和有关规定。污染物限量应符合 GB 2762 的规定、农药残留限量应符合 GB 2763 的规定。

茶叶感官应符合表 8-1 的规定。

表 8-1　感官要求

项目	要求	检验方法
外形	具有正常的外形和色泽，符合所属茶类应有的品质特征，无劣变，无霉变	取适量试样置于洁净的白色样盘中，在自然光下观察形态和色泽。称取混匀试样 3～10 g 置带盖审评杯中，按照茶水比 1∶50（质量比）加入沸水，浸池 5 min 后，将茶汤沥入评茶碗中，嗅茶底香气，用温开水漱口，品尝茶汤滋味
内质	具有正常的汤色、香气和滋味，符合所属茶类应有的品质特征，无异气，无异味	

项目一　茶叶抽样技术规范及有机茶生产加工技术要求

有机茶检测是对有机茶叶进行评估和鉴定的重要手段，是确保茶叶生产过程中不使用化学肥料和农药，并遵循有机生产标准的重要措施。有机茶检测的必要性在于，通过检测可以判断茶叶的品质特点、产地、品种、是否存在有害物质等信息，为消费者提供可靠的购买依据，同时有助于提高有机茶生产效益和促进有机农业发展。

有机茶检测主要包括感官检测、理化检测、卫生检测。感官检测与普通茶叶检测类似，主要对茶叶的外观、香气、口感等方面进行检测。不过，由于有机茶生产过程中禁止施用化学肥料和农药，因此有机茶的感官检测更为关注茶叶的安全性和健康性。

理化检测是普通茶叶检测的重要方面之一，主要针对茶叶中的化学成分如农药残留、重金属等有害物质进行检测。然而，有机茶检测更注重对有机成分的检测，如茶多酚、氨基酸等营养成分的检测。这些有机成分的存在和含量直接反映了有机茶叶的品质和特点，同时证明了有机茶的安全性和健康性。

任务 1　茶叶抽样技术规范

任务介绍

有机茶叶抽样是有机茶叶检测的首要环节，根据不同茶园面积和地形，采用随机法、对角线法、五点法、S 形法或棋盘式法等确定抽样点。

任务解析

确定抽样点/抽样量→抽样

知识储备

茶叶抽样是从一批茶叶中抽取能代表本批茶叶品质的最低数量的样茶，作为审评品质优次与理化检验指标的依据，茶叶抽样方法参考《茶叶抽样技术规范》（NY/T 2102—2011）。

任务操作

1．茶园抽样

1.1　批次

以同一地域、同一时间采摘，供加工同一种类的原料为一个批次。

1.2 抽样点

按照茶园面积和地形的不同，采用随机法、对角线法、五点法、S 形法或棋盘式法等确定抽样点，每一抽样点应抽样 0.5～1.0 kg 鲜叶。

茶园面积小于 1 hm^2 时，按照 NY/T 398 的规定划分抽样点。

茶园面积大于 1 hm^2 时抽样点按下列规定设置：

——1～3 hm^2 设一个抽样点；

——3.1～7 hm^2，设两个抽样点；

——7.1～33 hm^2 每增加 3 hm^2（不足 3 hm^2 者按 3 hm^2 计）增设一个点；

——33.1～67 hm^2 每增加 7 hm^2（不足 7 hm^2 者按 7 hm^2 计）增设一个点；

——67 hm^2 以上，每增加 33 hm^2（不足 33 hm^2 者按 33 hm^2 计）增设一个点。

在抽样时，如发现样品有异常，可根据需要增加抽样点数量或终止抽样。

1.3 抽样步骤

对单一抽样点抽样，以一芽两叶或生产要求的相应嫩度为标准，随机采摘 0.5～1.0 kg 鲜叶样品作为一个批次；对在多个抽样点采摘的，作为同一批次原料的原始样品，经混匀后以四分法缩分至 0.5～1.0 kg，作为一个批次。

1.4 样品处理

鲜叶样品应及时处理，分装 3 份，供检验、复检用。

2. 进厂原料与毛茶

2.1 批次

以同一加工场地同一时间、同一加工种类茶叶的原料及毛茶为一个批次。

2.2 抽样量

进厂原料与毛茶按下列规定确定抽样量。

对已包装的抽样对象，按 GB/T 8302 的规定先确定抽样件数，再将抽取的全部原始样品混匀，按下列规定确定抽样量：

——1～50 kg，抽样 1 kg；

——51～100 kg，抽样 2 kg；

——101～500 kg，每增加 50 kg（不足 50 kg 者按 50 kg 计）增抽 1 kg；

——501～1 000 kg，每增加 100 kg（不足 100 kg 者按 100 kg 计）增抽 1 kg；

——1 000 kg 以上每增加 500 kg（不足 500 kg 者按 500 kg 计）增抽 1 kg。

在抽样时，如发现样品有异常，可根据需要增加抽样数量。

2.3 抽样步骤

以随机方式抽取样品，每批次抽取 1 kg 原料或毛茶样品。对多件数的同类原料或毛茶抽样时，将所抽原始样品经混匀后以四分法缩分至 0.5～1.0 kg，作为一个检验样品批次。

任务2 有机茶生产加工技术要求

任务介绍

按照《有机茶生产技术规程》（NY/T 5197—2002）中技术要求对有机茶叶加工进行规范，确保有机茶叶的生产符合要求。

知识储备

《有机茶生产技术规程》（NY/T 5197—2002）中规定了有机茶生产的基地规划与建设、土壤管理和施肥、病虫草害防治、茶树修剪和采摘、转换、试验方法和有机茶园判别。

有机茶生产过程中可以施用无公害化处理的堆肥、沤肥、厩肥、沼气肥、绿肥、饼肥及有机茶专用肥等有机肥。施用商用有机肥时污染物的限量必须符合标准的要求（表8-2）。矿物源肥料、微量元素肥料和微生物肥料，可以作为培肥土壤的辅助材料进行施用。

表8-2 商品有机肥料污染物允许含量 单位：mg/kg

项目	浓度限值
砷	≤30
汞	≤5
镉	≤3
铬	≤70
铅	≤60
铜	≤250
六六六	≤0.2
滴滴涕	≤0.2

在病、虫、草害防治时，遵循防重于治的原则，从整个茶园生态系统出发，以农业防治为基础，综合运用物理防治和生物防治措施，创造不利于病虫草孳生而有利于各类天敌繁衍的环境条件，增进生物多样性，保持茶园生物平衡，减少各类病、虫、草害所造成的损失。防治病、虫、草害时，禁止使用和混配化学合成的杀虫剂、杀菌剂、杀螨剂、除草剂和植物生长调节剂。

任务操作

《有机茶加工技术规程》（NY/T 5198—2002）规定了有机茶加工的要求、试验方法和检验规则。

鲜叶原料应采自颁证的有机茶园，不得混入来自非有机茶园的鲜叶。不得收购掺假、含杂质以及品质劣变的鲜叶或原料。鲜叶运抵加工厂后，应摊放于清洁卫生、设施完好的贮青间；鲜叶禁止直接摊放在地面。用于加工花茶的鲜花应采自有机种植园或有机转换种植园。鲜叶和鲜花的运输验收、贮存操作应避免机械损伤、杂质和污染并完整准确地记录鲜叶和鲜花的来源和流转情况。再加工和深加工产品所用的主要原料应是有机原料，有机原料按质量计不得少于 95%（食盐和水除外）。

允许使用认证的天然植物作茶叶产品的配料。茶叶加工中可用制茶专用油、乌桕油润滑与茶叶接触的金属表面。深加工的配料允许使用常规配料，但不得超过总质量的 5%。常规配料不得是基因工程产品，应获得有机认证机构的许可，该许可需每年更新。一旦能获得有机食品配料，应立即用有机食品配料替换常规配料。作为配料的水和食用盐，应符合国家食品卫生标准。禁止使用人工合成的色素、香料、黏结剂和其他添加剂。

项目二　茶叶行业检测项目

茶叶行业检测是指对茶叶的产地、品种、品质、安全性等方面进行的一系列基础性检测和分析。这些检测不仅可以帮助消费者更好地了解茶叶的品质和特点，还可以指导茶农种植出更加优质的茶叶，提高市场竞争力。

茶，是世界三大无酒精饮料之一，因其独特的滋味和香气备受消费者的青睐。茶中丰富多样的代谢物，如茶多酚、茶氨酸、咖啡碱、茶多糖等赋予茶叶多层次的口感及浓郁的香气。

成品茶理化检验是应用理化方法测定成品茶品质规格及化学成分的技术措施。茶叶色、香、味、形等品质因子较为复杂，其理化检测项目是根据贸易双方的协定以及进出口商品检验要求而确定的，一般茶叶中水分、灰分和碎茶粉末量是通检项目，一些国家还要求检测浸出物、粗纤维、咖啡碱、茶多酚、水溶性灰分以及红茶中的茶黄素含量等项目。

茶叶的卫生指标包括农药残留限量、重金属限量、微生物限量等，检测结果应符合国家规定的限值要求。对于茶叶农残检测的测定分析，主要包括“高效液相色谱法、气相色谱法、高效薄层色谱法、气相色谱-质谱联用法、高效液相色谱-质谱联用法”等检测技术。

茶树是富氟植物。茶树在其生长过程中不断积累氟，形成茶园土壤的全氟含量高于土壤母质中的含量，茶叶中的氟高于园土中的氟、老叶中的氟高于新叶中的氟。嫩叶氟含量为 40～72 μg/g，老叶高达 250～1 600 μg/g。茶的氟含量与品质呈负相关。氟是人体必需微量元素，存在双重性，氟过量会引起氟斑牙、氟骨症等；摄入不足则会引起龋齿病，影响儿童发育。每人每日摄入量以 1.5～3.5 mg 为宜，超过 6 mg 则产生氟中毒。氟含量测定主要采用比色法和氟电极法。

茶叶中碎茶率的高低直接影响茶叶的品质和口感。如果碎茶率过高，茶叶的有效成分会受到影响，导致其口感和品质降低，影响碎茶率的因素有机器种类、茶树品种、原料老嫩度、揉切工艺和精制技术等，如条形红茶初制过程的碎茶率约为 5%，精制过程的碎茶率约为 15%。

茶叶中的浸出物是指用水浸泡茶叶时，能够被溶解在水中部分的物质。这些物质主要包括茶多酚、咖啡碱、氨基酸、糖类、果胶等，它们是呈现茶汤口感滋味的主要物质。通过对茶叶浸出物的检测，可以评估茶叶的品质和口感，同时，在茶叶加工过程中，控制浸出物的产生和含量也是提高茶叶品质的重要手段。

茶叶粗纤维是茶叶中不可或缺的成分之一，茶叶粗纤维的存在可以增加茶叶的口感，使得茶叶更加爽口、滑润；茶叶粗纤维中富含多种维生素和矿物质，可以增加茶叶的营养价值；茶叶粗纤维的存在会影响茶叶的外观，使得茶叶表面不够光滑，影响茶叶的外观品质。茶叶粗纤维属多糖类物质，其含量反映茶叶的老嫩度。检测方法主要有重量法、托卡纤维测定仪法、近红外光谱法。

茶叶水溶性灰分碱度一般要控制在1%～3%的范围内，检测目的是防止茶叶掺假，测定方法为容量滴定法。咖啡碱测定方法有重量法、定氮法、碘量法、比色法、紫外分光光度法等。茶多酚测定国内外常用高锰酸钾滴定法和比色法。茶氨酸测定常用高效液相色谱法，其原理是根据茶氨酸与邻苯二醛可形成荧光衍生物，在波长为 335 nm 的光照射下，可用荧光检测器检出，该方法简便，精度较高。也可用纸色谱法分离出茶氨酸色带，经洗脱后用茚三酮显色定量。

茶黄素（TF）、茶红素（TR）、茶褐素（TB）是红茶汤色、滋味的重要成分，其含量高低直接影响红茶品质。国内外通常采用 Roberts 法以及包括 Flavognost 试剂法和中茶所系统分析法在内的改造方法进行测定。

本项目选取碎茶、浸出物、茶叶中的氟为特征指标进行详细讲述。

任务 1　茶叶中碎茶的检测

任务介绍

按一定的操作规程，用规定的转速和孔径筛，筛分出各种茶叶试样中的粉末和碎茶，粉末和碎茶占试样的比例即为碎茶率。

任务解析

称样→筛分→称量碎茶重量

知识储备

碎茶率是指茶叶在加工过程中被揉碎、炒碎、烘碎的百分率。检测碎茶率的原因主要是评估茶叶加工过程中受损程度，以及茶叶原料老嫩度和加工技术等。

碎茶率的高低直接影响茶叶的品质和口感。如果碎茶率过高，茶叶的有效成分会受到影响，导致其口感和品质降低。因此，在茶叶生产过程中，控制碎茶率是非常重要的。检测碎茶率也可以帮助茶叶生产者了解和控制茶叶的品质和口感。

任务操作

1. 仪器和用具

1.1　分样器和分样板或分样盘（盘面对角开有缺口）。

1.2　电动筛分机

转速为（200±10）r/min，回旋幅度为（60±3）mm。

1.3　检验筛

铜丝编织的方孔标准筛，筛子直径 200 mm，具筛底和筛盖。

1）毛茶粉末碎茶筛：筛子直径为 280 mm；孔径为 1.25 mm、1.12 mm。

2）精制茶粉末碎茶筛：筛子直径 200 mm。

①粉末筛：孔径为 0.63 mm（用于条、圆形茶）；孔径为 0.45 mm（用于碎形茶和粗形茶）；孔径为 0.23 mm（用于片形茶）；孔径为 0.18 mm（用于末形茶）。

②碎茶筛：孔径为 1.25 mm（用于条、圆形茶）；孔径为 1.60 mm（用于粗形茶）。

2．测定步骤

2.1　毛茶

将试样充分拌匀并缩分后，称取 100 g（精确至 0.1 g）倒入孔径为 1.25 mm 的筛网上，下套孔径为 1.12 mm 筛，盖上筛盖，套好筛底，按下启动按钮，以 150 r/min 进行筛动。待自动停机后，取孔径 1.12 mm 筛的筛下物，称量（精确至 0.1 g），即为碎末茶含量。

2.2　精制茶

1）条、圆形茶：将试样充分拌匀并缩分后，称取 100 g（精确至 0.1 g）倒入规定的碎茶筛和粉末筛的检验套筛内，盖上筛盖，按下启动按钮，以 100 r/min 进行筛动。将粉末筛的筛下物称量（精确至 0.1 g），即为粉末含量。移去粉茶筛的筛上物，再将粉末筛筛面上的粉茶重新倒入下接筛底的粉茶筛内，盖上筛盖，放在电动筛分机上，以 50 r/min 进行筛动。将筛下物称量（精确至 0.1 g），即为碎茶含量。

2）粗形茶：将待检试样充分拌匀并缩分后，称取 100 g（精确至 0.1 g）倒入规定的碎茶筛和粉末筛的检验套筛内，盖上筛盖，按下启动按钮，以 100 r/min 进行筛动。将粉末筛的筛下物称量（精确至 0.1 g），即为粉末含量。再将粉末筛筛面上的碎茶称量（精确至 0.1 g），即为碎茶含量。

3）粉、片、末形茶：将试样充分拌匀并缩分后，称取 100 g（精确至 0.1 g）倒入规定的粉末筛内，以 100 r/min 进行筛动。将筛下物称量（精确至 0.1 g），即为粉末含量。

3．结果计算

3.1　计算公式

茶叶碎末茶质量分数按式（8-1）计算，即

$$W_1=M_1/M\times100 \tag{8-1}$$

茶叶粉末质量分数按式（8-2）计算，即

$$W_2=M_2/M\times100 \tag{8-2}$$

茶叶碎茶质量分数按式（8-3）计算，即

$$W_3=M_3/M\times100 \tag{8-3}$$

式中：W_1——茶叶碎末茶的质量分数，%；

W_2——茶叶粉末的质量分数，%；

W_3——茶叶碎茶的质量分数，%；

M_1——筛下碎末茶质量，g；

M_2——筛下粉末质量，g；

M_3——筛下碎茶质量，g；

M——试样质量，g。

3.2　重复性

当测定值小于或等于 3%时，同一样品的两次测定值之差不得超过 0.2%；若超过 0.2%，需重新分样检测。当测定值在 3%～5%时，同一样品的两次测定值之差不得超过 0.3%，否则需重新分样检测。当测定值大于 5%时，同一样品的两次测定值之差不得超过 0.5%，否

则需重新分样检测。

3.3　平均值

将未超过误差范围的两次测定值平均后，再按数值修约规则修约至小数点后一位数，即为该试样的实际碎茶、粉末或碎末茶的质量分数。

任务2　茶叶中浸出物的检测

任务介绍

用沸水回流提取茶叶中的水可溶性物质，再经过滤、冲洗、干燥、称量浸提后的茶渣，计算水浸出物的质量分数。

任务解析

样品处理→提取→过滤→冲洗→干燥→计算

知识储备

茶叶中的浸出物是指用水浸泡茶叶时，能够被溶解在水中部分的物质。这些物质主要包括茶多酚、咖啡碱、氨基酸、糖类、果胶等，它们是呈现茶汤口感滋味的主要物质。通过对茶叶浸出物的检测，可以评估茶叶的品质和口感，同时，在茶叶加工过程中，控制浸出物的产生和含量也是提高茶叶品质的重要手段。

任务操作

1. 仪器和用具

鼓风电热恒温干燥箱：（120±2）℃；铝盒：具盖，内径75～80 mm；分析天平：感量0.001 g；锥形瓶：500 mL；磨碎机：内装孔径为3 mm的筛子。

沸水浴、干燥器、布氏漏斗连同抽滤装置。

2. 测定步骤

1）试样的制备：先用磨碎机将少量试样磨碎，弃去，再磨碎其余部分。

2）铝盒准备：将铝盒连同15 cm定性快速滤纸置于（120±2）℃的恒温干燥箱内，烘干后取出，在干燥器内冷却至室温，称量（精确至0.001 g）。

3）测定步骤：称取2 g（精确至0.001 g）磨碎试样于500 mL锥形瓶中。加入蒸馏水300 mL，立即移入沸水浴中，浸提45 min（每隔10 min摇动一次）。浸提完毕后立即趁热减压过滤。用约150 mL蒸馏水洗涤茶渣数次，将茶渣连同已知质量的滤纸移入铝盒内，然后移入（120±2）℃的恒温干燥箱内烘1 h。加盖取出冷却1 h，再烘1 h立即移入干燥器内冷却至室温，称量。

3. 计算方法

3.1　计算公式

茶叶中的水浸出物，以干态质量分数计算，即

$$W=[1-M_1/(M\times W_1)]\times 100 \quad (8\text{-}4)$$

式中：W——茶叶中水浸出物的质量分数，%；

M_1——干燥后的茶渣质量，g；

W_1——试样干物质的质量分数，%；

M——试样质量，g。

如果符合重复性的要求，取两次测定的算术平均值作为结果，结果保留小数点后 1 位。

3.2 重复性

同一样品的两次测定值之差，每 100 g 试样不得超过 0.5 g。

任务 3 茶叶中氟含量的测定

任务介绍

食品中的氟化物在扩散盒内与酸作用，产生氟化氢气体，经扩散被氢氧化钠吸收。

茶叶中氟含量的测定可采用以下方法：

扩散-氟试剂比色法：氟离子与镧（III）、氟试剂（茜素氨羧络合剂）在适宜 pH 下生成蓝色三元络合物，颜色随氟离子浓度的增大而加深，用含或不含胺类的有机溶剂提取，与标准系列比较定量。

灰化蒸馏-氟试剂比色法：样品经硝酸镁固定氟，经高温灰化后，在酸性条件下，蒸馏分离氟，蒸出的氟被氢氧化钠溶液吸收，氟与氟试剂、硝酸镧作用，生成蓝色三元络合物，与标准比较定量。

氟离子选择电极法：氟离子选择电极的氟化镧单晶膜对氟离子产生选择性的对数响应，氟电极和饱和甘汞电极在被测试液中，电位差可随溶液中氟离子活度的变化而改变，电位变化规律符合能斯特方程式。与氟离子形成络合物的 Fe、Al 等离子干扰测定，其他常见离子无影响。测量溶液的酸度为 pH=5～6，用总离子强度缓冲剂，消除干扰离子及酸度的影响。

任务解析

扩散-氟试剂比色法测定有机茶叶中氟含量流程：样品处理→测定→比色→计算。

灰化蒸馏-氟试剂比色法测定有机茶叶中氟含量流程：样品处理→灰化→蒸馏→测定→计算。

氟离子选择电极法测定有机茶叶中氟含量流程：样品粉碎→提取→测定电位→计算。

知识储备

茶叶中含有一定量的氟，适量摄入氟对人体有益，可以预防龋齿、保护牙齿健康。然而，如果摄入过多的氟，可能会导致氟中毒，对人体健康产生负面影响。特别是在儿童和长期暴露在超标茶叶中的人群中，更容易受到氟中毒的影响。

此外，茶叶的氟含量往往与生长环境有关。在某些地区，土壤、水源等环境中含氟量较高，茶叶中的氟含量也会相应增加。因此，通过对茶叶中氟含量的检测，可以评估茶叶的质量和安全性。

食品中氟含量的测定方法有扩散-氟试剂比色法、灰化蒸馏-氟试剂比色法和氟离子选择电极法等。前两者是一般化验室常用方法，使用试剂较多，但结果准确；后者是近几年来发展的方法，简便、准确，能克服色泽干扰，但样液中氟含量低时会出现非线性关系。

任务操作

1．扩散-氟试剂比色法

1.1 试剂

本方法所用水均为不含氟的去离子水，试剂为分析纯，全部试剂贮于聚乙烯塑料瓶中。

硫酸银-硫酸溶液（20 g/L）：称取 2 g 硫酸银，溶于 100 mL 硫酸溶液（3∶1）。

氢氧化钠-无水乙醇溶液（40 g/L）：称取 4 g 氢氧化钠，溶于无水乙醇并稀释至 100 mL。

乙酸（1 mol/L）：称取 3 mL 冰乙酸，加水稀释至 50 mL。

茜素氨羧络合剂溶液：称取 0.19 g 茜素氨羧络合剂，加少量水及氢氧化钠溶液（40 g/L）使其溶解，加 0.125 g 乙酸钠，用 1 mol/L 乙酸溶液调节 pH 为 5.0（红色），加水稀释至 500 mL，置于冰箱内保存。

硝酸镧溶液：称取 0.22 g 硝酸镧，用少量 1 mol/L 乙酸溶液溶解，加水至约 450 mL，用乙酸钠溶液（250 g/L）调节 pH 为 5.0，再加水稀释至 500 mL，置于冰箱内保存。

缓冲液（pH=4.7）：称取 30 g 无水乙酸钠，溶于 400 mL 水中，加 22 mL 冰乙酸，再缓缓加冰乙酸调节 pH 为 4.7，然后加水稀释至 500 mL。

二乙基苯胺-异戊醇溶液（5∶100）：量取 25 mL 二乙基苯胺，溶于 500 mL 异戊醇中。

氢氧化钠溶液（40 g/L）：称取 4 g 氢氧化钠，溶于水并稀释至 100 mL。

氟标准溶液：准确称取 0.221 0 g 经 95～105℃干燥 4 h 的氟化钠，溶于水后移入 100 mL 容量瓶中，加水至刻度，混匀。置于冰箱中保存。此溶液每毫升相当于 1.0 mg 氟。

氟标准使用液：吸取 1.0 mL 氟标准溶液，置于 200 mL 容量瓶中，加水至刻度，混匀。此溶液每毫升相当于 5.0 μg 氟。

圆滤纸片：把滤纸剪成直径为 4.5 cm 圆，浸于氢氧化钠-无水乙醇溶液，于 100℃烘干、备用。

丙酮、乙酸钠溶液（250 g/L）、硝酸镁溶液（100 g/L）。

1.2 仪器

塑料扩散盒：内径 4.5 cm，深 2 cm，盖内壁顶部光滑，并带有凸起的圈（盛放氢氧化钠吸收液用），盖紧后不漏气。其他类型塑料盒亦可使用。

恒温箱：（55±1）℃、可见分光光度计、酸度计、马弗炉。

1.3 分析步骤

（1）扩散单色法

1）样品处理

①谷类样品：稻谷去壳，其他粮食除去可见杂质，取有代表性样品 50～100 g，粉碎，过 40 目筛（孔径为 0.45 mm）。

②蔬菜、水果：取可食部分，洗净、晾干、切碎、混匀，称取 100～200 g 样品，以 80℃鼓风干燥，粉碎，过 40 目筛（孔径为 0.45 mm）。结果以鲜重表示，同时要测水分。

③特殊样品（含脂肪高、不易粉碎过筛的样品，如花生、肥肉、含糖分高的果实等）：称取研碎的样品 1.00～2.00 g 置于坩埚（镍、银、瓷等）内，加 4 mL 硝酸镁溶液（100 g/L），加氢氧化钠溶液（100 g/L）使其呈碱性，混匀后浸泡 0.5 h，将样品中的氟固定，然后在水浴上挥干，加热炭化至不冒烟，再于 600℃马弗炉内灰化 6 h，待灰化完全，取出放冷，取灰分进行扩散。

2）测定

①取塑料盒若干个，分别于盒盖中央加 0.2 mL 氢氧化钠-无水乙醇溶液，在圈内均匀涂布，于（55±1）℃恒温箱中烘干，形成一层薄膜，取出备用；或把滤纸片贴于盒内备用。

②称取 1.00～2.00 g 处理后的样品置于塑料盒内，加 4 mL 水，使样品均匀分布，不能结块。加 4 mL 硫酸银-硫酸溶液（20 g/L），立即盖紧，轻轻摇匀。若样品经灰化处理，则先将灰分全部移入塑料盒内，用 4 mL 水分数次将坩埚洗净，洗液均倒入塑料盒内，并使灰分均匀分散，若坩埚还未完全洗净，可加 4 mL 硫酸银－硫酸溶液（20 g/L）于坩埚内继续洗涤，将洗液倒入塑料盒内，立即盖紧，轻轻摇匀，置（55±1）℃恒温箱内保温 20 h。

③分别于塑料盒内加入 0.0 mL、0.2 mL、0.4 mL、0.8 mL、1.2 mL、1.6 mL 氟标准使用液（相当于 0、1.0 μg、2.0 μg、4.0 μg、6.0 μg、8.0 μg 氟）。补加水至 4 mL，各加硫酸银-硫酸溶液（20 g/L）4 mL，立即盖紧，轻轻摇匀（切勿将酸溅在盖上）置于恒温箱内保温 20 h。

④将盒取出，取下盒盖，分别用 20 mL 水，少量多次地将盒盖内氢氧化钠薄膜溶解，并用滴管小心完全地移入 100 mL 分液漏斗中。

⑤分别于分液漏斗中加 3 mL 茜素氨羧络合剂溶液、3.0 mL 缓冲液、8.0 mL 丙酮、3.0 mL 硝酸镧溶液、13.0 mL 水，混匀，放置 l0 min，各加入 l0.0 mL 二乙基苯胺-异戊醇溶液（5∶100），振摇 2 min，待分层后，弃去水层，分出有机层，并用滤纸过滤于 10 mL 带塞比色管中。

⑥用 1 cm 比色皿于 580 nm 波长处以标准零管调节零点，测吸光值，绘制标准曲线，用样品吸光值与标准曲线比较求得氟的含量。

3）结果计算

样品中氟的含量按式（8-5）计算

$$X_1 = \frac{m_1 \times 10^{-3}}{m \times 10^{-3}} \qquad (8\text{-}5)$$

式中：X_1——样品中氟的含量，mg/kg；

m_1——测定样品中氟的含量，μg；

m——样品的质量，g。

结果的表述：报告平行测定的算术平均值，保留 2 位有效数。

允许差：在重复性条件下获得的两次独立测定结果的绝对值不得超过算术平均值的 10%。

（2）扩散复色法

1）样品处理：同扩散单色法。

2）测定

①取塑料盒若干个，分别于盒盖中央加 0.2 mL 氢氧化钠-无水乙醇溶液（40 g/L），在圈内均匀涂布，于（55±1）℃恒温箱中烘干，形成一层薄膜，取出备用；或把滤纸片贴于盒内备用。

②称取 1.00～2.00 g 处理后的样品置于塑料盒内，加 4 mL 水，使样品均匀分布，不能结块。加 4 mL 硫酸银-硫酸溶液（20 g/L），立即盖紧，轻轻摇匀。若样品经灰化处理，则先将灰分全部移入塑料盒内，用 4 mL 水分数次将坩埚洗净，洗液均倒入塑料盒内，并使灰分均匀分散，若坩埚还未完全洗净，可加 4 mL 硫酸银-硫酸溶液（20 g/L）于坩埚内继续洗涤，将洗液倒入塑料盒内，立即盖紧，轻轻摇匀，置于（55±1）℃恒温箱内保温 20 h。

③分别于塑料盒内加入 0.0 mL、0.2 mL、0.4 mL、0.8 mL、1.2 mL、1.6 mL 氟标准使用液（相当于 0、1.0 μg、2.0 μg、4.0 μg、6.0 μg、8.0 μg 氟）。补加水至 4 mL，各加硫酸银-硫酸溶液（20 g/L）4 mL，立即盖紧，轻轻摇匀（切勿将酸溅在盖上）置于恒温箱内保温 20 h。

④取下盒盖，分别用 10 mL 水分数次将盒盖内的氢氧化钠薄膜溶解，并用滴管小心完全地移入 25 mL 带塞比色管中。

⑤分别于带塞比色管中加 2.0 mL 茜素氨羧络合剂溶液、3.0 mL 缓冲液、6.0 mL 丙酮、2.0 mL 硝酸钠溶液，再加水至刻度，混匀，放置 20 min，用 3 cm 比色皿于波长 580 nm 处以零管调节零点，测各管吸光度，绘制标准曲线。

3）结果计算：同扩散单色法。

2．灰化蒸馏-氟试剂比色法

2.1 试剂

丙酮；乙酸钠溶液（250 g/L）；硝酸镁溶液（100 g/L）；氢氧化钠溶液（100 g/L）；酚酞-乙醇指示液（10 g/L）；硫酸（2∶1）。

盐酸（1∶11）：取 10 mL 盐酸，加水稀释至 120 mL；乙酸溶液：同扩散-氟试剂比色法；茜素氨羧络合剂溶液：同扩散-氟试剂比色法；硝酸镧溶液：同扩散-氟试剂比色法；缓冲液（pH=4.7）：同扩散-氟试剂比色法；氢氧化钠溶液（40 g/L）：同扩散-氟试剂比色法；氟标准使用液：同扩散-氟试剂比色法。

2.2 仪器

电热恒温水浴锅；电炉（800 W）；酸度计；马弗炉；蒸馏装置（图 8-1）；可见分光光度计。

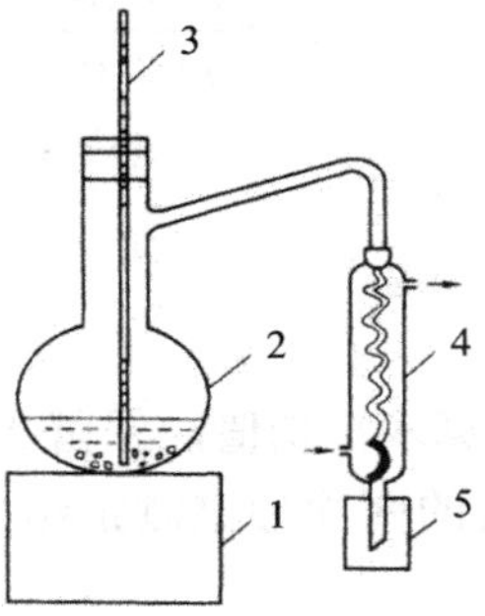

1—电炉；2—蒸馏瓶；3—温度计；4—冷凝管；5—小烧杯

图 8-1 蒸馏装置

2.3 操作步骤

（1）样品处理

1）粮食：同扩散-氟试剂比色法。

2）蔬菜：同扩散-氟试剂比色法。

3）鱼、肉类：取鲜肉绞碎，混合。鱼应先去骨，再捣碎混匀。

4）蛋类：去壳，将蛋白、蛋黄打匀。

5）豆制品：将样品捣碎、混匀。

（2）灰化

称取混匀样品 5.00 g（以鲜重计），置于 30 mL 坩埚内，加 5.0 mL 硝酸镁溶液（100 g/L）和 0.5 mL 氢氧化钠溶液（100 g/L），使其呈碱性，混匀后浸泡 0.5 h，置于水浴上蒸干，再低温炭化，至完全不冒烟为止。移入马弗炉中，以 600℃灰化 6 h。取出，放冷。

（3）蒸馏

1）于坩埚中加入 10 mL 水，将数滴硫酸（2∶1）慢慢加入坩埚中，防止溶液飞溅，中和至不产生气泡为止。将此液移入 500 mL 蒸馏瓶中，用 20 mL 水分数次洗涤坩埚，并入蒸馏瓶中。

2）于蒸馏瓶中加 60 mL 硫酸（2∶1），数粒无氟小玻璃珠，连接蒸馏装置，加热蒸馏。馏出液用盛有 5 mL 水、7～20 滴氢氧化钠溶液（100 g/L）和 1 滴酚酞指示液的 50 mL 烧杯吸收，当蒸馏瓶内溶液温度上升至 190℃时停止蒸馏（整个蒸馏时间为 15～20 min）。

3）取下冷凝管，用滴管加水洗涤冷凝管 3～4 次，洗液合并于烧杯中。再将烧杯中的吸收液移入 50 mL 容量瓶中，并用少量水洗涤烧杯 2～3 次，合并于容量瓶中。用盐酸（1∶11）中和至红色刚好消失。用水稀释至刻度，混匀。

4）分别吸取 0.0 mL、1.0 mL、3.0 mL、5.0 mL、7.0 mL、9.0 mL 氟标准使用液置于蒸馏瓶中，补加水至 30 mL，以下按蒸馏操作中 2）、3）进行。此蒸馏标准液每 10 mL 分别相当于 0、1.0 μg、3.0 μg、5.0 μg、7.0 μg、9.0 μg 氟。

（4）测定

1）分别吸取标准系列蒸馏液和样品蒸馏液各 10.0 mL 置于 25 mL 蒸馏带塞比色管中。

2）分别于带塞比色管中加 2.0 mL 茜素氨羧络合剂溶液、3.0 mL 蒸馏缓冲液、6.0 mL 丙酮、2.0 mL 硝酸镧溶液，再加水至刻度，混匀，蒸馏放置 20 min，用 3 cm 比色杯于波长 580 nm 处以零管调节零点，测各蒸馏管吸光度，绘制标准曲线。

2.4 结果计算

样品中氟的含量按式（8-6）计算

$$X_2=\frac{m_3V_2\times 1000}{V_1m_4\times 1000} \tag{8-6}$$

式中：X_2——样品中氟的含量，mg/kg；

m_3——测定用样液中氟的质量，μg；

V_1——比色时吸取蒸馏液的体积，mL；

V_2——蒸馏液的总体积，mL；

m_4——样品质量，g。

结果的表述：报告平行测定的算术平均值，保留 2 位有效数。

允许差：在重复性条件下获得的两次独立测定结果的绝对差值不得超过算术平均值的10%。

3．氟离子选择电极法

3.1 试剂

本方法所用水均为去离子水，全部试剂贮于聚乙烯塑料瓶中。

乙酸钠溶液（3 mol/L）：称取 204 g 乙酸钠（$CH_3COONa·3H_2O$）溶于 300 mL 水中，加乙酸（1 mol/L），调节 pH 至 7.0，加水稀释至 500 mL。

柠檬酸钠溶液（0.75 mol/L）：称取 110 g 柠檬酸钠（$Na_3C_6H_5O_7·2H_2O$）溶于 300 mL 水中，加 14 mL 高氯酸，再加水稀释至 500 mL。

总离子强度缓冲剂：乙酸钠溶液（3 mol/L）与柠檬酸钠溶液（0.75 mol/L）等量混合，临用时现配制。

氟标准使用液：吸取 10.0 mL 氟标准溶液置于 100 mL 容量瓶中，加水稀释至刻度。如此反复稀释至此溶液每毫升相当于 1.0 μg 氟。

本方法需要用到的试剂还有盐酸（1∶11）溶液。

3.2 仪器

氟电极、酸度计（或离子计）：±0.01pH 单位、磁力搅拌器、甘汞电极。

3.3 分析步骤

1）称取 1.00 g 粉碎过 40 目筛（孔径为 0.45 mm）的样品，置于 50 mL 容量瓶中，加 10 mL 盐酸（1∶11），密闭浸泡提取 1 h（不时轻轻摇动），应尽量避免样品粘于瓶壁上。提取后加 25 mL 总离子强度缓冲剂，加水至刻度，混匀，备用。

2）吸取 0、1.0 mL、2.0 mL、5.0 mL、10.0 mL 氟标准使用液（相当于 0、1.0 μg、2.0 μg、5.0 μg、10.0 μg 氟），分别置于 50 mL 容量瓶中，于各容量瓶中分别加入 25 mL 总离子强度缓冲剂，10 mL 盐酸加水至刻度，混匀，备用。

3）将氟电极和甘汞电极与测量仪器的负端与正端相连接。电极插入盛有水的 25 mL 塑料杯中，杯中放有套聚乙烯管的铁搅拌棒，在电磁搅拌中，读取平衡电位值，更换 2～3 次水后，待电位值平衡后，即可进行样液与标准液的电位测定。

4）以电极电位为纵坐标，氟离子浓度为横坐标，在半对数坐标纸上绘制标准曲线，根据样品电位值在曲线上求得含量。

3.4 结果计算

样品中氟的含量按式（8-7）计算

$$X_3 = \frac{\rho_1 V_3 \times 1\,000}{m_3 \times 1\,000} \tag{8-7}$$

式中：X_3——样品中氟的含量，mg/kg；

ρ_1——测定用样液中氟的浓度，μg/mL；

V_3——样液的总体积，mL；

M_3——样品质量，g。

3.5 说明

1）此方法不适用于脂肪含量高而又未经灰化的样品（如花生、肥肉等）。

2）最低检出含量为 0.25 mg/kg。

3）氟电极在每次使用前，先用水洗至电位为 340 mV 以上。然后浸在含低浓度氟（0.1 ppm 或 0.5 ppm）的 0.4 mol/L 柠檬酸钠溶液中适应 20 min，再洗至 320 mV 后进行测定。以后每次测定均应洗至 320 mV，再进行下一次测定。在良好情况下，氟电极为 10～5 mol/L，响应时间一般为 5 min，搅拌 5 min，放置 1 min，在静置状态下读取电位值。

4）塑料和玻璃仪器在使用前需用 1∶1 盐酸及水淋洗。

任务 4 茶叶中茶多酚含量的测定

任务介绍

茶叶磨碎样中的茶多酚用 70%的甲醇水溶液在 70℃水浴上提取，福林酚试剂氧化茶多酚中—OH 基团并显蓝色，最大吸收波长 λ 为 765 nm，用没食子酸作校正标准定量茶多酚。

任务解析

样品处理→提取→测定→计算

知识储备

茶多酚是茶叶中酚类及其衍生物的总称，又称为茶鞣质、茶单宁。可广泛地消除体内的自由基，能起到抗衰老、防护辐射损伤、抑制肿瘤、抗菌、杀菌和防治艾滋病等作用。

茶多酚的主要组分是黄烷醇类、羟基-4-黄烷醇类、花色苷类、黄酮醇类和黄酮类。这些化合物都具有 2-苯基苯并吡喃的基本结构，故统称为类黄酮物质。茶叶中的绿原酸、鸡钠酸、咖啡酸等酚酸类化合物也是茶多酚的组分之一。

在茶多酚各组分中以黄烷醇类为主，黄烷醇类又以儿茶素类物质为主。儿茶素类含量约占茶多酚总量的 70%（质量分数）。

茶叶中的儿茶素类物质的质量分数一般为 12%～24%，主要由以下 6 种儿茶素组成：*L*-表没食子儿茶素（*L*-EGC）、*D*,*L*-没食子儿茶素（*D*,*L*-GC），*L*-表儿茶素（*L*-EC）、*D*,*L*-儿茶素（*D*,*L*-C）、*L*-表没食子儿茶素没食子酸酯（*L*-EGCG）和 *L*-表儿茶素没食子酸酯（*L*-ECG）。最后 2 种儿茶素一般合称为酯型、酯类或复杂儿茶素；前 4 种儿茶素一般合称为非酯型、游离儿茶素或简单儿茶素。茶多酚含量受品种、季节、土壤及栽培措施等影响差异较大。

利用多酚类物质可以和亚铁离子生成有色化合物，从而可以用可见分光光度法测定茶叶中的茶多酚含量。

任务操作

1. 仪器

分析天平：精度 0.001 g。水浴：（70±1）℃。离心机：转速 3 500 r/min。分光光度计。

2. 试剂

甲醇。碳酸钠（Na_2CO_3）。70%甲醇水溶液。福林酚（Folin-Ciocalteu）：1 mol/L。10%

福林酚试剂（现配）：将 20 mL 福林酚转移到 200 mL 容量瓶中，用水定容并摇匀。7.5%碳酸钠（Na_2CO_3）溶液：称取（37.50±0.01）g 碳酸钠（Na_2CO_3），加适量水溶解，转移至 500 mL 容量瓶中，定容至刻度，摇匀（室温下可保存 1 个月）。

没食子酸标准储备溶液（1 000 μg/mL）：称取（0.110±0.001）g 没食子酸（GA，相对分子质量 188.14），于 100 mL 容量瓶中溶解并定容至刻度，摇匀（现配）。

没食子酸工作液：用移液管分别移取 1.0 mL、2.0 mL、3.0 mL、4.0 mL、5.0 mL 的没食子酸标准储备溶液于 100 mL 容量瓶中，分别用水定容至刻度，摇匀，浓度分别为 10 μg/mL、20 μg/mL、30 μg/mL、40 μg/mL、50 μg/mL。

3. 操作方法

3.1 供试液的制备

母液：称取 0.2 g（精确至 0.000 1 g）均匀磨碎的试样（能通过 600～1 000 μm 的孔径筛）于 10 mL 离心管中，加入在 70℃中预热过的 70%甲醇水溶液 5 mL，用玻璃棒充分搅拌均匀湿润，立即移入 70℃水浴中，浸提 10 min（隔 5 min 搅拌一次），浸提后冷却至室温，转入离心机在 3 500 r/min 转速下离心 10 min，将上清液转移至 10 mL 容量瓶。残渣再用 5 mL 的 70%甲醇水溶液提取一次，重复以上操作。合并提取液定容至 10 mL，摇匀，用 0.45 μm 膜过滤，待用（该提取液在 4℃下可至多保存 24 h）。

测试液：移取母液 1.0 mL 于 100 mL 容量瓶中，用水定容至刻度，摇匀，待测。

3.2 测定

1）用移液管分别移取没食子酸工作液、水（作为空白对照用）及测试液各 1.0 mL 于刻度试管内，在每个试管内分别加入 5.0 mL 的福林酚试剂，摇匀。反应 3～8 min 内，加入 4.0 mL 7.5%碳酸钠（Na_2CO_3）溶液，加水定容至刻度、摇匀。室温下放置 60 min。用 10 mm 比色皿、在 765 nm 波长条件下用分光光度计测定吸光度（A、A_0）。

2）根据没食子酸工作液的吸光度（A）与各工作溶液的没食子酸浓度，制作标准曲线。

4. 结果计算

4.1 计算方法

比较试样和标准工作液的吸光度，按式（8-8）计算：

$$c_{\text{tp}} = \frac{\left(A - A_0\right) \times V \times d \times 100}{\text{SLOPE}_{\text{STD}} \times w \times 10^6 \times m} \tag{8-8}$$

式中：c_{tp}——茶多酚含量，%；

A——样品测试液吸光度；

A_0——试剂空白液吸光度；

$\text{SLOPE}_{\text{STD}}$——没食子酸标准曲线的斜率；

m——样品质量，g；

V——样品提取液体积，mL；

d——稀释因子（通常为 1 mL 稀释成 100 mL，则其稀释因子为 100）；

w——样品干物质含量（质量分数），%。

4.2 重复性

同一样品茶多酚含量的两次测定值相对误差应≤5%，若测定值相对误差在此范围，则取两次测定值算术平均值为结果，保留小数点后一位。

5．注意事项

样品吸光度应在没食子酸标准工作曲线的校准范围内，若样品吸光度高于 50 μg/mL 浓度的没食子酸标准工作溶液的吸光度，则应重新配制高浓度没食子酸标准工作液进行校准。

任务 5　茶叶中咖啡碱的测定

任务介绍

茶叶中的咖啡碱易溶于水，除去干扰物质后，用特定波长测定其含量。

任务解析

试样处理→浸提→过滤→定容→测定→计算

知识储备

咖啡碱是存在于咖啡、茶叶中的一种生物碱，属于嘌呤族。咖啡碱学名 1,3,7-三甲基黄嘌呤，是白色针状结晶，有苦味，能溶于热水。有兴奋中枢神经系统的作用，并能止痛、利尿。

咖啡碱广泛分布于茶树体内，但各部位含量差异很大，在茶叶中的大致质量分数为 2%～5%。

由于咖啡碱分子对紫外光有特定的吸收，因此采用紫外分光光度法来测定茶叶中的咖啡碱。

任务操作

1．仪器和用具

紫外分光光度仪。分析天平：感量 0.001 g。

2．试剂和溶液

除非另有说明，本任务所用试剂均为分析纯（AR），水为蒸馏水。

碱式乙酸铅溶液：称取 50 g 碱式乙酸铅，加水 100 mL，静置过夜，倾出上清液过滤。

0.01 mol/L 盐酸溶液：取 0.9 mL 浓盐酸，用水稀释至 1 L，摇匀。

4.5 mol/L 硫酸溶液：取浓硫酸 250 mL 用水稀释至 1 L，摇匀。

咖啡碱标准液：称取 100 mg 咖啡碱（纯度不低于 99%）溶于 100 mL 水中，作为母液。准确吸取 5.0 mL，加水至 100 mL 作为工作液（1 mL 含咖啡碱 0.05 mg）。

3．测定步骤

3.1　试液制备

称取 3 g（精确至 0.001 g）磨碎试样于 500 mL 锥形瓶中，加沸蒸馏水 450 mL，立即移入沸水浴中，浸提 45 min（每隔 10 min 摇动一次），浸提完毕后立即趁热减压过滤，残渣用少量热蒸馏水洗涤 2～3 次。将滤液转入 500 mL 容量瓶中，冷却后用水定容至刻度，摇匀。

3.2 测定

用移液管准确吸取 10 mL 试液至 100 mL 容量瓶中，加入 4 mL 0.01 mol/L 盐酸和 1 mL 碱式乙酸铅溶液，用水定容至刻度，混匀，静置澄清过滤。准确吸取滤液 25 mL，注入 50 mL 容量瓶中，加入 0.1 mL 4.5 mol/L 硫酸溶液，加水稀释至刻度，混匀，静置澄清过滤。用 10 mm 石英比色皿，在波长 274 nm 处以试剂空白溶液作参比，测定吸光度（*A*）。

3.3 咖啡碱标准曲线的制作

分别吸取 0.0、1.0 mL、2.0 mL、3.0 mL、4.0 mL、5.0 mL、6.0 mL 咖啡碱工作液于一组 25 mL 容量瓶中，各加入 1.0 mL 盐酸，用水稀释至刻度，混匀，用 10 mm 石英比色杯，在波长 274 nm 处，以试剂空白溶液作参比，测定吸光度（*A*）。将测得的吸光度与对应的咖啡碱浓度绘制标准曲线。

4．结果计算

茶叶中咖啡碱含量以干态质量分数（%）表示，按式（8-9）计算：

$$\text{咖啡碱含量}=\frac{C_2\times V_2/1\,000\times 100/10\times 50/25}{m\times w}\times 100\% \tag{8-9}$$

式中：C_2——根据试样测得的吸光度（*A*），从咖啡碱标准曲线上查得的咖啡碱相应含量，mg/mL；

V_2——试液总量，mL；

m——试样用量，g；

w——试样干物质含量（质量分数），%。

如果符合重复性，取两次测定的算术平均值作为结果，保留小数点后 1 位。

项目三　有机产品认证茶叶类农药残留必测项目

有机产品认证的主要目的是确保有机产品的生产和加工过程符合有机标准，同时保障消费者的健康和环境的安全。在认证过程中，认证机构会对有机产品的种植、养殖、加工、销售等环节进行严格的审查，确保其符合有机标准。针对茶叶类的检测项目，《有机产品认证（茶叶类）抽样检测项目指南（试行）》（以下简称《指南》）中作出了指导性要求。

《指南》中所指的茶叶类为茶、绿茶、红茶、乌龙茶、白茶、黄茶、黑茶、花茶、袋泡茶、紧压茶。《指南》中指出有机茶叶类抽样检测必测项目为 20 项，包括杀虫剂类：联苯菊酯、啶虫脒、吡虫啉、氯氟氰菊酯和高效氯氟氰菊酯、毒死蜱、唑虫酰胺、噻嗪酮、甲氰菊酯、氯氰菊酯和高效氯氰菊酯、溴氰菊酯、硫丹、灭多威、克百威、茚虫威、水胺硫磷；杀菌剂类：多菌灵、百菌清、苯醚甲环唑、吡唑醚菌酯；杀螨剂类：哒螨灵。除必测项目外，《指南》中还提出了污染物、除草剂、杀虫剂、除螨剂等 46 种选测项目。

植物源性农药残留的检测方法大多与果蔬类检测方法相同，本项目选用与前面项目不同的检测标准与方法的检测项目，从杀虫剂、杀菌剂、除螨剂等方面介绍有机茶叶农药残留检测技术。

任务 1　杀虫剂的测定

任务介绍

以灭多威、克百威为例，参考标准为《食品安全国家标准　植物源性食品中 9 种氨基甲酸酯类农药及其代谢物残留量的测定　液相色谱-柱后衍生法》（GB 23200.112—2018）。试样用乙腈提取，提取液经固相萃取或分散固相萃取净化，使用带荧光检测器和柱后衍生系统的高效液相色谱仪检测，外标法定量。

任务解析

样品处理→提取→净化→测定→计算

知识储备

氨基甲酸酯类农药具有选择性强、高效、广谱、对人畜低毒、易分解和残毒少的特点，是针对有机氯和有机磷农药的缺点而开发出的一种新型广谱农药，具有致癌性。

国家标准GB 23200.112规定了植物源性食品中9种氨基甲酸酯类农药及其代谢物残留量的液相色谱柱后衍生测定方法，定量限为0.01 mg/kg。

任务操作

1. 试剂和材料

除非另有说明，在分析中仅使用分析纯的试剂，水为GB/T 6682规定的一级水。

1.1 试剂

乙腈；甲醇（色谱纯）；二氯甲烷（色谱纯）；甲苯（色谱纯）；氯化钠；邻苯二甲醛；2-二甲胺基乙硫醇盐酸盐；无水硫酸镁；醋酸钠；氢氧化钠；十水四硼酸钠。

1.2 溶液配制

甲醇-二氯甲烷溶液（1+99，体积比）：量取10 mL甲醇加入990 mL二氯甲烷中，混匀。

乙腈-甲苯溶液（3+1，体积比）：量取100 mL甲苯加入300 mL乙腈中，混匀。

氢氧化钠溶液（0.05 mol/L）：称取2.0 g氢氧化钠，用水溶解并定容至1 000 mL，混匀。

十水四硼酸钠溶液（4 g/L）：称取4.0 g十水四硼酸钠，用水溶解并定容至1 000 mL，混匀。

OPA试剂：称取50.0 mg邻苯二甲醛，溶于5 mL甲醇中，混匀；再称取1.0 g 2-二甲胺基乙硫醇盐酸盐，溶于5 mL十水四硼酸钠溶液，将上述2种溶液倒入490 mL十水四硼酸钠溶液，混匀。

1.3 标准品

9种氨基甲酸酯类农药及其代谢物标准品，纯度＞95%。

1.4 标准溶液配制

标准储备溶液（1 000 mg/L）：准确称取10 mg（精确至0.1 mg）各农药标准品，用甲醇溶解并分别定容到10 mL。标准储备溶液避光−18℃保存，有效期1年。

混合标准溶液：准确吸取一定量的单个农药储备溶液于10 mL容量瓶中，用甲醇定容至刻度混合标准溶液，避光0～4℃保存，有效期1个月。

1.5 材料

固相萃取柱1：氨基填料（NH_2）500 mg，6 mL。

固相萃取柱2：石墨化炭黑填料（GCB）500 mg，氨基填料（NH_2）500 mg，6 mL。

乙二胺-*N*-丙基硅烷硅胶（PSA）：40～60 μm。

十八烷基甲硅烷改性硅胶（C18）：40～60 μm。

陶瓷均质子：2 cm（长）×1 cm（外径）。

微孔滤膜（有机相）：0.22 μm×25 mm。

2. 仪器设备

液相色谱仪［配有柱后衍生反应装置和荧光检测器（FLD）］；分析天平（感量0.1 mg和0.01 g）；高速匀浆机（转速不低于15 000 r/min）；高速离心机（转速不低于4 200 r/min）；组织捣碎机；旋转蒸发仪；氮吹仪；涡旋振荡器。

3. 试样的制备

试样制备：蔬菜和水果的取样量按照相关标准的规定执行，食用菌样品随机取样1 kg。样品取样部位按照GB 2763的规定执行。对于个体较小的样品，取样后全部处理；对于个体较大的基本均匀样品，可在对称轴或对称面上分割或切成小块后处理；对于细长、扁平或组分含量在各部分有差异的样品，可在不同部位切取小片或截成小段后处理；取后的样品将其切碎，充分混匀，用四分法取样或直接放入组织捣碎机中捣碎成匀浆，放入聚乙烯瓶中。

取谷类样品 500 g，粉碎后使其全部可通过 425 μm 的标准网筛，放入聚乙烯瓶或袋中。取油料作物、茶叶、坚果和香辛料各 500 g，粉碎后充分混匀，放入聚乙烯瓶或袋中。

植物油类搅拌均匀，放入聚乙烯瓶中。

试样于−18℃条件下保存。

4．分析步骤

4.1　提取和净化

称取 5 g 试样（精确至 0.01 g）于 150 mL 烧杯中，加入 20 mL 水，混合后，静置 30 min，再加入 50 mL 乙腈，用高速匀浆机 15 000 r/min 匀浆提取 2 min，提取液过滤至装有 5～7 g 氯化钠的 100 mL 具塞量筒中，盖上塞子，剧烈振荡 1 min，在室温下静置 30 min。准确吸取 10 mL 上清液，80℃水浴中氮吹蒸发近干，加入 2 mL 乙腈-甲苯溶液溶解残余物，待净化。将固相萃取柱 2 用 5 mL 乙腈-甲苯溶液预淋洗，当液面到达柱筛板顶部时，立即加入上述待净化溶液，用 100 mL 旋转蒸发瓶收集洗脱液，用 2 mL 乙腈-甲苯溶液涮洗烧杯后过柱，并重复一次，再用 25 mL 乙腈-甲苯溶液洗脱柱子，收集的洗脱液于 40℃水浴中旋转蒸发近干，用 5 mL 甲醇冲洗旋转蒸发瓶并转移到 10 mL 离心管中 50℃水浴中氮吹蒸发近干，准确加入 1.00 mL 甲醇，涡旋混匀，用微孔滤膜过滤，待测。

4.2　测定

（1）仪器参考条件

色谱柱：C8 柱，250 mm×4.6 mm（内径），5 μm（粒径）；

柱温：42℃；

进样体积：10 μL；

荧光检测器：λ_{ex}=330 nm，λ_{em}=465 nm。

流动相及梯度洗脱条件，见表 8-3：

表 8-3　流动相及梯度洗脱条件（V_A+V_B）

时间/min	流速/（mL/min）	流动相（水）含量（V_A）/%	流动相（甲醇）含量（V_B）/%
0.00	1.0	85	15
2.00	1.0	75	25
6.50	1.0	75	25
10.50	1.0	60	40
28.00	1.0	60	40
33.00	1.0	20	80
35.00	1.0	20	80
35.10	1.0	0	100
37.00	1.0	0	100
37.10	1.0	85	15

柱后衍生：0.05 mol/L 氢氧化钠溶液，流速 0.3 mL/min；OPA 试剂，流速 0.3 mL/min；水解温度，100℃；衍生温度，室温。

（2）标准工作曲线

精确吸取一定量的混合标准溶液，逐级用甲醇稀释成质量浓度为 0.01 mg/L，0.05 mg/L、0.1 mg/L、0.5 mg/L 和 1.0 mg/L 的标准工作溶液，供液相色谱测定。以农药质量浓度为横坐标、色谱峰的峰面积为纵坐标，绘制标准曲线。

（3）定性及定量

以目标农药的保留时间定性。被测试样中目标农药色谱峰的保留时间与相应标准色谱峰的保留时间相比较，相差应在±0.05 min 之内。阳性试样需更换 C18 柱进行定性确认。

用外标法定量。

4.3 试样溶液的测定

将混合标准工作溶液和试样溶液依次注入液相色谱仪中，保留时间定性，测得目标农药色谱峰面积，根据式（8-10），得到各农药组分含量。待测样液中农药的响应值应在仪器检测的定量测定线性范围之内，超过线性范围时，应根据测定浓度进行适当倍数稀释后再进行分析。

4.4 平行试验

按 4.1～4.3 的规定对同一试样进行平行试验测定。

4.5 空白试验

除不加饲料外，按 4.1～4.4 的规定进行平行操作。

4.6 结果计算

试样中各农药残留量以质量分数ω计，单位以毫克每千克（mg/kg）表示，按式（8-10）进行计算：

$$\omega=\frac{V_1\times A\times V_3}{V_2\times A_S\times m}\times\rho \tag{8-10}$$

式中：ω——样品中被测组分含量，mg/kg；

ρ——标准溶液中被测组分质量浓度，mg/L；

V_1——提取溶剂总体积，mL；

V_2——提取液分取体积，mL；

V_3——待测溶液定容体积，mL；

A——待测溶液中被测组分峰面积；

A_S——标准溶液中被测组分峰面积；

m——试样质量，g。

计算结果应扣除空白值，计算结果以重复性条件下获得的 2 次独立测定结果的算术平均值表示，保留 2 位有效数字。含量超过 1 mg/kg 时，保留 3 位有效数字。

4.7 精密度

在重复性条件下，获得的 2 次独立测试结果的绝对差值不得超过重复性限（r）。在再现性条件下，获得的 2 次独立测试结果的绝对差值不得超过再现性限（R）。

4.8 其他

定量限为 0.01 mg/kg。

4.9 色谱图

0.1 mg/L 9 种氨基甲酸类农药及其代谢物标准液色谱图见图 8-2。

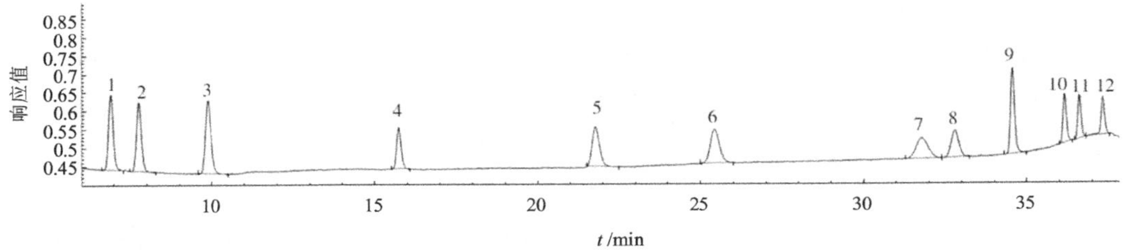

1—涕灭威亚砜；2—涕灭威砜；3—灭多威；4—三羟基克百威；5—涕灭威；
6—速灭威；7—残杀威；8—克百威；9—甲萘威；10—异丙威；11—混杀威；12—仲丁威

图 8-2 0.1 mg/L 9 种氨基甲酸酯类农药及其代谢物标准溶液色谱图

任务 2 杀菌剂的测定

任务介绍

试样中有机氯类、拟除虫菊酯类农药用乙腈提取，提取液经过滤、浓缩后，采用固相萃取柱分离、净化，淋洗液经浓缩后，用双塔自动进样器同时将样品溶液注入气相色谱仪的两个进样口，农药组分经不同极性的两根毛细管柱分离，电子捕获检测器（ECD）检测。双柱保留时间定性，外标法定量。

任务解析

样品处理→提取→净化→测定→计算

知识储备

百菌清属于有机氯类农药，是一种广谱保护性杀菌剂。百菌清能与真菌细胞中的三磷酸甘油醛脱氢酶发生作用，与该酶中含有半胱氨酸的蛋白质相结合，从而破坏该酶活性，使真菌细胞的新陈代谢受破坏而失去生命力。百菌清可防治瓜类霜霉病、白粉病、炭疽病、疫病；番茄早疫病、晚疫病；黄瓜灰霉病、叶霉病等病害。

有机茶叶中杀虫剂的检测以百菌清为例，参考标准为《蔬菜和水果中有机磷、有机氯、拟除虫菊酯和氨基甲酸酯类农药多残留的测定》（NY/T 761—2008）第 2 部分——蔬菜和水果中有机氯类、拟除虫菊酯类农药多残留的测定 方法一。

任务操作

1. 试剂与材料

除非另有说明，在分析中仅使用确认为分析纯的试剂和 GB/T 6682 中规定的至少二级的水。

乙腈；丙酮：重蒸。己烷：重蒸。氯化钠：140℃烘烤 4 h。固相萃取柱弗罗里矽柱，容积 6 mL 填充物 1 000 mg。铝箔。农药标准品纯度≥96%。

（1）单个农药标准溶液

准确称取一定量（精确至 0.1 mg）农药标准品，用正己烷稀释逐一配制成 1 000 mg/L 单一农药标准储备液，贮存在−18℃以下冰箱中。使用时根据各农药在对应检测器上的响应值，准确吸取适量的标准储备液，用正己烷稀释配制成所需的标准工作液。

（2）农药混合标准溶液

将 41 种农药分为 3 组，根据各农药在仪器上的响应值，逐一吸取一定体积的同组别的单个农药储备液分别注入同一容量瓶中，用正己烷稀释至刻度，采用同样方法配制成 3 组农药混合标准储备溶液。使用前用正己烷稀释成所需质量浓度的标准工作液。

2．仪器设备

气相色谱仪，配有双电子捕获检测器（ECD）的双塔自动进样器，双分流/不分流进样口；分析实验室常用仪器设备；食品加工器；旋涡混合器；匀浆机；氮吹仪。

3．测定步骤

3.1 试样制备

样品取可食部分，经缩分后，将其切碎充分放入食品加工器粉碎，制成待测样。放入分装容器中，于−20～−16℃条件下保存，备用。

3.2 提取

准确称取 25.0 g 试样放入匀浆机中，加入 50.0 mL 乙腈，在匀浆机中高速浆 2 min 后用滤纸过滤，滤液收集到装有 5～7 g 氯化钠的 100 mL 具塞量筒中，收集滤液 40～50 mL，盖上塞子剧烈震荡 1 min，在室温下静置 30 min，使乙腈相和水相分层。

3.3 净化

从 100 mL 具塞量筒中吸取 10.00 mL 乙腈溶液放入 150 mL 烧杯中，将烧杯放在 80℃水浴锅上加热，杯内缓缓通入氮气或空气流，蒸发近干，加入 2.0 mL 正己烷，盖上铝箔，待净化。将弗罗里矽柱依次用 5.0 mL 丙酮＋正己烷（10+90），50 mL 正己烷预淋洗，活化，当溶剂液面到达柱吸附层表面时，立即倒入上述待净化溶液，用 15 mL 刻度离心管接收洗脱液，用 5 mL 丙酮＋正己烷（10+90）冲洗烧杯后淋洗弗罗里矽柱，并重复一次。将盛有淋洗液的离心管置于氮吹仪上，在水浴温度 50℃条件下氮吹蒸发至小于 5 mL，用正己烷定容至 5 mL，在旋涡混合器上混匀，分别移入两个 2 mL 自动进样器样品瓶中，待测。

3.4 测定

（1）色谱参考条件

1）色谱柱：

预柱：1.0 m，0.25 mm 内径，脱活石英毛细管柱。

分析柱采用两根色谱柱，分别为：

A 柱：100%聚甲基硅氧烷（DB-1 或 HP-1）柱，30 m×0.25 mm×0.25 μm，或相当者；

B 柱：50%聚苯基甲基硅氧烷（DB-17 或 HP-50+）柱，30 m×0.25 mm×0.25 μm，或相当者。

2）温度：

进样口温度：200℃

检测器温度：320℃

柱温：150℃（保持 2 min）$\xrightarrow{6℃/min}$ 270℃（保持 8 min，测定溴氰菊酯保持 23 min）。

3）气体及流量：

载气：氮气，纯度＞99.999%，流速为 1 mL/min。

辅助气：氮气，纯度＞99.999%，流速为 60 mL/min。

4）进样方式：

分流进样，分流比 10∶1。样品溶液一式两份，由双塔自动进样器同时进样。

（2）色谱分析

由自动进样器分别吸取 1.0 μL 标准混合溶液和净化后的样品溶液注入色谱仪中，以双柱保留时间定性，以 A 柱获得的样品溶液峰面积与标准溶液峰面积比较定量。

4．结果

4.1　定性分析

双柱测得的样品溶液中未知组分的保留时间（RT）分别与标准溶液在同一色谱柱上的保留时间相比较，如果样品溶液中某组分的两组保留时间与标准溶液中某一农药的两组保留时间相差在±0.05 min 内的可认定为该农药。

4.2　定量结果计算

试样中被测农药残留量以质量分数 ω 计，单位以毫克每千克（mg/kg）表示，按式（8-11）计算：

$$\omega = \frac{V_1 \times A \times V_3}{V_2 \times A_S \times m} \times \rho \tag{8-11}$$

式中：ω——样品中被测农药残留量的质量分数，mg/kg；

ρ——标准溶液中农药的质量浓度，mg/L；

V_1——提取溶剂总体积，mL；

V_2——吸取出用于检测的提取溶液的体积，mL；

V_3——样品液定容体积，mL；

A——样品溶液中被测农药的峰面积；

A_S——农药标准溶液中被测农药的峰面积；

m——试样质量，g。

计算结果保留 2 位有效数字，当结果大于 1 mg/g 时保留 3 位有效数字。

5．精密度

精密度数据是按照 GB/T 6379.2 的规定确定的，获得重复性和再现性的值以 95%的可信度来计算。

任务3 杀螨剂的测定

任务介绍

试样用乙腈提取，提取液经固相萃取或分散固相萃取净化，植物油试样经凝胶渗透色谱净化，气相色谱-质谱联用仪检测，内标法或外标法定量。

任务解析

样品处理→提取→净化→GPC 前处理→测定→计算

知识储备

《有机产品认证（茶叶类）抽样检测项目指南（试行）》中必测项目中只有哒螨灵一种杀螨剂。参考标准为《食品安全国家标准 植物源性食品中 208 种农药及其代谢物残留量的测定 气相色谱-质谱联用法》（GB 23200.113—2018）。

任务操作

1. 试剂和材料

除非另有说明，在分析中仅使用分析纯的试剂，水为 GB/T 6682 规定的一级水。

1.1 试剂

乙腈；乙酸乙酯：色谱纯；甲苯：色谱纯；环己烷：色谱纯；氯化钠；醋酸钠；醋酸；硫酸镁；柠檬酸钠；柠檬酸氢二钠。

1.2 溶液配制

乙腈-醋酸溶液（99+1，体积比）：量取 10 mL 醋酸加入 990 mL 乙腈中，混匀。

乙腈-甲苯溶液（3+1，体积比）：量取 100 mL 甲苯加入 300 mL 乙腈中，混匀。

GPC 流动相：环己烷-乙酸乙酯溶液（1+1，体积比）：量取 500 mL 环己烷加入 500 mL 乙酸乙酯中，混匀。

1.3 标准品

环氧七氯 B 内标和 208 种农药及其代谢物标准品纯度＞95%。

1.4 标准溶液配制

1）标准储备溶液（1 000 mg/L）：准确称取 10 mg（精确至 0.1 mg）各农药标准品，根据标准品的溶解性和测定的需要选丙酮或正己烷等溶剂溶解并定容至 10 mL，避光–18℃保存，有效期 1 年。

2）混合标准溶液（混合标准溶液 A 和 B）：按照农药的性质和保留时间，将 208 种农药及其代谢物分成 A、B 两个组。吸取一定量的农药标准储备溶液于 250 mL 容量瓶中，用乙酸乙酯定容至刻度。混合标准溶液避光 0～4℃保存，有效期 1 个月。

3）内标溶液：准确称取 10 mg 环氧七氯 B，精确至 0.1 mg，用乙酸乙酯溶解后转移至 10 mL 容量瓶中，定容混匀为内标储备液。内标储备溶液用乙酸乙酯稀释至 5 mg/L 为内标溶液。

4）基质混合标准工作溶液：空白基质溶液氮气吹干，加入 20 μL 内标溶液，加入 1 mL 相应质量浓度的混合标准溶液复溶，过微孔滤膜。基质混合标准工作溶液应现用现配。

注：空白基质溶液取样量应与相应的试样处理取样量一致。

1.5 材料

1）固相萃取柱：石墨化炭黑-氨基复合柱，500 mg/500 mg，容积 6 mL。

2）乙二胺-*N*-丙基硅烷化硅胶（PSA）：40～60 μm。

3）十八烷基硅烷键合硅胶（C18）：40～60 μm。

4）石墨化炭黑（GCB）：40～120 μm。

5）陶瓷均质子：2 cm（长）×1 cm（外径）。

6）微孔滤膜（有机相）：13 mm×0.22 μm。

2．仪器

气相色谱-三重四极杆质谱联用仪：配有电子轰击源（EI）。

凝胶渗透色谱仪或装置：配有 25 mm（内径）×500 mm，内装 Bio-BeadsSX-3 填料或相当的净化柱。

分析天平：感量 0.1 mg 和 0.01 g、高速匀浆机：转速不低于 15 000 r/min、离心机：转速不低于 4 200 r/min、组织捣碎机、旋转蒸发仪、氮吹仪、涡旋振荡器。

3．试样制备

3.1 试样制备

取油料作物、茶叶、坚果和香辛料各 500 g，粉碎后充分混匀，放入聚乙烯瓶或袋中。

3.2 试样储存

将试样按照测试和备用分别存放，于–18℃条件下保存。

4．分析步骤

4.1 QuEChERS 前处理

称取 2 g 试样（精确至 0.01 g）于 50 mL 塑料离心管中，加 10 mL 水涡旋混匀，静置 30 min。加入 15 mL 乙腈-醋酸溶液、6 g 无水硫酸镁、1.5 g 醋酸钠及 1 颗陶瓷均质子，盖上离心管盖，剧烈振荡 1 min 后 4 200 r/min 离心 5 min。吸取 8 mL 上清液加到内含 1 200 mg 硫酸镁，400 mg PSA、400 mg C18 及 200 mg GCB 的 15 mL 塑料离心管中，涡旋混匀 1 min。4 200 r/min 离心 5 min，准确吸取 2 mL 上清液于 10 mL 试管中，40℃水浴中氮气吹至近干。加入 20 μL 的内标溶液，加入 1 mL 乙酸乙酯复溶，过微孔滤膜，用于测定。

注：上述处理中净化前的上清液吸取量可根据需要调整，净化材料（无水硫酸镁、PSA、C18、GCB）用量按比例增减。

4.2 固相萃取前处理

（1）提取

称取 5 g 试样（精确至 0.01 g）于 100 mL 塑料离心管中，加 10 mL 水涡旋混匀，静置 30 min。加入 20 mL 乙腈，用高速匀浆机 15 000 r/min 匀浆 2 min，加入 5～7 g 氯化钠剧烈振荡数次，4 200 r/min 离心 5 min。准确吸取 5 mL 上清液于 100 mL 茄型瓶中，40℃水浴旋转蒸发至 1 mL 左右，氮气吹至近干待净化。

（2）净化

用 5 mL 乙腈-甲苯溶液预洗固相萃取柱，弃去流出液。下接 150 mL 鸡心瓶，放入固定架上。将上述待净化试样用 3 mL 乙腈-甲苯溶液洗涤至固相萃取柱中，再用 2 mL 乙腈-甲苯溶液洗涤，并将洗涤液移入柱中，重复 2 次。在柱上加上 50 mL 储液器，用 25 mL 乙腈-甲苯溶液淋洗小柱，收集上述所有流出液于 150 mL 鸡心瓶中，40℃水浴中旋转浓缩至近干。加入 50 uL 内标溶液，加入 2.5 mL 乙酸乙酯复溶，过微孔滤膜，用于测定。

4.3　GPC 前处理

称取 1 g 试样（精确至 0.01 g）于 10 mL 样品瓶中，加入 GPC 流动相 7 mL 混匀，将试样溶液置于 GPC 仪上净化，上样体积为 5 mL，流速为 5 mL/min，收集 1 000～2 700 s 时间段的洗脱液。将流出液浓缩至 5 mL，准确吸取 4 mL 于 10 mL 玻璃离心管中，40℃水浴中氮气吹至近干。加入 20 μL 的内标溶液，加入 1 mL 乙酸乙酯复溶，过微孔滤膜，用于测定。

4.4　测定

（1）仪器参考条件

色谱柱：14% 乙腈丙基苯基-86% 二甲基聚硅氧烷石英毛细管柱；30 m×0.25 mm×0.25 μm，或相当者；

色谱柱温度：40℃保持 1 min，然后以 40℃/min 程序升温至 120℃，再以 5℃/min 升温至 240℃，再以 12℃/min 升温至 300℃，保持 6 min；

载气：氦气，纯度＞99.999%，流速 1.0 mL/min；

进样口温度：280℃；进样量：1 μL；进样方式：不分流进样；电子轰击源：70 eV；离子源温度：280℃；传输线温度：280℃；溶剂延迟：3 min。

多反应监测：每种农药分别选择一对定量离子、一对定性离子。每组所有需要检测离子对按照出峰顺序，分时段分别检测。

（2）标准工作曲线

精确吸取一定量的混合标准溶液，逐级用乙酸乙酯稀释成质量浓度为 0.005 mg/L、0.01 mg/L、0.05 mg/L、0.1 mg/L 和 0.5 mg/L 的标准工作溶液。空白基质溶液氮气吹干，加入 20 μL 内标溶液，分别加入 1 mL 上述标准工作溶液复溶，过微孔滤膜配制成系列基质混合标准工作溶液，供气相色谱质谱联用仪测定。以农药定量离子峰面积和内标物定量离子峰面积的比值为纵坐标、农药标准溶液质量浓度和内标物质量浓度的比值为横坐标，绘制标准曲线。

（3）定性及定量

1）保留时间。被测试样中目标农药色谱峰的保留时间与相应标准色谱峰的保留时间相比较，相对误差应在±2.5%之内。

2）定量离子、定性离子及子离子丰度比。在相同实验条件下进行样品测定时，如果检出的色谱峰的保留时间与标准样品相一致，并且在扣除背景后的样品质谱图中，目标化合物的质谱定量和定性离子均出现，而且同一检测批次，对同一化合物，样品中目标化合物的定性离子和定量离子的相对丰度比与质量浓度相当的基质标准溶液相比，其允许偏差不超过表 8-4 规定的范围，则可判断样品中存在目标农药。

表 8-4　定性测定时离子相对丰度的最大允许偏差　　单位：%

离子相对丰度	＞50	20～50（含）	10～20（含）	≤10
允许相对偏差	±20	±25	±30	±50

3）定量。内标法或外标法定量。

4.5　试样溶液的测定

将基质混合标准工作溶液和试样溶液依次注入气相色谱-质谱联用仪中，保留时间和定性离子定性，测得定量离子峰面积，待测样液中农药的响应值应在仪器检测的定量测定线性范围之内，超过线性范围时应根据测定浓度进行适当倍数稀释后再进行分析。

4.6　平行试验

按 4.1～4.5 的规定对同一试样进行平行试验测定。

4.7　空白试验

除不加试样外，按照 4.1～4.6 的规定进行平行操作。

5．结果计算

试样中各农药残留量以质量分数 ω 计，单位为毫克每千克（mg/kg）表示，内标法按式（8-12）计算，外标法按式（8-13）计算。

$$\omega=\frac{\rho\times A\times\rho_i\times A_{si}\times V}{A_s\times\rho_{si}\times A_i\times m} \tag{8-12}$$

$$\omega=\frac{\rho\times A\times V}{A_s\times m} \tag{8-13}$$

式中：ω——试样中被测物残留量，mg/kg；

ρ——基质标准工作溶液中被测物的质量浓度，μg/mL；

A——试样溶液中被测物的色谱峰面积；

A_s——基质标准工作溶液中被测物的色谱峰面积；

ρ_i——试样溶液中内标物的质量浓度，μg/mL；

ρ_{si}——基质标准工作溶液中内标物的质量浓度，μg/mL；

A_{si}——基质标准工作溶液中内标物的色谱峰面积；

A_i——试样溶液中内标物的色谱峰面积；

V——试样溶液最终定容体积，mL；

m——试样溶液所代表试样的质量，g。

计算结果应扣除空白值，计算结果以重复性条件下获得的 2 次独立测定结果的算术平均值表示，保留 2 位有效数字。含量超 1 mg/kg 时，保留 3 位有效数字。

6．精密度

在重复性条件下，获得的 2 次独立测试结果的绝对差值不得超过重复性限（r）。

再现性条件下，获得的 2 次独立测试结果的绝对差值不得超过再现性限（R）。

7．其他

定量限为 0.01～0.05 mg/kg。

知识考核

1. 现要检测某绿茶中水浸出物质量分数，进行了 2 次实验，实验结果如下所示，分别计算出两次实验的计算结果，请判断是否符合重复性要求，并给出判断依据。

	试样质量/g	试样干物质的质量分数/%	干燥后茶渣质量/g
第一次测定	2.232	94	1.321
第二次测定	2.152	94	1.292

2. 简述茶叶中咖啡碱测定的原理及注意事项。
3. 简述 3 种茶叶中氟含量测定方法的原理。
4. 简述茶叶中克百威测定的步骤及定量方法。

参考文献

[1] 王永华，戚穗坚. 食品分析[M]. 北京：中国轻工业出版社，2017.

[2] 丁晓雯，李诚，李巨秀. 食品分析[M]. 北京：中国农业大学出版社，2016.

[3] 杨严俊. 食品分析[M]. 北京：化学工业出版社，2012.

[4] 夏云生，包德才. 食品理化检验技术[M]. 北京：中国石化出版社，2014.

[5] 高向阳. 现代食品分析[M]. 北京：科学出版社，2018.

[6] 赵晓娟，黄桂颖. 食品分析实验指导[M]. 北京：中国轻工业出版社，2016.

[7] 冯方洪. 食品分析与检验实训手册[M]. 北京：中国轻工业出版社，2015.

[8] 主要蔬菜产品田间采样技术规程：T/XJY 1005—2023[S]. 湖南省蔬菜协会，2023.

[9] 有机产品　生产、加工、标识与管理体系要求：GB/T 19630—2019[S]. 国家市场监督管理总局，2019.

[10] 邹红海，伊冬梅. 仪器分析[M]. 银川：宁夏出版社，2007.

[11] 朱明华，胡坪. 仪器分析[M]. 北京：高等教育出版社，2008.

[12] 杨严俊. 食品分析[M]. 北京：化工出版社，2012.

[13] S. Suzanne Nielsen. 食品分析[M]. 王永华，译. 北京：中国轻工业出版社，2019.

[14] 生物有机肥：NY/T 884—2012[S]. 农业部，2012.

[15] 有机肥料腐熟度识别技术规范：DB37/T 4110—2020[S]. 山东省市场监督管理局，2020.

[16] 肥料中蛔虫卵死亡率的测定：GB/T 19524.2—2004[S]. 国家质量监督检验检疫总局，2004.

[17] 有机肥料：NY/T 525—2021[S]. 农业农村部，2021.

[18] 转基因产品检测通用要求和定义：GB/T 19495.1—2004[S]. 国家质量监督检验检疫总局，2004.

[19] 转基因产品检测实验室技术要求：GB/T 19495.2—2004[S]. 国家质量监督检验检疫总局，2004.

[20] 转基因产品检测核酸提取纯化方法：GB/T 19495.3—2004[S]. 国家质量监督检验检疫总局，2004.

[21] 转基因产品检测　实时荧光定性聚合酶链式反应（PCR）检测方法：GB/T 19495.4—2018[S]. 国家市场监督管理总局，国家标准化管理委员会，2018.

[22] 转基因产品检测　实时荧光定量聚合酶链式反应（PCR）检测方法：GB/T 19495.5—2018[S]. 国家市场监督管理总局，国家标准化管理委员会，2018.

[23] 转基因产品检测　基因芯片检测方法：GB/T 19495.6—2004[S]. 国家质量监督检验检疫总局，2004.

[24] 转基因产品检测　抽样和制样方法：GB/T 19495.7—2004[S]. 国家质量监督检验检疫总局，2004.

[25] 转基因产品检测　蛋白质检测方法：GB/T 19495.8—2004[S]. 国家质量监督检验检疫总局，2004.

[26] 张玉荣. 粮油品质检验与分析[M]. 北京：中国轻工业出版社，2016.

[27] 于徊萍，孙元宾. 粮油品质分析.[M] 长春：吉林大学出版社，2010.

[28] 刘忠民. 粮油品质检验实验手册[M]. 北京：中国轻工业出版社，1991.

[29] 国娜. 粮油质量检验[M]. 北京：化学工业出版社，2011.

[30] 袁小平，王静. 粮油食品质量安全检测技术[M]. 北京：化学工业出版社，2010.

[31] 卢利军，牟峻. 粮油及其制品质量与检验[M]. 北京：化学工业出版社，2009.
[32] 翟爱华，王长远. 粮油及其制品检验[M]. 北京：中国轻工业出版社，2014.
[33] 康钰. 果蔬储藏与检测[M]. 成都：西南交通大学出版社，2014.
[34] 李在卿，梁平. 中国有机产品认证指南有机种植认证指南[M]. 北京：中国环境科学出版社，2009.
[35] 于立梅，刘晓静，农仲文，等. 两类蔬菜品种营养成分含量及碳氮素特征的研究[J]. 现代食品科技，2017，33（11）：6.
[36] 王健，刘媛，闫凤岐，等. 4 种有机蔬菜与普通蔬菜品质比较研究[J]. 食品工业，2018（12）：4.
[37] 中国质量认证中心. 有机产品认证实施指南[M]. 北京：中国标准出版社，2013
[38] 食品抽样检验通用导则：GB/T 30642—2014[S]. 国家质量监督检验检疫总局，2014.
[39] 无公害食品 产品抽样规范 第 4 部分 水果：NY/T 5344.4—2006[S]. 农业部，2006.
[40] 蔬菜抽样技术规范：NY/T 2103—2011[S]. 农业部，2011.
[41] 安莹，王朝臣. 食品感官检验[M]. 北京：化学工业出版社，2017.
[42] 鲜苹果：GB/T 10651—2008[S]. 国家质量监督检验检疫总局，2008.
[43] 水果硬度的测定：NY/T 2009—2011[S]. 农业部，2011.
[44] 水果和蔬菜可溶性固形物含量的测定 折射仪法：NY/T 2637—2014[S]. 农业部，2014.
[45] 食品安全国家标准 食品中抗坏血酸的测定：GB/T5009.86—2016[S]. 国家质量监督检验检疫总局，2016.
[46] 食品安全国家标准 水果和蔬菜中 500 种农药及相关化学品残留量的测定 气相色谱-质谱法：GB/T 23200.8—2016[S]. 国家质量监督检验检疫总局，2016.
[47] 水果和蔬菜中 450 种农药及相关化学品残留量的测定 液相色谱-串联质谱法：GB/T 20769—2008[S]. 国家质量监督检验检疫总局，2008.
[48] 食品安全国家标准 食品中铅的测定：GB/T5009.12—2023[S]. 国家质量监督检验检疫总局，2023.
[49] 食品安全国家标准 食品中多元素的测定：GB/T5009.268—2016[S]. 国家质量监督检验检疫总局，2016.
[50] 食品安全国家标准 食品中镉的测定 GB/T5009.15—2023[S]. 国家质量监督检验检疫总局，2023.
[51] 肉与肉制品取样方法：GB/T 9695.19—2008[S]. 国家质量监督检验检疫总局，2008.
[52] 肉与肉制品感官评定规范：GB/T 22210—2008[S]. 国家质量监督检验检疫总局，2008.
[53] 畜禽肉水分限量：GB 18394—2020[S]. 国家市场监督管理总局，国家标准化管理委员会，2020.
[54] 食品安全国家标准 食品中灰分的测定：GB 5009.4—2016[S]. 国家卫生和计划生育委员会，2016.
[55] 食品安全国家标准 食品中脂肪的测定：GB 5009.6—2016[S]. 国家卫生和计划生育委员会，国家食品药品监督管理总局，2016.
[56] 食品安全国家标准 食品中挥发性盐基氮的测定：GB 5009.228—2016[S]. 国家卫生和计划生育委员会，2016.
[57] 程俊嘉,陈源,刘冬梅.酶联免疫吸附法在畜产品快速检测中的应用[J].中国动物保健,2024,26(05):115-116.
[58] 动物性食品中莱克多巴胺残留检测 酶联免疫吸附法：农业部 1025 号公告-6-2008[S]. 农业部，2008.
[59] 姚宇静，翟培. 食品安全快速检测[M]. 北京：中国轻工业出版社，2019.
[60] 段丽丽. 食品安全快速检测[M]. 北京：北京师范大学出版社，2014.
[61] 动物源性食品中 β-受体激动剂残留检测 液相色谱-串联质谱法：农业部 1025 号公告-18-2008[S]. 农

业部，2008.
[62] 动物源性食品中 14 种喹诺酮药物残留检测方法 液相色谱-质谱/质谱法：GB/T 21312—2007[S]. 国家质量监督检验检疫总局，2007.
[63] 动物源性食品中四环素类兽药残留量检测方法 液相色谱-质谱/质谱法与高效液相色谱法：GB/T 21317—2007[S]. 国家质量监督检验检疫总局，2007.
[64] 动物源食品中磺胺类药物残留检测液相色谱-串联质谱法[S]. 农业部，2008.
[65] 食品安全国家标准 动物性食品中氯霉素残留量的测定 液相色谱-串联质谱法：GB 31658.2—2021[S]. 国家质量监督检验检疫总局，2021.
[66] 茶叶抽样技术规范：NY/T 2102—2011[S]. 农业部，2011.
[67] 食品安全国家标准 茶叶：GB 31608—2023[S]. 国家卫生健康委员会，国家市场监督管理总局，2023.
[68] 徐春. 食品检验工（初级）[M]. 北京：机械工业出版社，2012.
[69] 黄高明. 食品检验工中级[M]. 2 版. 北京：机械工业出版社，2019.
[70] 茶叶中茶多酚和儿茶素类含量的检测方法：GB/T 8313—2018[S]. 国家市场监督管理总局，国家标准化管理委员会，2018.
[71] 食品安全国家标准 植物源性食品中 9 种氨基甲酸酯类农药及其代谢物残留量的测定 液相色谱-柱后衍生法：GB 23200.112—2018[S]. 国家卫生健康委员会，农业农村部，国家市场监督管理总局，2018.
[72] 蔬菜和水果中有机磷、有机氯、拟除虫菊酯和氨基甲酸酯类农药多残留的测定：NY/T 761—2008[S]. 农业部，2008.
[73] 食品安全国家标准 植物源性食品中 208 种农药及其代谢物残留量的测定 气相色谱-质谱联用法：GB 23200.113—2018[S]. 国家卫生健康委员会，农业农村部，国家市场监督管理总局，2018.
[74] 陈宗懋. 中国茶叶大辞典[M]. 北京：中国轻工业出版社，2000.